# Die
# Fischproduktion
# in Netzgehegeanlagen

AQUA CULTURE
TECH NOLOGY

Martin Hochleithner

# Die Fischproduktion in Netzgehegeanlagen

Konstruktion und Management

***AquaTech***
*Publications*

## Impressum

Cover: Netzgehegeanlage
Photo: Martin Hochleithner



*AquaTech* Publications
Unterbrunnweg 3
6370 Kitzbühel/Austria

http://www.aqua-tech.eu
http://www.aquaculture-com.net
http://members.a1.net/aquatech

Printed in Germany by:
Books on Demand GmbH
ISBN 978-3-902855-30-5

# Vorwort

Netzgehegeanlagen, kurz auch als Gehegeanlagen bezeichnet, bestehen üblicherweise aus mehreren einzelnen Netzgehegen oder Gehegen, auch Netzkäfige genannt. Sie werden einzeln oder gruppiert in natürlichen oder naturnahen, stehenden oder langsam fließenden Gewässern meist schwimmend oder seltener stationär installiert und bestehen aus Netzmaterial und einer Struktur, die das Netzgehege in Form und Position hält.

Netzgehege wurden ursprünglich überwiegend für die Hälterung von Wildfischen verwendet, später wurden die Fische darin auch gefüttert und heute werden sie fast ausschließlich für die Produktion von Fischen, sowohl im Süß- als auch im Meerwasser, verwendet.

In manchen Ländern haben Netzgehege eine sehr hohe wirtschaftliche Bedeutung, da große Mengen an Fischen (von manchen Arten >90 %) darin aufgezogen werden. Die Fischproduktion in Netzgehegen ist derzeit die am schnellsten wachsende Produktionsform der Aquakultur und hat – zumindest in einigen Regionen – noch ein sehr großes Potential.

Die wesentlichen Vorteile einer Gehegeproduktion sind: die effektive Nutzung von Gewässern, welche nicht entleert oder vollständig abgefischt werden können, die geringen Investitions- und Betriebskosten, sowie deren schnelle Errichtung. Die wesentlichen Nachteile einer Gehegeproduktion im Vergleich zu anderen Produktionsanlagen und -techniken sind: die umwelt- und klimaabhängige Produktion, die notwendige Fütterung, sowie die höheren Risiken des Verlustes durch Krankheiten, Vandalismus oder Stürme.

Gehege werden bzw. wurden in anderen deutschsprachigen Büchern über Fischzucht bisher kaum bzw. gar nicht behandelt, daher soll das vorliegende Buch die bestehende Lücke schließen und einen Überblick über die Fischproduktion in Netzgehegeanlagen bieten, sowie einen Beitrag zur Weiterentwicklung der Aquakultur leisten.

Dieses Buch behandelt vor allem Themen und Techniken, die für die Haltung und Produktion von Fischen in Netzgehegen von Bedeutung sind. Zu generellen Themen wie Fischanatomie, Wasserchemismus, Fischkrankheiten usw., oder speziellen Fischarten wie Lachse, Karpfen, Welse, Aale, Störe usw., gibt es eigene Bücher und Literatur, die auf diese Themen noch genauer eingehen.

Martin Hochleithner

# Danksagung

Ohne eine Reihe von Wissenschaftlern und Praktikern wäre diese Veröffentlichung sicher nicht in der vorliegenden Form zustande gekommen. Besonders hilfreich waren unter anderen folgende Personen:

Volker Steiner† (Institut für Fischforschung, Innsbruck/Österreich) danke ich für die, oft die halbe Nacht dauernden, Gespräche und Diskussionen über alle möglichen Themen und Projekte, darunter auch mehrere Gehegeanlagen. Ihm habe ich auch vorerst die Vertretung und später die Übernahme der „Maritime Technic“ Pontons zu verdanken.

Nikolaus Höplinger (Fischerei Wolfgangsee, St. Wolfgang/Österreich) danke ich für die Kooperation und Zusammenarbeit beim Bau und Betrieb von zwei verschiedenen Gehegeanlagen (Jungfischaufzucht und Laichfischhaltung). Weiteres hat er und seine Familie die Benutzung des Boots- und Bruthauses am See ermöglicht.

Uwe Keil (Teichwirtschaft Hammermühle, Schönborn/Deutschland) danke ich für das Vertrauen und den Auftrag seine Gehegeanlagen liefern zu dürfen. Ihm und seiner Familie danke ich darüber hinaus auch für die Möglichkeit einige Bilder von seinen sehr erfolgreich betriebenen Anlagen machen zu können.

Peter Steinbach (Kallstadt/Deutschland) danke ich für die Entlehnungen aus seinem Buch „Die Fischproduktion in Kreislaufanlagen“, vor allem zu generellen Themen wie Wasserqualität und Fischfutter. Sein Buch war es auch, das mich erst auf die Idee gebracht hat, etwas Ähnliches für Netzgehegeanlagen zu verfassen.

Ferenc Lévai (Sáregres/Ungarn), Casper Guldberg-Petersen (Farsø/ Dänemark), und Irena Fonda (Portorož/Slowenien), danke ich für die Zusendung und Überlassung von guten Bildern von Netzgehegeanlagen. Irena Fonda und Ihrem Team danke ich darüber hinaus für die Möglichkeit eigene Bilder in ihrem Betrieb machen zu dürfen.

Nikolaus Schotzko (Landesfischereizentrum Vorarlberg, Hard/Österreich) danke ich für das beständige Interesse und die immerwährende Bereitschaft meine Manuskripte kritisch zu hinterfragen, zu korrigieren und zu verbessern. Sollten noch Fehler zu finden sein liegt das nicht an ihm, sondern an mir, weil ich seine Anmerkungen eventuell nicht übernommen habe.

# Inhaltsverzeichnis

# 1. EINLEITUNG UND ÜBERBLICK

Netzgehegeanlagen, kurz auch als Gehegeanlagen bezeichnet, bestehen in der Regel aus mehreren einzelnen Netzgehegen oder Gehegen auch als Netzkäfige (im englischen „cage“) bezeichnet. Sie sind einzeln oder gruppiert in natürlichen (Seen, Meere) oder naturnahen (Teiche, Staue) stehenden oder langsam fließenden Gewässern (Flüsse, Kanäle), meist schwimmend oder seltener stationär installiert und bestehen neben dem, zumindest an den Seiten (oder am Boden), vom Menschen hergestellten und wasserdurchlässigen Material, auch aus einer Struktur, die diese in Form und Position hält.

Gelegentlich werden auch Flussarme oder Meeresbuchten mit Netzen abgesperrt und darin Fische produziert. Diese Haltungseinrichtungen (Absperrungen) sind eigentlich keine Netzgehege, da nur an einer Seite aus vom Menschen hergestelltem Netzmaterial, sondern je nach Wasserzufluss eine Mischung aus Teich- oder Durchfluss- und Gehegeanlage. Umschließungen hingegen (im englischen „pen“), die an allen Seiten aus einem Zaun aus Netzmaterial auf natürlichem Boden bestehen, hingegen sind Gehege. Absperrungen und Umschließungen können sehr groß sein (bis zu 1.000 ha), sind aber schwierig zu bewirtschaften, da man sie nicht vollständig abfischen oder entleeren kann.

Manchmal werden auch geschlossene feste Behälter (Rinnen oder Becken) in Seen oder Teiche installiert und darin Fische aufgezogen, wobei das Wasser mechanisch (durch Pumpen oder Belüfter) hindurch befördert wird. Auch diese Anlagen bzw. Systeme („Teich-in-Teich“ genannt) sind genaugenommen keine Netzgehege, da sie nicht aus netzähnlichem oder wasserdurchlässigem Material bestehen, sondern stellen eher eine Mischung aus Durchfluss- und Kreislaufanlage dar, wobei der See oder Teich als Klärtrakt fungiert. Systeme hingegen, die aus Netzmaterial und zusätzlich außen noch aus einem wasserundurchlässigen und flexiblen Material (Folie) bestehen, können noch als Gehege gelten, obwohl das Wasser zur Versorgung gepumpt werden muss.

Netzgehege können in Form, Größe und Material stark variieren. Das Design und Layout von Gehegen wird meist von der Fischart und dem Gewässer bestimmt. Kleinere Gehege (unter 10 m Seitenlänge), haben meist einen viereckigen Rahmen, größere Gehege (über 10 m Durchmesser), haben meist einen kreisrunden Rahmen. Es gibt viele verschiedene Netzmaterialien und Maschenweiten, die für Netzgehege verwendet werden. Die Maschenöffnung hat dabei einen maßgeblichen Einfluss und muss stets an die Fischgröße angepasst sein.

Hältergehege wurden vermutlich ursprünglich von Fischern gebaut und eingesetzt, um die gefangenen Fische auf Vorrat zu hältern, bis sich ein Transport zum Markt lohnte. Die ersten Gehege waren wohl nichts anderes als modifizierte Reusen oder Kisten aus Pflanzenmaterial, wie sie seit Jahrtausenden in vielen Teilen der Welt auch heute noch verbreitet sind. Produktionsgehege, also solche in denen die Fische auch an Gewicht zunahmen, wurden zuerst in Ostasien gebaut. Am Jangtsekiang in China werden kleine Gehege aus Gewebe bzw. Gaze seit über 2.000 Jahren für die Haltung von wild gefangener Fischbrut verwendet, wobei diese darin bis zum Verkauf vermutlich überwiegend durch eingeschwemmte Naturnahrung auch wuchsen. Am Tonle Sap in Kambodscha werden kleine Gehege aus Holz bzw. Bambus seit Ende des 19. Jahrhunderts für die Haltung von wildgefangenen Welsen (*Pangasius* sp., *Clarias* sp.) und Schlangenkopffischen (*Channa* sp.) verwendet und die Fische darin mit Haushalts- und Fischabfällen gefüttert. Von dort breitete sich die Fischhaltung in Gehege weiter in Südostasien aus.

Traditionelle Gehege, die aus natürlichen Materialien (Bambus, Rattan) bestehen, wurden in den 1920er Jahren auf Sumatra in Indonesien für die Aufzucht von Barben (*Leptobarbus* sp.) und in den 1940er Jahren auf Java in Indonesien für die Aufzucht von Karpfen (*Cyprinus* sp.) im Süßwasser eingesetzt. Halbtraditionelle Gehege bestehen aus pflanzlichem und einem künstlichen Material, halbmoderne Gehege aus einem pflanzlichen und sonst aus künstlichen Materialien. Moderne Gehege, die aus künstlichen Materialien (Metall, Kunststoff) bestehen, wurden in den 1950er Jahren in Japan für die Aufzucht von Gelbschwanzmakrelen (*Seriola* sp.) im Meerwasser eingesetzt. Von dort breitete sich die Fischproduktion in Gehegen in den 1960er Jahren nach Nordamerika (Tilapia), in den 1970er Jahren nach Nordeuropa (Lachse und Forellen), in den 1980er Jahren nach Südeuropa (Barsche und Brassen), und später weltweit aus.

Im deutschsprachigen Raum (Deutschland, Österreich, Schweiz) haben Netzgehege eine relativ geringe Bedeutung, da es in natürlichen Gewässern heute oft schwierig ist, die erforderlichen Genehmigungen zu bekommen (außer für die Jungfischaufzucht mit Zooplankton und die Laichfischhaltung mit Weißfischen, jeweils aus dem See selbst). Ausnahmen sind die Nord- und Ostsee sowie Bergbau-Folgeseen bzw. Tagebau-Restseen und Teiche, sofern die Gewässergüte bzw. der Trophiegrad nicht verschlechtert wird. In anderen Ländern (Norwegen, Chile, China, Japan) haben Netzgehege eine große wirtschaftliche Bedeutung, da sehr große Mengen an Fischen (von manchen Arten >90 %) darin aufgezogen werden. Aber auch in Europa wird der überwiegende Teil (≈75 %) aller in der Aquakultur aufgezogenen Fische in Netzgehegen produziert.

Holzhütte mit seitlich hochgezogenem traditionellem Gehege in einem See (Kambodscha).

Blechhütte mit darunter hängendem halbmodernem Gehege in einem Fluss (Vietnam).

Foliendach mit darunter aufgestellten modernen Gehegen in einem Teich (Brasilien).

Netzgehege werden für die Produktion von Fischen mittlerweile seit vielen Jahrzehnten in etwa 80 Ländern für über 150 verschiedene Fischarten erfolgreich eingesetzt. Der Erfolg hängt sowohl von der Produktqualität der kultivierten Fischart, als auch von der Produktionsmöglichkeit des gewählten Gewässers ab. Einige der weltweit produzierten Fischfamilien und -arten, vor allem Meeresfische, werden sogar hauptsächlich in Netzgehegen produziert. So beispielsweise Lachsfische, Seebarsche, Sägebarsche, Skorpionfische, Meerbrassen, Umberfische, Thunfische, Stachelmakrelen und Offiziersfische.

Die wesentlichen Vorteile einer Gehegeproduktion sind: die effektive Nutzung von Gewässern, welche nicht entleert oder vollständig abgefischt werden können, die geringen Investitions- und Betriebskosten, sowie deren schnelle Errichtung. Die wesentlichen Nachteile einer Gehegeproduktion sind: die umwelt- und klimaabhängige Produktion, die notwendige Fütterung, sowie die höheren Risiken des Verlustes durch Krankheiten, Vandalismus oder Stürme, im Vergleich zu anderen Produktionsanlagen und -techniken.

Die Fischproduktion in Netzgehegen ist derzeit die am schnellsten wachsende Produktionsform der Aquakultur und hat, zumindest in einigen Gegenden von Afrika, Osteuropa, Südasien, Mittelamerika und Ozeanien, noch ein sehr großes Potential, wobei Erfolg und Entwicklung nicht unbedingt davon abhängt, wie diese Produktionsform beworben oder vermarktet, sondern eher, wie sie organisiert und unterstützt wird.

In Gehegen und Umschließungen werden aber nicht nur Fische, sondern gelegentlich auch eine Vielzahl von anderen Wasserlebewesen produziert, wie Krebstiere (Garnelen, Hummer), Weichtiere (Muscheln, Schnecken), Stachelhäuter (Seeigel, Seegurken) und Reptilien (Krokodile, Schildkröten), ja sogar Wasservögel (Enten, Gänse) und Säugetiere (Delphine), wobei Wasservögel dabei nicht mehr zur Aquakultur, sondern zur Agrikultur zählen und Säugetiere darin nur für Forschungszwecke gehalten werden.

Gehege für die Muschelhaltung (links) und Umschließung für die Entenproduktion (rechts).

*Literatur:*
Beveridge, 1987; Halwart et al., 2007; Sibeni & Calderini, 2014.

## 2. ORGANISMEN UND KULTIVIERUNG

### 2.1. Lebensbedingungen für Wasserorganismen

Wasser bedeckt etwa 70 % der Erdoberfläche und besitzt eine sehr hohe Dichte. Diese ist ca. 770-mal höher als jene von Luft. Wasser erweist sich daher für die meisten darin lebenden Organismen als sehr tragfähiges Medium. Infolge dessen benötigen Wasserbewohner nicht so belastbare und aufwendige innere und äußere Stützgewebe (z. B.: Knochen, Panzer) und Organe wie Landbewohner. Für die Fortbewegung ist allerdings im Wasser mehr Energie nötig, als auf dem Land. Als Folge kommt es vermehrt zur Ausbildung von stromlinienförmigen Körpern, um den Strömungswiderstand so gering wie möglich zu halten. Manche im freien Wasser lebende Organismen, aber auch einige Fischlarven, vergrößern hingegen als alternative Strategie ihre Oberfläche durch Ausbildung von Strahlen und Auswüchsen, um ihre Sinkgeschwindigkeit zu vermindern. Die Energie, die dann noch nötig ist, auf einem bestimmten Niveau im Wasser zu schweben, wird durch diese Vorgehensweise minimiert. Fische, die zeitlebens dieser Strategie folgen, gehören im Allgemeinen nicht zu den begehrten Speisefischen, wie z. B. einige Tiefseefische (Steinbach, 2018).

Gewässer lassen sich in verschiedene Lebensräume (Habitate) gliedern: Das Benthal, also den Boden- bzw. anschließenden Uferbereich und die Zone des freien Wassers, das Pelagial. Die Bewohner des Pelagials lassen sich wiederum nach deren Eigenbeweglichkeit in zwei Gruppen einteilen: Plankton und Nekton.

Plankton ist zu keiner kontrollierten Horizontalbewegung fähig, also Organismen, die im Wasserkörper treiben bzw. schweben. Beim sogenannten Holoplankton läuft der gesamte Lebenszyklus im freien Wasserkörper ab. Als Meroplankton bezeichnet man jene Planktonformen, bei denen nur bestimmte Lebensstadien pelagisch leben, wie z. B. Koralleneier, Muschel- und Krebslarven etc. Gemäß der biologisch-systematischen Zuordnung unterscheidet man Phytoplankton und Zooplankton. Phytoplankton umfasst alle mikroskopisch kleinen Pflanzen, also ein- und mehrzellige, freischwebende Algen. Das Zooplankton umfasst ein- und mehrzellige Tiere, darunter insbesondere kleine Krebstiere und Würmer, sowie die im Wasserkörper treibenden Eier und Larven vieler meeres- und süßwasserbewohnender Tierarten. Das Phytoplankton ist das erste Glied (Produzenten) in der Nahrungskette der Wasserlebewesen. Das Zooplankton ernährt sich wiederum zum großen Teil vom Phytoplankton und dient seinerseits größeren Tieren, wie Fischen und sogar sehr großen Säugetieren (Walen), als Nahrung (Steiner & Hochleithner, 2016).

Nekton ist zu einer kontrollierten Horizontalbewegung fähig, also Organismen, die aktiv und strömungsunabhängig schwimmen. Neben zahlreichen Fischen gehören dazu auch einige Weichtiere (Kopffüßer) und wenige Krebstiere (Garnelen) sowie aquatische Reptilien (Schildkröten) und Meeressäuger (Wale), ja selbst tauchende Vögel (Pinguine). Das Nekton stellt die überwiegende Zahl der Konsumenten im Pelagial dar und ist somit das mittlere Glied in der Nahrungskette der Wasserlebewesen.

Fische stellen mit etwa 32.000 Arten von den derzeit lebenden Wirbeltieren (Vertebrata) etwa die Hälfte aller Arten. Sie existieren seit etwa 500 Millionen Jahren. Aufgrund ihrer Anpassung an einen Lebensraum, lassen sie sich in Salzwasserfische und Süßwasserfische einteilen, wobei letztere über 40 % der gesamten Fischfauna ausmachen (Nelson et al., 2016).

### 2.1.1. Salzwasserfische

Der weitaus größte Teil des Wassers auf der Erde (über 97 %) besteht aus natürlichem Salzwasser, das sich in zunehmendem Umfang für die Fischproduktion, vor allem in Netzgehegen, anbietet. An Land liegende Becken- oder Teichanlagen werden unter Ausnutzung des Tidenhubs (Ebbe und Flut) oder mit Hilfe von Pumpen gefördertem Salzwasser versorgt. Zunehmend werden auch Kreislaufanlagen gebaut und betrieben, mache sogar im Binnenland, weitab von jeder Meeresküste.

Meerwasser hat einen Salzgehalt von über 30 ‰. Im Schnitt beträgt der Salzgehalt 35 ‰ mit Schwankungen von 34-37 ‰ in den Ozeanen. Meerwasser besitzt einen niedrigeren Gefrierpunkt und eine um etwa 20 % geringere Sauerstoffaufnahmekapazität als Süßwasser, da der Salzgehalt die Löslichkeit von Sauerstoff verringert. Die Dichte beträgt bei 0 °C und 3,5 %igem Salzgehalt 1,028 g/cm$^3$ und der pH-Wert liegt im alkalischen Bereich (pH 7,5-8,5).

Das Blut von Meeresfischen enthält mehr Salz als jenes von Süßwasserfischen. Außerdem trinken diese Salzwasser, um den Wasserverlust durch Osmose auszugleichen. Nicht benötigtes bzw. überschüssiges Salz wird über die Kiemen an das Umgebungswasser abgegeben. Meeresfische müssen wegen der höheren Salz-Konzentration des Umgebungswassers deutlich weniger Energie aufwenden, um die Elektrolyt-Konzentration ihrer Körperflüssigkeit aufrecht zu erhalten als Süßwasserfische (Steinbach, 2018).

Brackwasser hat einen Salzgehalt von zumindest 1-10 ‰, je nach Auslegung auch bis zu 18 ‰ bzw. 30 ‰. Bei einem Salzgehalt von 0,5-

5,0 ‰ spricht man von oligohalinem, bei 5-18 ‰ von mesohalinem, von 18-30 ‰ von euhalinem Salzwasser (darunter von Süß- und darüber von Meerwasser). Das Blut von Fischen (und anderen Wirbeltieren) hat eine Salinität von etwa 7-9 ‰. Bei diesem Salzgehalt des Umgebungswassers ist auch die für die Osmoseregulation nötige Energie am geringsten.

Die im Brackwasser vorkommenden Fischarten haben sich an die dort herrschenden Bedingungen angepasst. Salzgehaltsschwankungen werden von Fischen so lange toleriert, wie ihre Kiemen und Nieren in der Lage sind, die benötigte Elektrolyt-Konzentration im Körper zu erhalten. Der Fall, dass Fische und das Wasser, in dem diese schwimmen, isotonisch – von gleicher Ionenkonzentration – sind, ist selten anzutreffen. Die meisten Wasserlebewesen können entweder ausschließlich in Süß- oder in Meerwasser leben. Im Brackwasser kommen deutlich weniger Arten vor, da der Salzgehalt in Abhängigkeit von Regen, Zuflüssen und Verdunstung häufig stark schwankt. Dort können nur wenige, nicht einseitig spezialisierte Arten leben. Bei den Fischen sind dies vor allem Wanderarten wie z. B.: Meeräschen, Seebarsche, Aale, Lachse, sowie die meisten Störe (Steinbach, 2018).

### 2.1.2. Süßwasserfische

Süßwasser hat einen Salzgehalt von weniger als 1 ‰. Die Körperflüssigkeiten der darin lebenden Organismen besitzen eine viel höhere Elektrolyt-Konzentration (Salz-Ionen) als das umgebende Süßwasser. Sie müssen daher – um überleben zu können – ihren Wasserhaushalt und die Ionenkonzentration in der Körperflüssigkeit aktiv regulieren können. Dies geschieht z. B. durch die selektive Aufnahme von Elektrolyten (z. B. Natrium und Kalium) aus dem Wasser, die Gewinnung von Salzen aus der Nahrung, die Ausscheidung großer Mengen salzarmen Urins und die Rückgewinnung von Elektrolyten über die Nieren. Im Süßwasser werden etwa 20 % der gesamten Stoffwechselaktivität für osmoregulatorische Zwecke benötigt. In völlig salzfreiem Wasser, gemeinhin als destilliertes Wasser bezeichnet, ist Leben aus Mangel an Elektrolyten kaum möglich (Steinbach, 2018).

Süßwasserfische bewohnen überwiegend die fließenden und stehenden Binnengewässer wie Flüsse und Seen der Kontinente und Inseln. Fast alle Süßwasserfische gehören zu den Knochenfischen (Osteichthyes). Von den Knorpelfischen (Chondrichthyes) leben nur wenige (Rochen) im Süßwasser. Man unterscheidet: primäre Süßwasserfische, die sich ursprünglich im Süßwasser entwickelt haben (wie Karpfen, Salmler, Welse), sekundäre Süßwasserfische, die von marinen Vorfahren abstammen (wie Ährenfische, Buntbarsche, Zahnkärpflinge), und periphere Süßwasserfische, die Teile ihres Lebenszyklus im Süßwasser verbringen (wie Aale, Lachse, Störe).

## 2.2. Kultivierung von Wasserorganismen

Die Kultivierung von Wasserorganismen wird Aquakultur genannt, im Gegensatz zur Agrikultur, also der Landwirtschaft. Marikultur wäre die Aquakultur im Meerwasser, im Gegensatz zur Limnikultur, also die Aquakultur im Süßwasser. Die Aquakultur umfasst neben der Kultivierung von Fischen, Weichtieren (Muscheln, Schnecken), Krebstieren (Garnelen, Krabben) und anderen niederen Tieren (Seegurken, Seescheiden), auch die Kultivierung von Wasserpflanzen (Algen, Tang), ja sogar Reptilien (Krokodile, Schildkröten) und Amphibien (Frösche, Lurche). Die Kultivierung von Meeressäugern (Wale, Robben) würde auch dazu zählen, wird aber noch nicht praktiziert. Die Fischerei, also der Fang von Wildfischen in Naturgewässern, sozusagen das Gegenstück zur Jagd an Land, zählt nicht zur Aquakultur. Manchmal hängt die Aquakultur aber von Jungfischfängen aus der Fischerei ab (z. B. Glasaale).

Die Kultivierung von Fischen, also die Fischzucht, lässt sich wiederum in extensive und intensive Produktionsformen einteilen. Extensive Produktionsbedingen findet man heute eigentlich nur in Teichanlagen, bei Planktongehegen oder beim „Sea-Ranching". Sea-Ranching (Besatz-fischerei) wie es etwa bei Pazifischen Lachsen in Freigewässern erfolgt, stellt genau genommen ein Mittelding dar, da der Besatz zur Fischzucht und der Fang zur Fischerei zählen. In extensiven Anlagen sind die Bestandsdichten gering (in Teichen unter 1 t/ha und in Gehegen unter 1 kg/m$^3$) und es wird nicht zugefüttert. In allen anderen Anlagen herrschen intensive Produktionsbedingungen, die Bestandsdichten sind relativ hoch und es wird gefüttert. Daneben gibt es auch Zwischenstufen wie halbintensiv, wobei oft nur mit Futter pflanzlichen Ursprungs (<20 % Rohprotein) zugefüttert wird. Halbintensive Gehegeanlagen werden gelegentlich in den Tropen, aber fast nur im Süßwasser zur Produktion von pflanzenfressenden Fischen eingesetzt, wie Silberkarpfen (*Hypophthalmichthys* spp.) oder Buntbarsche (*Oreochromis* spp.).

In Teichen werden oft mehrere Arten zusammen produziert (Polykultur), in allen anderen Haltungseinrichtungen wird, mit wenigen Ausnahmen, heute jeweils nur eine Art produziert (Monokultur). In Netzgehegen wurde schon versucht, benthische Fische (Steinbutt) mit pelagischen (Lachse) zusammen in Gehegen zu produzieren, diese Form der Kultur setzte sich aber nicht durch. Eine Ausnahme in Gehegen stellen Putzerfische dar, die entweder wie Lippfische (*Ctenolabrus, Centrolabrus, Crenilabrus* spp.) und Seehasen (*Cyclopterus* spp.) Außenparasiten von den Fischen fressen, oder aber wie Kaninchenfische (*Siganus* spp.) und Schnabelbarsche (*Oplegnathus* spp.) Aufwuchsalgen von den Netzen.

In der Aquakultur versucht man durch Manipulation und Kontrolle des Lebenszyklus und der Umweltbedingungen schnelles Wachstum und hohe Überlebensraten der Organismen zu erreichen. Zu diesem Zweck werden die verschiedenen Entwicklungs- bzw. Alters- und Wachstumsstadien (Eier, Larven, Jungfische, Speisefische, Laichfische) normalerweise getrennt voneinander gehalten (Erbrütungs- bzw. Brutanlage, Aufzucht- bzw. Jungfischanlage, Mast- bzw. Speisefischanlage). In Gehegen können, mit Ausnahme der Eierbrütung, alle Entwicklungsstadien aufgezogen werden, wobei Larven mindestens schwimm- und fressfähig besetzt werden.

Unter Fischzucht versteht man genaugenommen nur die Vermehrung (Zuchtauslese), also die gezielte Verpaarung von Fischen. Umgangssprachlich ist damit aber oft die gesamte Produktion von Fischen gemeint, weshalb im Folgenden der Begriff „Fischzucht“ für den eher zutreffenden Begriff „Fischproduktion“ beibehalten wird. Unter „Fischhaltung“ versteht man wiederum die Haltung von Fischen, ohne nennenswerten Zuwachs, wie in Aquarien- oder Hälteranlagen.

### 2.2.1. Teichanlagen

Teichanlagen sind Anlagen, die meist naturnahe Haltungseinrichtungen (Teiche oder Lagunen) haben, und bei denen die Wasseraustauschrate nicht mehr als einmal pro Tag beträgt; oft wird sogar nur die Verdunstung ersetzt. Sie haben den höchsten Platz-, aber geringsten Wasserverbrauch. Die Investitions- und Betriebskosten hängen von verschiedenen Faktoren ab. Die Wassertemperatur hängt von geografischer Lage und klimatischen Bedingungen ab. Die Haltungseinrichtungen haben meist eine Größe von wenigen bis hunderttausenden Quadratmetern. Die Fischproduktion in Teichanlagen, vor allem an Karpfen und Tilapien, wird seit mehreren Jahrtausenden betrieben.

### 2.2.2. Gehegeanlagen

Gehegeanlagen sind Anlagen, die meist künstliche Haltungseinrichtungen (Gehege oder Käfige) haben, in einem natürlichen Gewässer (See oder Meer) installiert sind, und bei denen der Wasseraustausch durch die Netze bzw. Maschen hindurch erfolgt. Sie haben den geringsten Platzverbrauch und die geringsten Investitions- und Betriebskosten. Der Wasserverbrauch und die Wassertemperatur hängen vom Gewässer ab. Die Haltungseinrichtungen haben meist ein Volumen von einem bis tausenden Kubikmetern. Die Fischproduktion in Gehegeanlagen, vor allem von Karpfen und Welsen, wird seit mehr als einem Jahrhundert betrieben.

Teichanlage mit Teichen für Karpfenfische (Österreich). Foto: M. Hochleithner

Durchflussanlage mit Kanälen für Lachsfische (Italien). Foto: M. Hochleithner

Kreislaufanlage mit Becken für Störfische (Deutschland). Foto: M. Hochleithner

### 2.2.3. Durchflussanlagen

Durchflussanlagen sind Anlagen, die meist künstliche Haltungseinrichtungen (Kanäle oder Becken) haben, bei denen die Wasseraustauschrate mehrmals pro Tag erfolgt, und in denen das Wasser nur einmal verwendet wird. Sie haben den höchsten Wasserverbrauch. Der Platzverbrauch und die Investitions- und Betriebskosten hängen von verschiedenen Faktoren ab. Die Wassertemperatur hängt vom Zulaufwasser ab. Die Haltungseinrichtungen haben meist eine Größe von einem bis hunderten Quadratmetern. Die Fischproduktion in Durchflussanlagen, vor allem von Forellen und Lachsen, wird seit mehr als einem Jahrhundert betrieben.

### 2.2.4. Kreislaufanlagen

Kreislaufanlagen sind Anlagen, die meist künstliche Haltungseinrichtungen (Becken oder Aquarien) haben, und in denen das Wasser nach einer eventuellen Belüftung und Reinigung wieder in der Anlage verwendet (rezirkuliert) wird. Sie haben die höchsten Investitions- und Betriebskosten. Der Platz- und Wasserverbrauch hängt von Aufbereitungs- und Austauschrate ab. Die Wassertemperatur hängt von Isolation und Klimatisierung ab. Die Haltungseinrichtungen haben meist ein Volumen von einem bis hunderten Kubikmetern. Die Fischproduktion in Kreislaufanlagen, vor allem von Aalen und Welsen, wird seit einigen Jahrzehnten betrieben.

## 2.3. Fischarten für die Aquakultur

Die optimale Fischart für Netzgehegeanlagen gibt es so nicht, denn es hängt alles auch von Wasserqualität und Bewirtschaftungsplan sowie Vermarktungskonzept ab. So kann eine Kleinanlage, die geringere Mengen an schwierigen oder speziellen Besatzfischen produziert, durchaus wirtschaftlicher sein, als eine Großanlage die größere Mengen an einfachen oder billigen Speisefischen produziert. Einen wesentlichen Einfluss auf die Wirtschaftlichkeit haben auch Verarbeitung und Verkauf. So erzielt man mit einem Direktverkauf von verarbeiteten Fischen an Endverbraucher normalerweise höhere Preise und eine höhere Wertschöpfung als mit einem Großverkauf von unverarbeiteten Fischen an Händler.

Grundsätzlich kann man in Gehegeanlagen viele Fischarten halten, sofern deren Ansprüche (Gehegegestaltung, Wasserqualität, Futteransprüche etc.) entsprechend berücksichtigt werden. Generell eignen sich Fischarten, die schon in anderen herkömmlichen Haltungssystemen (Teich-, Durchfluss-, Kreislaufanlage) produziert werden, auch für Gehegeanlagen. Da in kommerziellen Anlagen immer die Wirtschaftlichkeit zu berücksichtigen ist, sind einige Fischarten, die in höheren Bestandsdichten gehalten werden können, sowie geringere Ansprüche an die Futtermittel und Wasserqualität haben, dafür eher geeignet, wie etwa einige Arten der folgenden Ordnungen.

### 2.3.1. Störfischartige (Acipenseriformes)

Von der Familie der Rüsselstöre (Acipenseridae) eignen sich vor allem die Gattungen *Acipenser* und *Huso*. Der Sibirische Stör (*Acipenser baerii*), Russische Stör (*Acipenser gueldenstaedtii*), Adriastör (*Acipenser naccarii*), Sterlet (*Acipenser ruthenus*) und Sternhausen (*Acipenser stellatus*) sowie der Europäische Hausen oder Beluga (*Huso huso*) werden hauptsächlich in Europa (Russland, Finnland, Deutschland, Spanien, Frankreich, Italien, Bulgarien) produziert, der Weiße Stör (*Acipenser transmontanus*) vorwiegend in Nordamerika (USA und Kanada, aber auch Italien), und der Amurstör (*Acipenser schrenckii*) sowie der Sibirische Hausen oder Kaluga (*Huso dauricus*) überwiegend in Ostasien (China, Taiwan, Vietnam). Störe werden sowohl in Durchfluss- und Gehegeanlagen als auch in Kreislaufanlagen produziert. Sie haben ein Knorpelskelett und damit grätenloses Fleisch, werden aber vor allem wegen ihres teuren Rogens (Kaviar) geschätzt. Alle Störe benötigen sehr lange Zeit (je nach Art ca. 5-20 Jahre) bis zur Geschlechtsreife und damit Kaviarernte. Die männlichen Tiere werden möglichst frühzeitig aussortiert und verkauft. Die weltweite Aquakulturproduktion dieser Familie betrug im Jahr 2010 etwa 40.000 t.

Von der Familie der Löffelstöre (Polyodontidae) eignet sich die Gattung *Polyodon* nur bedingt. Der Löffelstör (*Polyodon spathula*) wird in Nordamerika (Südstaaten der USA) und Osteuropa (Russland, Ungarn) in geringen Mengen in Teichanlagen produziert. Er ist ein Filtrierer der Zooplankton frisst und eignet sich wegen des Futter- und Platzbedarfs kaum für Gehegeanlagen.

### 2.3.2. Labyrinthfischartige (Anabantiformes)

Von der Familie der Kletterfische (Anabantidae) eignet sich vor allem die Gattung *Anabas*. Der Asiatische Kletterfisch (*Anabas testudineus*) wird in Südostasien (Indien, Bangladesch, Thailand, Kambodscha, Indonesien) in Teichanlagen produziert. Die weltweite Aquakulturproduktion dieser Familie betrug im Jahr 2010 rund 9.000 t.

Von der Familie der Schlangenkopffische (Channidae) eignet sich vor allem die Gattung *Channa*. Der Gestreifte Schlangenkopffisch (*Channa striata*) und der Gepunktete Schlangenkopffisch (*Channa punctata*) werden in Südostasien (Indien, Bangladesch, Myanmar, Thailand, Kambodscha,

Indonesien) und Westafrika (Nigeria, Kamerun) in Teich- und Gehegeanlagen produziert. Die weltweite Aquakulturproduktion dieser Familie betrug im Jahr 2010 über 420.000 t.

Von der Familie der Gouramis (Osphronemidae) eignet sich vor allem die Gattung *Osphronemus.* Der Riesengurami (*Osphronemus goramy*) wird in Südostasien (Indonesien, Thailand, Philippinen) als Speisefisch überwiegend in Teich- und Gehegeanlagen produziert. Er wäre wegen seiner fakultativen (wahlweisen) Luftatmung ein besonders interessantes Aufzuchtobjekt für Warmwasser, ist aber in Europa bisher relativ wenig (bzw. nur als Zierfisch) bekannt. Die weltweite Aquakulturproduktion dieser Familie betrug im Jahr 2010 etwa 60.000 t.

### 2.3.3. Aalfischartige (Anguilliformes)

Von der Familie der Süßwasseraale (Anguillidae) eignet sich die einzige Gattung *Anguilla*. Der Europäische Aal (*Anguilla anguilla*), Japanische Aal (*Anguilla japonica*) und Amerikanische Aal (*Anguilla rostrata*), werden vor allem in Mittel- und Südeuropa (Niederlande, Dänemark, Deutschland, Spanien, Italien, Griechenland) und Ostasien (China, Taiwan, Korea, Japan) als Speisefische in Teich- und Durchflussanlagen produziert, aber oft auch in Kreislaufanlagen. Aale haben einen relativ hohen Preis und sind vor allem in Japan gegrillt als „Kabayaki“ begehrt. Aale wachsen relativ langsam und nur die weiblichen Tiere werden schwerer als 200 g. Oberhalb von 300 g werden deutlich bessere Preise bezahlt. Bei der Produktion von allen Aalen ist man jedoch bis heute von Glasaalfängen aus der Natur abhängig. Die künstliche Vermehrung bis zum Schlupf ist bisher nur im Labormaßstab gelungen, und die Aufzucht bis zum Glasaalstadium sogar nur beim Japanischen Aal in Japan. Die weltweite Aquakulturproduktion dieser Familie betrug im Jahr 2010 etwa 270.000 t.

### 2.3.4. Makrelenfischartige (Carangiformes)

Von der Familie der Stachelmakrelen (Carangidae) eignet sich vor allem die Gattung *Seriola*. Die Große Gelbschwanzmakrele (*Seriola lalandi*), die Japanische Gelbschwanzmakrele (*Seriola quinqueradiata*), und die Bernsteinmakrele (*Seriola dumerili*) werden in Ostasien (China, Taiwan, Japan) und Australien, sowie gelegentlich in Europa (Spanien, Belgien) produziert, meist in Gehege- und Teichanlagen, aber zunehmend auch in Kreislaufanlagen. Die weltweite Aquakulturproduktion dieser Familie betrug im Jahr 2010 etwa 240.000 t.

Von der Familie der Offiziersfische (Rachycentridae) eignet sich die einzige

Gattung *Rachycentron*. Der Königsfisch oder Cobia (*Rachycentron canadum*) wird in Ostasien (China, Taiwan, Vietnam, Malaysia), Südamerika (Belize, Panama, Kolumbien, Brasilien) und Ostafrika (Réunion, Mauritius) produziert, meist in Durchfluss- und Gehegeanlagen, gelegentlich aber auch in Teich- und Kreislaufanlagen. Er wächst sehr schnell (im ersten Jahr bis zu 5 kg) und hat schmackhaftes Fleisch. Die weltweite Aquakulturproduktion dieser Familie betrug im Jahr 2010 etwa 40.000 t.

### 2.3.5. Salmlerfischartige (Characiformes)

Von der Familie der Großaugensalmler (Alestidae) einet sich vor allem die Gattung *Alestes*. Der Characin (*Alestes dentex*) wird in Afrika (Nigeria) meist in Teichanlagen produziert. Die weltweite Aquakulturproduktion dieser Familie betrug im Jahr 2010 etwa 3.300 t.

Von der Familie der Engmaulsalmler (Anostomidae) eignen sich vor allem die Gattungen *Anostomoides* und *Leporinus*. Der Piau (*Anostomoides laticeps*) und der Piapara (*Leporinus obtusidens*) werden in Südamerika (Brasilien, Paraguay) meist in Teichanlagen produziert. Die weltweite Aquakulturproduktion dieser Familie betrug im Jahr 2010 etwa 7.300 t.

Von der Familie der Forellensalmler (Bryconidae) eignet sich vor allem die Gattung *Brycon*. Der Amazonas-Forellensalmler oder Bocón (*Brycon amazonicus*) und der Rotschwanz-Forellensalmler oder Sábalo (*Brycon cephalus*) werden in Südamerika (Brasilien) meist in Teich-, Durchfluss- und Gehegeanlagen produziert. Die weltweite Aquakulturproduktion dieser Familie betrug im Jahr 2010 rund 5.000 t.

Von der Familie der Geradsalmler (Citharinidae) eignen sich vor allem die Gattungen *Citharinus* und *Distichodus*. Der Mondfisch (*Citharinus citharus*) und der Grasfresser (*Distichodus rostratus*) werden in Afrika (Nigeria) meist in Teichanlagen produziert. Die weltweite Aquakulturproduktion dieser Familie betrug im Jahr 2010 etwa 7.300 t.

Von der Familie der Raubsalmler (Erythrinidae) eignet sich eventuell die Gattung *Hoplias*. Der Tigersalmler oder Trahira (*Hoplias malabaricus*) wird in Südamerika (Brasilien) meist in Teichanlagen produziert. Die weltweite Aquakulturproduktion dieser Familie betrug im Jahr 2010 nur 270 t.

Von der Familie der Hechtsalmler (Hepsetidae) eignet sich eventuell die Gattung *Hepsetus*. Der Afrikanische Hechtsalmler (*Hepsetus odoe*) wird in Afrika (Nigeria) meist in Teichanlagen produziert. Die weltweite Aquakulturproduktion dieser Familie betrug im Jahr 2010 etwa 1.500 t.

Von der Familie der Barbensalmler (Prochilodontidae) eignet sich die Gattung *Prochilodus.* Der Gefleckte Barbensalmler (*Prochilodus reticulatus*) und der Schwarze Barbensalmler (*Prochilodus nigricans*) werden in Südamerika (Brasilien, Kolumbien) meist in Teichanlagen produziert. Die weltweite Aquakulturproduktion dieser Familie betrug im Jahr 2010 etwa 7.800 t.

Von der Familie der Sägesalmler (Serrasalmidae) eignen sich vor allem die Gattungen *Colossoma* und *Piaractus.* Der Riesenpacu oder Tambaqui (*Colossoma macropomum*), der Schwarze Pacu oder Pirapitinga (*Piaractus brachypomus*) und der Weiße Pacu oder Caranha (*Piaractus mesopotamicus*) sowie deren Hybriden, werden in Südamerika (Argentinien, Brasilien, Guyana, Venezuela, Kolumbien) aber auch in Ostasien (China, Vietnam, Myanmar) in Teich- und Gehegeanlagen produziert. Die weltweite Aquakulturproduktion dieser Familie betrug im Jahr 2010 etwa 224.000 t.

Salmlerartige stellen in Südamerika das Gegenstück zu den Karpfenartigen dar, die dort nicht natürlich vorkommen, und haben wie diese viele Zwischenmuskelgräten (Y-Gräten), die jedoch durch Schröpfen zerkleinert werden können, sodass man sie gefahrlos mit verspeisen kann.

### 2.3.6. Sonnenbarschartige (Centrarchiformes)

Von der Familie der Sonnenbarsche (Centrarchidae) eignet sich vor allem die Gattung *Micropterus.* Der Forellenbarsch (*Micropterus salmoides*) und der Schwarzbarsch (*Micropterus dolomieu)* sind in Nordamerika (USA) geschätzte Angelfische und werden in Nord- und Südamerika (Mexiko, Brasilien), Asien (China), Afrika (Marokko), sowie Mittel- und Südeuropa (Frankreich, Italien, Österreich) meist in Teich- und Gehegeanlagen produziert. Die weltweite Aquakulturproduktion dieser Familie betrug im Jahr 2010 fast 190.000 t.

Von der Familie der Dorschbarsche (Percichthyidae) eignen sich vor allem die Gattungen *Siniperca* und *Lateolabrax.* Der Mandarinbarsch (*Siniperca chuatsi*) und der Japanische Barsch (*Lateolabrax japonicus*) werden in Ostasien (China, Korea) meist in Teich- und Gehegeanlagen produziert. Die weltweite Aquakulturproduktion dieser Familie betrug im Jahr 2010 rund 360.000 t.

Von der Familie der Grunzbarsche (Terapontidae) eignen sich vor allem die Gattungen *Bidyanus* und *Scortum.* Der Silberbarsch (*Bidyanus bidyanus*) und der Jadebarsch (*Scortum barcoo)* werden in Ostasien (Taiwan) und Australien meist in Teich- und Gehegeanlagen produziert. Diese Fische haben, ähnlich wie Lachse, einen sehr hohen Gehalt an Omega-3-Fettsäuren (über 20 mg/g). Die weltweite Aquakulturproduktion dieser Familie betrug im Jahr 2010 nur 320 t.

### 2.3.7. Buntbarschartige (Cichliformes)

Von der Familie der Buntbarsche (Cichlidae) eignet sich vor allem die Gattung *Oreochromis*. Der Niltilapia (*Oreochromis niloticus*), der Mozambique Tilapia (*Oreochromis mossambicus*) und der Blaue Tilapia (*Oreochromis aureus)* sowie deren Hybriden werden weltweit (Afrika, Asien, Amerika) in verschiedensten Anlagen produziert, darunter auch zahlreiche Gehegeanlagen. Beliebt sind rote Hybriden, welche einen besseren Preis erzielen als die „normalfarbigen". Tilapien können in sehr hohen Besatzdichten (über 100 kg/m$^3$) gehalten werden, betreiben Brutpflege, können ohne tierisches Protein aufgezogen werden, und haben schmackhaftes Fleisch, was sie zu interessanten Aufzuchtobjekten im Warmwasser macht, allerdings haben sie durch die hohe Produktion einen relativ niedrigen Preis. Die weltweite Aquakulturproduktion dieser Familie betrug im Jahr 2010 über 3.500.000 t.

### 2.3.8. Karpfenfischartige (Cypriniformes)

Von der Familie der Karpfenfische (Cyprinidae) eignen sich vor allem die Gattungen *Cyprinus, Carassius* und *Tinca*. Der Gemeine Karpfen (*Cyprinus carpio*), der Goldfisch (*Carassius aurata*) und die Schleie (*Tinca tinca*) werden in fast ganz Eurasien produziert, meist jedoch in Teichanlagen. Die Farbvarianten von Karpfen (Koi) und Goldfisch (Schleierschwanz) sind als Zierfische sehr geschätzt, vor allem in Japan und China aber in letzter Zeit auch in Europa und Amerika. All diese Fische haben aber Zwischenmuskelgräten (Y-Gräten) die in Europa nicht geschätzt werden. Sie haben meist auch einen relativ niedrigen Preis. Einige asiatische Karpfenarten könnten aber dennoch auch als Speisefische interessante Aufzuchtobjekte für Gehegeanlagen in Asien sein (z. B. Gattung *Tor* oder *Catlocarpio*). Die weltweite Aquakulturproduktion dieser Familie betrug im Jahr 2010 etwa 23.000.000 t.

Von der Familie der Dorngrundeln (Cobitidae) eignet sich vor allem die Gattung *Misgurnus*. Die Ostasiatische Schlammpeitzger (*Misgurnus anguillicaudatus*) wird in Ostasien (China, Korea) in Teichanlagen produziert. Der Europäische Schlammpeitzger (*Misgurnus fossilis*) wird in Europa (Deutschland, Österreich, Tschechien) gelegentlich in geringen Mengen als Nebenfisch in Teichanlagen produziert, allerdings nicht als Speise- sondern nur als Zierfisch für Gartenteiche genutzt. Die weltweite Aquakulturproduktion dieser Familie betrug im Jahr 2010 über 200.000 t.

### 2.3.9. Hechtfischartige (Esociformes)

Von der Familie der Hechtfische (Esocidae) eignet sich die Gattung *Esox* nur bedingt. Der Nordische Hecht (*Esox lucius*) wird in Ost- und Mitteleuropa (Russland, Polen, Deutschland, Österreich, Tschechien, Ungarn, Bulgarien, Rumänien) und Nordafrika (Marokko) produziert, aber fast ausschließlich in Teichanlagen. Er ist ein kannibalischer Raubfisch der Lebendfische frisst und eignet sich wegen des Futterbedarfs kaum für Gehegeanlagen. Die weltweite Aquakulturproduktion dieser Familie betrug im Jahr 2010 nur 900 t.

### 2.3.10. Dorschfischartige (Gadiformes)

Von der Familie der Dorschfische (Gadidae) eignen sich vor allem die Gattungen *Gadus* im Salzwasser und *Lota* im Süßwasser. Der Kabeljau oder Dorsch (*Gadus morhua*) wird vor allem in Nordeuropa (Norwegen, Island) meist in Gehegeanlagen produziert; allerdings haben einige Betriebe, wegen des Preisrückgangs Aufgrund der Zunahme des Wildfangs die Produktion wieder eingestellt. Die Quappe oder Rutte (*Lota lota*) wird in Mitteleuropa (Deutschland, Tschechien, Österreich) meist in Teich- und Durchflussanlagen als Besatzfisch produziert. Sie verträgt hohe Besatzdichten und könnte ein interessantes Aufzuchtobjekt für Gehegeanlagen in Nord- und Mitteleuropa sein, wird allerdings bisher kaum als Speisefisch produziert. Die weltweite Aquakulturproduktion dieser Familie betrug im Jahr 2010 etwa 20.000 t.

### 2.3.11. Grundelfischartige (Gobiiformes)

Von der Familie der Schläfergrundeln (Eleotridae) eignen sich eventuell die Gattungen *Dormitator* und *Oxyeleotris*. Die Pazifische Schläfergrundel (*Dormitator latifrons*) wird gelegentlich in Mittelamerika (Ecuador) und die Marmorgrundel (*Oxyeleotris marmorata*) in Südostasien (Indonesien, Thailand) meist in Teichanlagen produziert. Die weltweite Aquakulturproduktion dieser Familie betrug im Jahr 2010 etwa 1.100 t.

### 2.3.12. Sandfischartige (Gonorynchiformes)

Von der Familie der Milchfische (Chanidae) eignet sich die einzige Gattung *Chanos*. Der Milchfisch (*Chanos chanos*) wird in Asien (Taiwan, Philippinen, Indonesien, Singapur) und Afrika (Tansania) vor allem in Teich- und Gehegeanlagen produziert. Die weltweite Aquakulturproduktion dieser Familie betrug im Jahr 2010 rund 810.000 t.

Asiatischer Haiwels (*Pangasius pangasius*). Foto: M. Hochleithner

Afrikanische Buntbarsch (*Oreochromis niloticus*). Foto: M. Hochleithner

Südamerikanischer Spatelwels (*Pseudoplatystoma fasciatum*). Foto: M. Hochleithner

Riesenpacu (*Colossoma macropomum*). Foto: M. Hochleithner

Nilbarsch (*Lates niloticus*). Foto: M. Hochleithner

Goldbrasse (*Sparus aurata*). Foto: M. Hochleithner

### 2.3.13. Schnapperfischartige (Lutjaniformes)

Von der Familie der Schnapper (Lutjanidae) eignet sich vor allem die Gattung *Lutjanus*. Der Kupferschnapper (*Lutjanus argentimaculatus*) und der Goldene Schnapper (*Lutjanus johnii*) werden hauptsächlich in Südostasien (Taiwan, Philippinen, Kambodscha, Malaysia, Singapur), und der Rote Schnapper (*Lutjanus campechanus)* gelegentlich in Nord- und Mittelamerika (Mexiko, Costa Rica) in Salzwasser-Teich-, Durchfluss- und Gehegeanlagen produziert. Die weltweite Aquakulturproduktion dieser Familie betrug im Jahr 2010 etwa 8.000 t.

### 2.3.14. Seebarschartige (Moroniformes)

Von der Familie der Seebarsche (Moronidae) eignen sich die beiden Gattungen *Morone* im Süßwasser und *Dicentrarchus* im Salzwasser. Der Streifenbarsch (*Morone saxatilis*) und seine Hybriden mit anderen Arten dieser Gattung, wie dem Weißbarsch (*Morone chrysops*), werden in Nordamerika (USA), Vorderasien (Israel), Mittel- und Südeuropa (Italien, Spanien, Deutschland) meist in Teichanlagen produziert, zunehmend aber auch in Gehege- und Kreislaufanlagen. Streifenbarsche sehen optisch attraktiv aus und haben sehr schmackhaftes Fleisch. Da für die Aquakultur meist nur Hybridbarsche verwendet werden, hängt man bei der Satzfischversorgung aber von Lieferanten und Importen ab, oder man muss die zwei Ausgangsarten aufwendig selbst halten und vermehren. Der Wolfsbarsch (*Dicentrarchus labrax*) wird vor allem in Südeuropa und Vorderasien (Spanien, Frankreich, Italien, Kroatien, Griechenland, Zypern, Türkei, Israel), sowie Nordafrika (Ägypten, Tunesien) in großen Mengen als Speisefisch produziert, meist in Teich-, Durchfluss- und Gehegeanlagen, gelegentlich aber auch in Kreislaufanlagen. Die weltweite Aquakulturproduktion dieser Familie betrug im Jahr 2010 über 140.000 t.

### 2.3.15. Meeräschenartige (Mugiliformes)

Von der Familie der Meeräschen (Mugilidae) eignet sich vor allem die Gattung *Mugil*. Die Graue Meeräsche (*Mugil cephalus*) wird in Südeuropa (Spanien, Italien, Frankreich, Griechenland), Nordafrika (Ägypten, Tunesien), West- und Ostasien (Israel, Saudi Arabien, Irak, Korea, Taiwan) und Nordamerika (Mexiko) meist in Teichanlagen produziert. Im Mittelmeerraum ist der gesalzene und getrocknete Rogen „Bottarga“ eine gut bezahlte Delikatesse. Die weltweite Aquakulturproduktion dieser Familie betrug im Jahr 2010 etwa 140.000 t.

### 2.3.16. Stintfischartige (Osmeriformes)

Von der Familie der Stintfische (Osmeridae) eignet sich vor allem die Gattung *Hypomesus*. Der Pazifische Teichstint (*Hypomesus olidus*) wird in Ostasien (China) meist in Teichanlagen produziert. Die weltweite Aquakulturproduktion dieser Familie betrug im Jahr 2010 etwa 13.000 t.

Von der Familie der Süßfische (Plecoglossidae) eignet sich die einzige Gattung *Plecoglossus*. Der Ayu oder Süßfisch (*Plecoglossus altivelis*) wird in Ostasien (Japan, Taiwan, Korea) überwiegend in Teich- und Durchflussanlagen produziert. Die weltweite Aquakulturproduktion dieser Familie betrug im Jahr 2010 etwa 6.500 t.

Von der Familie der Eisfische (Salangidae) eignet sich eventuell die Gattung *Protosalanx*. Der Klarkopf-Eisfisch (*Protosalanx hyalocranius*) wird in Ostasien (China) meist in Teichanlagen produziert. Die weltweite Aquakulturproduktion dieser Familie betrug im Jahr 2010 etwa 18.000 t.

### 2.3.17. Knochenzünglerartige (Osteoglossiformes)

Von der Familie der Arapaimas (Arapaimidae) eignen sich beide Gattungen *Arapaima* und *Heterotis*. Der Südamerikanische Knochenzüngler (*Arapaima gigas*) wird seit Kurzem in Südamerika (Brasilien, Peru) als beliebter Speisefisch vorwiegend in Teichanlagen produziert. Er wächst sehr schnell (im ersten Jahr bis zu 10 kg) und wird sehr groß (bis zu 200 kg). Er ist aber (wie auch alle Störe) im Washingtoner Artenschutzübereinkommen (englisch: Convention on International Trade in Endangered Species of wild fauna and flora = CITES) gelistet. Daher ist für jeden Import/Export eine Genehmigung der zuständigen Behörden erforderlich. Der Westafrikanische Knochenzüngler (*Heterotis niloticus*) wird in Westafrika (Elfenbeinküste, Ghana, Nigeria, Kamerun) in Teichanlagen produziert. Diese Arten wären wegen ihrer obligatorischen (zwingenden) Luftatmung besonders interessante Aufzuchtobjekte für Warmwasser, sind aber in Europa bisher relativ wenig bekannt. Die weltweite Aquakulturproduktion dieser Familie betrug im Jahr 2010 etwa 3.000 t.

Von der Familie der Messerfische (Notopteridae) eignen sich eventuell die Gattungen *Notopterus* und *Papyrocranus*. Der Asiatische Messerfisch (*Notopterus notopterus*) wird in Südostasien (Bangladesch, Thailand) als teurer Speisefisch geschätzt und in Teichanlagen produziert. Der Afrikanische Messerfisch (*Papyrocranus after*) wird in Westafrika (Nigeria) in Teichanlagen produziert. Die weltweite Aquakulturproduktion dieser Familie betrug im Jahr 2010 etwa 10.000 t.

Von der Familie der Großnilhechte (Gymnarchidae) eignet sich die einzige Gattung *Gymnarchus*. Der Großnilhecht (*Gymnarchus niloticus*) wird in Afrika (Nigeria) in Teichanlagen produziert. Die weltweite Aquakulturproduktion dieser Familie betrug im Jahr 2010 etwa 5.000 t.

### 2.3.18. Barschfischartige (Perciformes)

Von der Familie der Echten Barsche (Percidae) eignen sich vor allem die Gattungen *Perca* und *Sander*. Der Europäische Flussbarsch (*Perca fluviatilis*) wird in Europa (Irland, Deutschland, Schweiz, Österreich, Italien, Tschechien, Ukraine, Russland), und der Amerikanische Gelbbarsch (*Perca flavescens*) in Nordamerika (USA) in Teich- und Durchflussanlagen produziert, manchmal aber auch in Gehegeanlagen. Flussbarsche sind filetiert vor allem in der Schweiz als „Eglifilet“ begehrt. Der Europäische Zander oder Schill (*Sander lucioperca*) wird in Nord- und Mitteleuropa (Dänemark, Niederlande, Deutschland, Österreich, Ungarn, Bulgarien, Rumänien) und Nordafrika (Tunesien), und der Amerikanische Zander oder Walleye (*Sander vitreum*) in Nordamerika (USA) in Teich- und Kreislaufanlagen produziert, vornehmlich als Besatzfisch, aber zunehmend auch als Speisefisch. Bei hohen Besatzdichten treten oft Schäden an den vorgewölbten Augen auf, wodurch die Zander blind werden und keine Nahrung mehr finden. Die weltweite Aquakulturproduktion dieser Familie betrug im Jahr 2010 rund 1.000 t.

Von der Familie der Riesenbarsche (Centropomidae) eignet sich vor allem die Gattung *Lates*. Der Asiatische Seebarsch oder Barramundi (*Lates calcarifer*) wird in Asien (Taiwan, Thailand, Malaysia, Indonesien) sowie in Australien und Nordamerika (USA), vorwiegend in Teich- und Gehegeanlagen produziert, zunehmend aber auch in Kreislaufanlagen. Die Tiere leben im Süß- oder Brackwasser und laichen im Meerwasser. Die Brut (ab 2 cm) kann an Süßwasser und Trockenfutter gewöhnt werden. Der Nilbarsch (*Lates niloticus*) wird in Afrika (Nigeria, Uganda, Ägypten) vorwiegend in Teich- und Gehegeanlagen produziert, aber auch in größeren Mengen aus Afrika (Tansania, Uganda, Kenia) als Wildfang exportiert. Die weltweite Aquakulturproduktion dieser Familie betrug im Jahr 2010 fast 80.000 t.

Von der Familie der Sägebarsche (Serranidae) eignen sich vor allem die Gattungen *Epinephelus* und *Plectropomus*. Der Gepunktete Zackenbarsch (*Epinephelus coicoides*), der Gefleckte Zackenbarsch (*Epinephelus tauvina*) und einige Hybriden, sowie der Leopard-Korallenbarsch (*Plectropomus leopardus*) werden in Asien (China, Taiwan, Philippinen, Malaysia, Indonesien, Emirate) überwiegend in Gehegeanlagen produziert, aber auch in Salzwasser-Durchfluss- und Kreislaufanlagen. Die weltweite Aquakulturproduktion dieser Familie betrug im Jahr 2010 etwa 80.000 t.

Von der Familie der Kaninchenfische (Siganidae) eignet sich die Gattung *Siganus*. Der Weißgepunktete Kaninchenfisch (*Siganus canaliculatus*) und der Marmorierte Kaninchenfisch (*Siganus rivulatus*) werden in Vorderasien (Cypern, Saudi Arabien, Bahrein), Südasien (Philippinen, Singapur) und Ozeanien (Neukaledonien, Fiji) in Teich-, Durchfluss- und Gehegeanlagen produziert. Diese Fische können ohne tierisches Protein aufgezogen werden. Die weltweite Aquakulturproduktion dieser Familie betrug im Jahr 2010 nur 230 t.

Von der Familie der Flossenblätter (Monodactylidae) eignet sich eventuell die Gattung *Schuettea*. Der Östliche Pomfret (*Schuettea scalaripinnis*) wird in Südasien (Indonesien) in Teich- und Gehegeanlagen produziert. Die weltweite Aquakulturproduktion dieser Familie betrug im Jahr 2010 etwa 30.000 t.

Barschartige haben besonders schmackhaftes grätenarmes Fleisch, was von Konsumenten geschätzt wird und einen guten Preis erzielt, allerdings ist die Aufzucht (vor allem der winzigen Larven) oft etwas schwierig. Außerdem sind einige Barschartige als Raubfische kannibalisch.

### 2.3.19. Plattfischartige (Pleuronectiformes)

Von der Familie der Steinbutte (Scophthalmidae) eignet sich vor allem die Gattung *Scophthalmus*. Der Gemeine Steinbutt (*Scophthalmus maximus*) wird in Westeuropa (Portugal, Spanien, Frankreich), Ostasien (China) und Südamerika (Chile) produziert, meist in Salzwasser-Durchfluss- und Kreislaufanlagen. Er toleriert relativ hohe Besatzdichten (bis zu 4 Lagen) und bevorzugt kühlere Temperaturen (16-18 °C). Die weltweite Aquakulturproduktion dieser Familie betrug im Jahr 2010 etwa 70.000 t.

Von der Familie der Seezungen (Soleidae) eignet sich vor allem die Gattung *Solea*. Die Atlantische Seezunge (*Solea senegalensis*) wird überwiegend in Westeuropa (Portugal, Spanien, Frankreich) produziert, meist in Salzwasser-Durchfluss- und Kreislaufanlagen, seltener in Teichanlagen. Die weltweite Aquakulturproduktion dieser Familie betrug im Jahr 2010 nur 370 t.

Von der Familie der Schollen (Pleuronectidae) eignet sich vor allem die Gattung *Hippoglossus*. Der Atlantische Heilbutt (*Hippoglossus hippoglossus*) wird überwiegend in Nordeuropa (Norwegen, Großbritannien, Island) produziert, meist in Salzwasser-Durchfluss- und Kreislaufanlagen. Die weltweite Aquakulturproduktion dieser Familie betrug im Jahr 2010 rund 7.000 t.

Von der Familie der Flundern (Paralichthyidae) eignet sich vor allem die Gattung *Paralichthys*. Die Olive Flunder (*Paralichthys olivaceus*) wird überwiegend in Ostasien (China, Korea, Japan) produziert, meist in Teich- und Durchflussanlagen, seltener in Kreislauf- und Gehegeanlagen. Die weltweite Aquakulturproduktion dieser Familie betrug im Jahr 2010 etwa 70.000 t.

### 2.3.20. Lachsfischartige (Salmoniformes)

Von der Familie der Lachsartigen (Salmonidae) eignen sich vor allem die Gattungen *Oncorhynchus, Salmo* und *Salvelinus*. Die Regenbogenforelle (*Oncorhynchus mykiss* früher *Salmo gairdneri*) wird weltweit (Amerika, Europa, Asien, Afrika) in verschiedensten Anlagen produziert, und der Silberlachs (*Oncorhynchus kisutch*) hauptsächlich in Nordamerika (Kanada), Südamerika (Chile), Ostasien (Japan) und gelegentlich in Europa (Italien). Der Atlantische Lachs (*Salmo salar*) wird hauptsächlich in Nordeuropa (Norwegen, Großbritannien, Island), Nordamerika (USA, Kanada), Südamerika (Chile) und Australien produziert, und die Europäische Forelle (*Salmo trutta*) hauptsächlich in Europa (Russland, Finnland, Großbritannien, Dänemark, Frankreich, Deutschland). Der Bachsaibling (*Salvelinus fontinalis*) wird gelegentlich in Nordamerika (Kanada) und Mitteleuropa (Slowenien, Slowakei, Tschechei, Österreich, Deutschland) produziert, und der Arktische Saibling (*Salvelinus alpinus*) vor allem im Norden (Island und Kanada). Alle Lachsfische werden überwiegend in Durchfluss- und Gehegeanlagen produziert, aber gelegentlich auch in Kreislaufanlagen. Sie sind geschätzte Speisefische, allerdings eignen sie sich nur für Kaltwasser. Saiblinge sind zudem auch temperatur- und krankheitsanfällig, daher sollten sie in jedem Fall unterhalb von 16 °C gehalten werden. Die weltweite Aquakulturproduktion dieser Familie betrug im Jahr 2010 etwa 2.400.000 t.

Von der Familie der Renkenartigen (Coregonidae) eignet sich am ehesten die Gattung *Coregonus*. Die Edelmaräne (*Coregonus lavaretus*) und die Peledmaräne (*Coregonus peled*) werden in Nord-, Ost- und Mitteleuropa (Russland, Finnland, Polen, Tschechien, Österreich) in Teich- und Gehegeanlagen produziert. Die weltweite Aquakulturproduktion dieser Familie betrug im Jahr 2010 etwa 5.000 t.

Von der Familie der Äschenartigen (Thymallidae) eignet sich die einzige Gattung *Thymallus* nur bedingt. Die Europäische Äsche (*Thymallus thymallus*) wird ebenfalls in Nord- und Mitteleuropa (Finnland, Deutschland, Österreich, Slowakei) gelegentlich in geringen Mengen produziert, allerdings vorwiegend als Besatzfisch für Naturgewässer und eignet sich für Gehegeanlagen eher weniger (temperatur- und krankheitsanfällig).

Quappe (*Lota lota*). Foto: M. Hochleithner

Arapaima (*Arapaima gigas*). Foto: M. Hochleithner

Steinbutt (*Scophthalmus maximus*). Foto: M. Hochleithner

Seeforelle (*Salmo trutta*). Foto: M. Hochleithner

Aal (*Anguilla anguilla*). Foto: M. Hochleithner

Schleie (*Tinca tinca*). Foto: M. Hochleithner

### 2.3.21. Umberfischartige (Sciaeniformes)

Von der Familie der Umberfische (Sciaenidae) eignen sich vor allem die Gattungen *Argyrosomus* und *Sciaenops*. Der Gemeine Umberfisch oder Adlerfisch (*Argyrosomus regius*) wird in Südeuropa (Spanien, Frankreich, Italien, Griechenland), Vorderasien (Türkei, Israel), Nordafrika (Ägypten), und der Rote Umberfisch oder Trommler (*Sciaenops ocellatus*) in Nord- und Mittelamerika (USA, Mexiko, Ecuador, Martinique) und Ostasien (China) meist in Teich-, Durchfluss- und Gehegeanlagen produziert. Die weltweite Aquakulturproduktion dieser Familie betrug im Jahr 2010 etwa 155.000 t.

### 2.3.22. Thunfischartige (Scombriformes)

Von der Familie der Thunfische (Scombridae) eignet sich vor allem die Gattung *Thunnus*. Der Atlantische Blauflossenthun (*Thunnus thynnus*) wird in Europa (Spanien, Italien, Kroatien, Malta, Griechenland), Kleinasien (Türkei) und Nordafrika (Tunesien) und der Pazifische Blauflossenthun (*Thunnus orientalis*) in Amerika (Mexiko) und Asien (Japan) und der Südliche Blauflossenthun (*Thunnus maccoyii*) in Australien, hauptsächlich in Salzwasser-Gehegeanlagen produziert. Dabei hängt man derzeit noch von wildgefangenen Jungfischen ab, die dann in den Netzgehegen großgezogen werden. Thunfische sind besonders in Japan als „Sashimi“ begehrt und werden in entsprechender Qualität (Fettgehalt) auch gut bezahlt. Die weltweite Aquakulturproduktion dieser Familie betrug im Jahr 2010 rund 10.000 t.

### 2.3.23. Drachenkopfartige (Scorpaeniformes)

Von der Familie der Skorpionfische (Scorpaenidae) eignet sich eventuell die Gattung *Sebastes*. Der Schwarze Felsenbarsch (*Sebastes schlegeli*) wird in Ostasien (Korea) in Gehegeanlagen produziert. Die weltweite Aquakulturproduktion dieser Familie betrug im Jahr 2010 etwa 20.000 t.

### 2.3.24. Welsfischartige (Siluriformes)

Von der Familie der Flusswelse (Siluridae) eignet sich vor allem die Gattung *Silurus*. Der Europäische Wels (*Silurus glanis*) ist wohlschmeckend und wird in West-, Mittel- und Osteuropa (Frankreich, Deutschland, Polen, Tschechien, Ungarn, Rumänien, Bulgarien) und Nordafrika (Tunesien) meist in Teichanlagen produziert, aber gelegentlich auch in Kreislauf- und Gehegeanlagen. Der Amurwels (*Silurus asotus*) wird vor allem in Ostasien (Korea, China, Taiwan) meist in Teichanlagen produziert. Die weltweite Aquakulturproduktion dieser Familie betrug im Jahr 2010 etwa 380.000 t.

Von der Familie der Katzenwelse (Ictaluridae) eignen sich vor allem die Gattungen *Ictalurus* und *Ameiurus*. Der Marmorierte Katzenwels (*Ictalurus punctatus*) sowie dessen Hybride mit dem Blauen Katzenwels (*Ictalurus furcatus*), der eine höhere Überlebens- und Wachstumsrate sowie Fleischausbeute aufweist, wird vor allem in Nord- und Südamerika (Südstaaten der USA, Mexiko, Kuba, Brasilien), Asien (China) und Europa (Russland, Bulgarien, Ungarn) produziert, überwiegend in Teichanlagen, gelegentlich aber auch in Gehege- und Kreislaufanlagen. Der Schwarze Katzenwels (*Ameiurus melas*) wird ebenfalls in Nordamerika (USA) und Europa (Italien, Ungarn) überwiegend in Teichanlagen produziert. Die weltweite Aquakulturproduktion dieser Familie betrug im Jahr 2010 etwa 445.000 t.

Von der Familie der Luftsackwelse (Clariidae) eignen sich vor allem die Gattung *Clarias* und *Heteropneustes*. Der Afrikanische Labyrinthwels (*Clarias gariepinus*) wird vor allem in Afrika (Nigeria, Ghana) in Teichanlagen produziert, aber auch in Kreislaufanlagen in Europa (Niederlande, Deutschland, Polen, Ungarn, Österreich). Der Asiatische Labyrinthwels (*Clarias batrachus*) wird hauptsächlich in Süd- und Südostasien (Indien, Bangladesch, Thailand, Kambodscha, Indonesien, Philippinen) produziert. Der Afrikanische Kiemensackwels (*Heteropneustes longifilis*) wird ebenfalls in Westafrika (Nigeria) in Teichanlagen produziert, zunehmend aber auch in Europa (Niederlande) für die Kreuzung mit dem Afrikanischen Labyrinthwels verwendet, da die Hybriden eine höhere Produktivität und Produktqualität aufweisen sollen. Der Asiatische Kiemensackwels (*Heteropneustes fossilis*) wird vor allem in Südasien (Bangladesch) produziert. Die weltweite Aquakulturproduktion dieser Familie betrug im Jahr 2010 etwa 670.000 t.

Von der Familie der Haiwelse (Pangasiidae) eignen sich vor allem die Gattungen *Pangasius* und *Pangasianodon*. Der Asiatische Haiwels (*Pangasius pangasius*) und der Schwarzflossen-Haiwels (*Pangasianodon hypophthalmus*) werden in Südostasien (Vietnam, Kambodscha, Thailand, Myanmar) in Teich- und Gehegeanlagen produziert. Sie haben aber einen sehr niedrigen Preis. Der Riesen-Haiwels (*Pangasianodon gigas*) wird ebenfalls in Südostasien (Thailand) produziert, allerdings in wesentlich geringeren Mengen, sodass er einen besseren Preis erzielt. Die weltweite Aquakulturproduktion dieser Familie betrug im Jahr 2010 fast 1.500.000 t.

Von der Familie der Antennenwelse (Pimeloididae) eignet sich vor allem die Gattung *Pseudoplatystoma*. Der Gestreifte Spatelwels (*Pseudoplatystoma fasciatum*) und der Gefleckte Spatelwels (*Pseudoplatystoma corruscans*), sowie deren Hybriden sind wohlschmeckende und geschätzte Speisefische und werden seit einigen Jahren in Südamerika (Brasilien, Argentinien) meist in Teich-, Durchfluss- und Gehegeanlagen produziert. Die weltweite

Aquakulturproduktion dieser Familie betrug im Jahr 2010 fast 4.000 t.

Von der Familie der Stachelwelse (Bagridae) eignen sich vor allem die Gattungen *Pelteobagrus* und *Hemibagrus*. Der Gelbschwanz Stachelwels (*Pelteobagrus fulvidraco*) wird in Ostasien (China) und der Rotschwanz Stachelwels (*Hemibagrus nemurus*) in Südostasien (Malaysia, Indonesien) in Teichanlagen produziert. Die weltweite Aquakulturproduktion dieser Familie betrug im Jahr 2010 etwa 200.000 t.

Von der Familie der Fiederbartwelse (Mochokidae) eignet sich eventuell die Gattung *Synodontis*. Die Afrikanischen Fiederbartwelse (*Synodontis schall*) und andere werden in Westafrika (Nigeria) in Teichanlagen produziert und sind dort als Speisefische geschätzt, werden in Europa jedoch nur gelegentlich als Zierfische genutzt. Die weltweite Aquakulturproduktion dieser Familie betrug im Jahr 2010 fast 3.000 t.

### 2.3.25. Brassenfischartige (Spariformes)

Von der Familie der Meerbrassen (Sparidae) eignen sich vor allem die Gattungen *Sparus* und *Pagrus*. Die Goldbrasse (*Sparus aurata*) und die Rotbrasse (*Pagrus pagrus*) werden vor allem in Südeuropa (Spanien, Frankreich, Italien, Kroatien, Griechenland), Vorderasien (Türkei, Zypern, Israel) und Nordafrika (Ägypten, Tunesien) produziert, und die Silberbrasse (*Pagrus auratus*) in Ostasien (Korea, China, Taiwan, Japan), überwiegend in Teich- und Gehegeanlagen. Die Erzeugung von Brut und Setzlingen erfolgt an Land in Durchfluss- und Kreislaufanlagen. Die weltweite Aquakulturproduktion dieser Familie betrug im Jahr 2010 etwa 270.000 t.

### 2.3.26. Kiemenschlitzaalartige (Synbranchiformes)

Von der Familie der Kiemenschlitzaale (Synbranchidae) eignet sich bedingt die Gattung *Monopterus*. Der Ostasiatische Kiemenschlitzaal (*Monopterus albus*) wird in Ostasien (China) meist in Teichanlagen produziert. Die weltweite Aquakulturproduktion dieser Familie betrug im Jahr 2010 etwa 270.000 t.

### 2.3.27. Kugelfischartige (Tetraodontiformes)

Von der Familie der Kugelfische (Tetraodontidae) eignet sich eventuell die Gattung *Takifugu*. Der Japanische Kugelfisch (*Takifugu rubripes*) und der Obskure Kugelfisch (*Takifugu obscurus*) werden in Ostasien (China, Japan) in Teich-, Durchfluss- und Gehegeanlagen produziert. Kugelfische sind giftig und werden in Japan gekonnt zubereitet oder in China in der traditionellen

Medizin eingesetzt. Die weltweite Aquakulturproduktion dieser Familie betrug im Jahr 2010 rund 25.000 t.

### 2.3.28. Andere Fischordnungen

Von den insgesamt rund 70 Ordnungen an Knochenfischen weltweit die derzeit klassifiziert sind und noch existieren, werden etwa 27 Ordnungen auch in der Aquakultur produziert. Darüber hinaus gibt es natürlich noch weitere Fischordnungen und -familien, die in der Aquakultur produziert werden oder wurden, wie Atherinidae, Clupeidae, Gasterosteidae (Sibeni & Calderini, 2014). Bei diesen Familien wurde die Produktion aber entweder wieder eingestellt oder sie schwankt, jedenfalls sind die Mengen derzeit sehr gering (im Jahr 2010 <10 t). Mit der Zeit ist aber zu erwarten, dass noch weitere Arten aus anderen Familien und Odnungen in der Aquakultur produziert werden, einige davon sicher auch in Gehegeanlagen.

## 2.4. Aquakulturproduktion

Die weltweite Aquakulturproduktion aller Organismen (Pflanzen und Tiere) betrug im Jahr 2010 etwa 78 Mio. Tonnen, was fast so viel ist wie der Fang aus der Fischerei (90 Mio. t). Davon entfielen auf Fische 49 %, Pflanzen 24 %, Weichtiere 18 %, Krebstiere 7 % und der Rest mit jeweils unter 1 % auf andere Tiere (Sibeni & Calderini, 2014).

Seit dem Jahr 2013 übersteigen, alle Organismen zusammen genommen, die Produktionsmengen der Aquakultur gewichtsmäßig die Fangmengen der Fischerei. Dabei erfolgten die Aquakultur zu etwa 86 % im Inland- und die Fischerei zu 89 % im Marine-Bereich (siehe folgende Abbildung).

### 2.4.1. Fischproduktion

Die weltweite Aquakulturproduktion aller Fische betrug im Jahr 2010 etwa 38 Mio. Tonnen, was halb so viel ist wie der Wildfang aus der Fischerei (76 Mio. t). Davon entfielen auf Asien fast 88 % (alleine auf China 57 %), weitab gefolgt von Europa mit rund 5 %, Amerika mit fast 4 % und Afrika mit über 3 %. Die Fischproduktion erfolgte dabei zu etwa 86 % im Süßwasser, 9 % im Meerwasser und 5 % im Brackwasser. Von der gesamten Aquakulturproduktion an Fischen entfällt der größte Anteil auf die Ordnungen Cypriniformes (Karpfenfische) mit über 60 %, weitab gefolgt von Cichliformes (Buntbarsche) mit über 9 %, Siluriformes (Welsfische) mit über 8 %, Salmoniformes (Lachsfische) mit über 6 %, und Gonorynchiformes (Sandfische) mit rund 2 %. Auf die restlichen Fischordnungen entfallen jeweils um oder unter 1 % der Fischproduktion.

**Weltweite Aquakulturproduktion**
(Nach: Sibeni & Calderini, 2014)

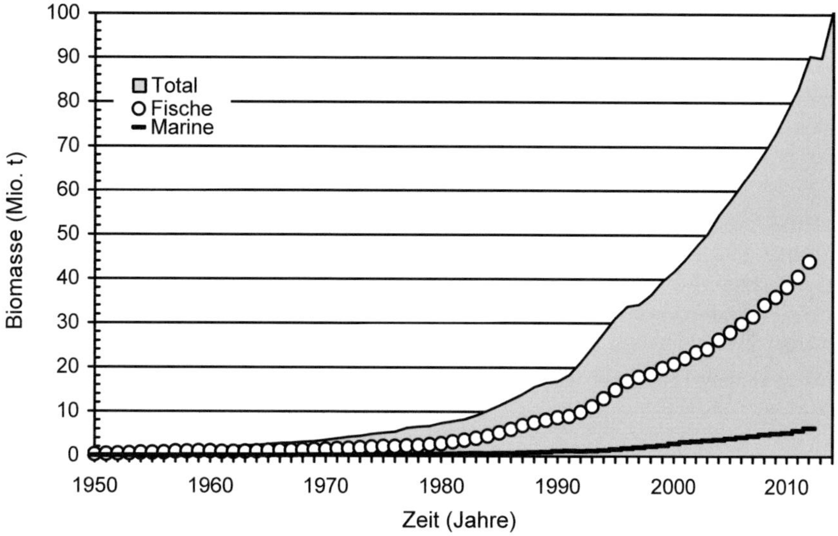


**Weltweite Fischereiausbeute**
(Nach: Sibeni & Calderini, 2014)

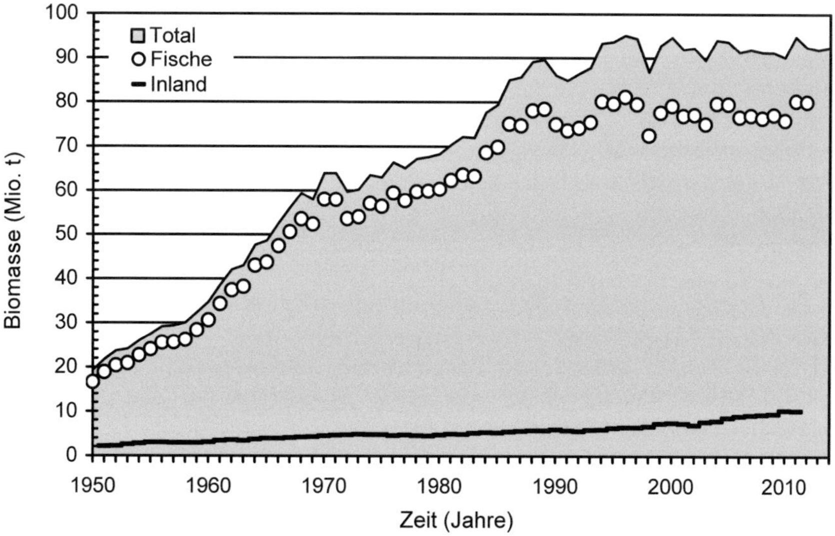

Der allergrößte Teil der Aquakulturproduktion erfolgt in Teichanlagen, weitab gefolgt von Gehege- und Durchflussanlagen, und der geringste Teil in Kreislaufanlagen. Karpfenfische, Buntbarsche, Meeräschen und Milchfische werden dabei schon seit mehr als einem Jahrtausend kultiviert, Labyrinthfische, Schlangenkopffische, Welsfische, Aalfische, und Lachsfische seit über einem Jahrhundert, die meisten anderen Ordnungen seit einigen Jahrzehnten, und Flossenblätter sowie einige Salmler erst seit wenigen Jahren.

## 2.4.2. Gehegeproduktion

Über die Fischproduktion in Netzgehegen gibt es keine offiziellen Statistiken. Im Jahre 2005 berichteten von den rund 190 Ländern nur 60 Länder über eine Fischproduktion in Netzgehegen (siehe folgende Abbildung). Weitere etwa 20 Länder (darunter Indien, Iran, Brasilien, Mexiko, Kenia, Nigeria und Uganda) sind bekannt die eine Fischproduktion in Netzgehegen betreiben, jedoch keine Angabe darüber machen (Halwart et al., 2007).

Die weltweite Fischproduktion betrug im Jahr 2005 etwa 28 Mio. Tonnen. Davon entfielen auf die Produktion in Netzgehegen der 60 Länder etwa 12 %. Die Gehegeproduktion erfolgte dabei zu etwa 87 % im Salzwasser (*Salmo, Oncorhynchus, Seriola, Sparus, Pagrus, Dicentrarchus, Sebastes, Lates* spp.) und zu etwa 13 % im Süßwasser (*Pangasius, Oreochromis, Cyprinus, Salmo, Oncorhynchus, Channa, Acipenser* spp.).

Alleine in China werden in mehr als 1 Million Gehegen etwa 70 Fischarten (30 Süß- und 40 Salzwasserfische) produziert, die (2005 ca. 1,0 Mio. t) zwar nur 3 % der Aquakultur- bzw. 6 % der Fischproduktion von China jedoch 29 % der Gehegeproduktion der Welt ausmachten. Von der Gehegeproduktion (mit China – 2005 ca. 3,4 Mio. t) entfallen (nach China) auf Norwegen über 19 %, auf Chile über 17 %, auf Japan etwa 8 %, auf Großbritannien und Vietnam je rund 4 %, auf Kanada fast 3 %, auf die Türkei, Griechenland und Indonesien je rund 2 %, und auf Korea, Dänemark, Australien, Thailand und Malaysia je etwa 1 %. Auf die restlichen Länder entfällt jeweils unter 1 % der Gehegeproduktion (Halwart et al., 2007).

Von der Fischproduktion in Netzgehegen (ohne China – 2005 ca. 2,4 Mio. t) entfällt der größte Anteil auf die Ordnungen Salmoniformes (Lachsfische) mit rund 66 %, weitab gefolgt von Spariformes (Brassenfische) und Carangiformes (Makrelenfische) mit jeweils fast 7 %, Siluriformes (Welsfische) mit 6 %, Cichliformes (Buntbarsche) mit über 4 %, Moroniformes (Seebarsche) mit über 3 %, sowie Scorpaeniformes (Drachenkopffische) und Cypriniformes (Karpfenfische) mit je fast 1 %. Auf die restlichen Fischordnungen entfällt je unter 1 % der Gehegeproduktion (Halwart et al., 2007).

## Länderanteil der Gehegeproduktion (mit China)

(Nach: Halwart et al., 2007)

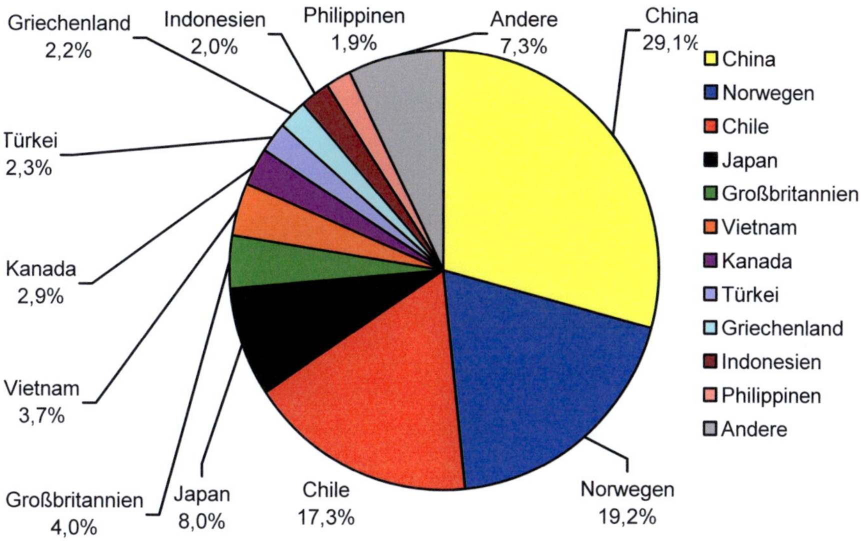


## Artenanteil der Gehegeproduktion (ohne China)

(Nach: Halwart et al., 2007)

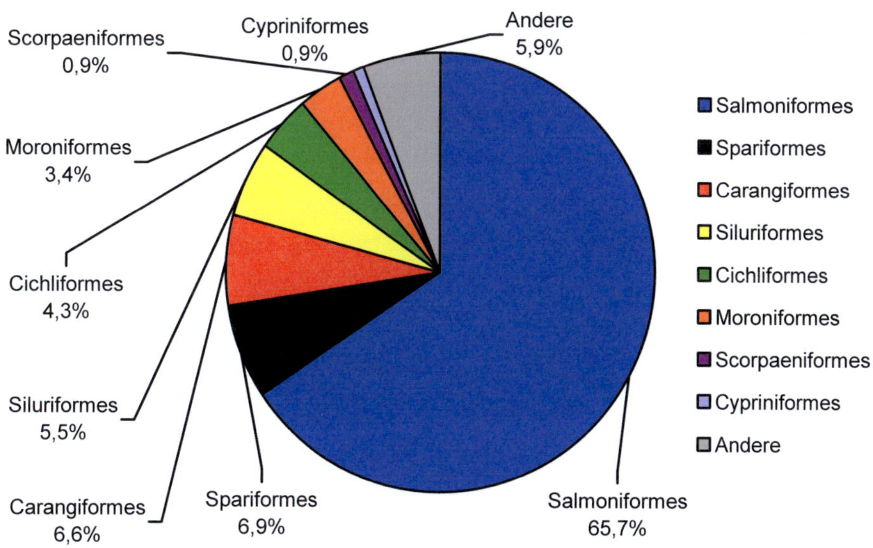

Von einigen Fischarten wurde (im Jahr 2005) sogar der überwiegende Teil in Netzgehegen produziert, so beispielsweise der Japanischen Gelbschwanzmakrele (*Seriola quinqueradiata*), der Silberbrasse (*Pagrus auratus*), dem Schwarzen Felsenbarsch (*Sebastes schlegeli*), dem Atlantischen Dorsch (*Gadus morhua*), sowie dem Atlantischen (*Thunnus thynnus*), Pazifischen (*Thunnus orientalis*) und Südlichen Blauflossenthun (*Thunnus maccoyii*) jeweils 100 %, dem Atlantischen Lachs (*Salmo salar*) über 96 %, der Goldbrasse (*Sparus aurata*) etwa 77 %, und des Arktischen Saiblings (*Salvelinus alpinus*) fast 74 %.

In einigen Ländern wurde (im Jahr 2005) auch der überwiegende Teil aller Fische in Netzgehegen produziert, so beispielsweise etwa in Malta 100 %, in Norwegen 99 %, in Zypern 97 %, in Chile und Griechenland 96 %, in Großbritannien 95 %, in Kroatien 89 %, in Japan 88 %, in Kanada 85 %, und in der Türkei 67 %.

Typische Gehegeanlage für Atlantische Lachse in Norwegen. Foto: M. Hochleithner

*Literatur:*

Halwart et al., 2007; Hochleithner, 2012-2019; Nelson et al., 2016; Sibeni & Calderini, 2014; Steinbach, 2018; Steiner & Hochleithner, 2016.

# 3. GEHEGEKONSTRUKTION

Gehege für die Fischproduktion können stark variieren. Das Design und Layout von Gehegen wird meist von der Fischart und dem Gewässer bestimmt. Für die Konstruktion von Gehegen sind Typ, Form und Material von entscheidender Bedeutung, mit entsprechenden Auswirkungen auf den Betrieb.

## 3.1. Gehegetypen

Gehege lassen sich nach ihrer Verankerung und den verwendeten Materialien in stationäre oder schwimmende, starre oder flexible, sowie fixierte oder bewegbare Gehege einteilen. Dabei kann ein individuelles Gehege mehreren Typen zugerechnet werden, z. B.: schwimmendes flexibles bewegbares Gehege.

### 3.1.1. Stationäre Gehege

Stationäre Gehege bestehen aus einem flexiblen Gehegenetz oder starren Gehegekasten und werden durch Stangen, die in den Gewässerboden getrieben werden, und/oder Seile am Ufer befestigt. Solche Gehege sind meist klein und viereckig, können allerdings nur begrenzt eingesetzt werden, da man auf seichte und ruhige Gewässer mit geringen Wasserstands-schwankungen angewiesen ist. Sie sind relativ einfach und günstig herzustellen und werden oft in tropischen Ländern eingesetzt. Stationäre Gehege werden oft ohne Arbeitssteg gebaut, da man viele Arbeiten vom Ufer aus erledigen oder in das Gewässer hineingehen kann. Heutzutage wird dieser Gehegetyp mit einer kleinen Maschenweite, auch bekannt als „Hapa“, vor allem für die Aufzucht von Jungfischen (Tilapia) verwendet.

### 3.1.2. Schwimmende Gehege

Schwimmende Gehege bestehen aus einem flexiblen Gehegenetz oder starren Gehegekasten und werden durch Auftriebskörper schwimmend gehalten und mit Seilen am Gewässergrund verankert, und/oder am Ufer befestigt. Solche Gehege werden in verschiedenen Größen und Formen gebaut und können für fast alle Gewässer eingesetzt werden. Sie sind aufwendiger und teurer herzustellen und werden in vielen Ländern verwendet. Schwimmende Gehege können mit oder ohne Arbeitssteg gebaut werden, wobei ohne Steg alle Arbeiten von einem Arbeitsboot aus zu erledigen sind, was schwieriger auszuführen ist. Heutzutage ist dieser Gehegetyp weit verbreitet und wird für viele verschiedenen Fischarten und -größen verwendet.

Stationäre starre Gehege für Zander in einem Kanal (Ungarn). Foto: M. Hochleithner

Stationäre flexible Gehege für Tilapia in einem Teich (Brasilien). Foto: M. Hochleithner

Schwimmende flexible Gehege für Tilapia in einem Reservoir (Libyen). Foto: M. Hochleithner

### 3.1.3. Starre Gehege

Starre Gehege (Käfige) bestehen aus einem starren Gehegekasten aus Holz (Hart- oder Weichholzlatten), Metall (Stabgitter oder Schlitzblech) oder Plastik (Gitterstege oder Spritzgitter) und müssen immer auch einen starren Gehegerahmen besitzen. Solche Gehege können stationär oder schwimmend sein. Sie sind meist klein und viereckig oder kreisrund gebaut, sind allerdings nur begrenzt einsatzfähig, da man auf ruhige Gewässer mit geringen Wellengang angewiesen ist. Außerdem ist die Abfischung größerer Gehege schwierig, da ja kein Gehegenetz vorhanden ist, das gehoben werden könnte. Heutzutage wird dieser Gehegetyp gelegentlich für wissenschaftliche Versuche, allerdings kaum mehr für die kommerzielle Produktion eingesetzt.

### 3.1.4. Flexible Gehege

Flexible Gehege (Netze) bestehen aus einem flexiblen Gehegenetz aus Naturfasern (Hanf, Lein, Sisal, Baumwolle) oder Kunstfasern (Polyamid, Polyester, Polyethylen, Polypropylen) und können entweder einen starren oder einen flexiblen Gehegerahmen besitzen. Solche Gehege können stationär oder schwimmend sein. Sie werden in verschiedenen Größen und Formen gebaut und können in allen Gewässern eingesetzt werden. Heutzutage ist dieser Gehegetyp am weitesten verbreitet und wird weltweit von vielen Betrieben verwendet. Es gibt manchmal auch Gehege, bei denen nur der Boden aus starrem Material besteht, diese werden aber selten und wenn, dann nur für Plattfische eingesetzt.

### 3.1.5. Fixierte Gehege

Fixierte Gehege werden üblicherweise in derselben Position belassen und sind der Standard. Diese können stationär oder schwimmend und starr oder flexibel sein. Von Zeit zu Zeit (jährlich) kann jedoch der Standort der Gehegeanlage selbst gewechselt werden, um die Ansammlung von absetzbaren Stoffen (Futterreste, Kotpartikel) unter den Gehegen auf eine größere Fläche zu verteilen. Eine Alternative ist, die Gehegeanlage nur an einem Verankerungspunkt am Gewässergrund zu verankern, sodass die Anlage durch Wind und Strömung über eine größere Fläche um den Ankerpunkt treibt. Dies geht aber meist nur in kleineren und ruhigeren Gewässern (See), da in größeren Gewässern (Meer) die Verankerung an nur einem Punkt in der Regel nicht ausreicht, um Stürmen standzuhalten. Gelegentlich werden sogar fahrbare Gehegesysteme entworfen, die aber kaum über den Ideen- und Planungsstatus hinaus gekommen sind, obwohl diese oft groß in Fachzeitschriften und anderen Medien angekündigt werden.

### 3.1.6. Bewegliche Gehege

Horizontal dreh- oder schwenkbare Wendegehege werden gelegentlich eingesetzt, um den Bewuchs mit Algen zu reduzieren, wobei an dem für einige Zeit an Luft und Sonne ausgesetzten Teil des Geheges die Aufwuchsalgen absterben. Diese sind meist schwimmend und flexibel. Sie sind entweder zentral über eine mittige Achse drehbar und dann meist zylinder- oder kugelförmig gebaut oder aber durch entsprechend angeordnete Auftriebs- und Ballastkörper schwenkbar und dann meist würfel- oder quaderförmig gebaut. Bei flexiblen Gehegen besteht allerdings die Gefahr dass, je nach verwendetem Netz, durch die UV-Strahlen mit der Zeit auch das Netzmaterial selbst beschädigt bzw. brüchig wird. Wendegehege haben sich aber nicht durchgesetzt und werden heute kaum verwendet, da die Technik etwas anfälliger und die Kosten wesentlich höher sind.

Vertikal heb- oder senkbare Unterwassergehege werden gelegentlich eingesetzt um Schäden bei extremen Wetterbedingungen (Wellen oder Eis) zu minimieren. Diese sind meist groß sowie schwimmend und starr oder flexibel. Einige dieser Modelle (ohne Rahmen) werden nur von Bojen und Gewichten über Seilen auf- und abbewegt, andere wiederum (mit oder ohne Rahmen aus Kunststoff oder Metall) haben mit Wasser flutbare und mit Druckluft entleerbare Kammern, welche das Gehege aufsteigen bzw. absinken lassen. Schwimmende Gehege ohne Rahmen sind jedoch in untergetauchtem Zustand oft schwierig in Form zu halten und auch schlecht zu bedienen bzw. abzufischen. In ihnen können auch nicht alle Fischarten gehalten werden, da einige den Zugang zur Wasseroberfläche benötigen. Wenige (mit Rahmen aus Metall) haben aber einen unter Wasser eingeschlossenen und für Fische erreichbaren Luftvorrat. Tauchbare Gehege, die meist rundlich oder vieleckig sind, werden nur selten und wenn dann im Hochseebereich oder bei starker Eisbildung verwendet, da sie teuer sind.

Ein besonderes Modell von Unterwassergehegen stellen Planktongehege dar. Diese sind meist klein sowie schwimmend und flexibel. Sie werden mit Seilen über Galgen von einem Steg oder Ponton aus abgesenkt und zumindest in der Nacht auch beleuchtet, wodurch Zooplankton angelockt wird, dass den Fischen als Nahrung dient. Planktongehege, die meist würfelig oder zylindrisch sind, werden nur für die Aufzucht von Jungfischen in stehenden Gewässern eingesetzt, da nicht zugefüttert wird und man so auf Zooplankton als Fischnahrung angewiesen ist (Steiner & Hochleithner, 2016).

Tauchbare Unterwassergehege mit Rahmen aus Metall. Illustration: I. Sukhovinsky

Beleuchtete Planktongehege würfelig (links) und zylindrisch (rechts). Fotos: V. Steiner

Damit keine Fische entkommen können, sind alle horizontal oder vertikal bewegbaren Gehege an allen Seiten geschlossen, bestehen also auch oben aus Netzmaterial, haben aber oben oder seitlich eine verschließbare Öffnung für die Kontrolle, sowie Besatz und Abfischung.

### 3.2. Gehegegrößen

Die Größe von Gehegenetzen hängt üblicherweise von der Fischart, der Gehegeform und vom Gewässer ab. Da der potentiell mögliche Wasserwechsel je Zeiteinheit vom Volumen (V) und Querschnitt des Geheges bzw. von der Netzfläche (A) der Seitenwände abhängt, ermöglichen kleinere Gehege generell einen schnelleren Wasseraustausch bzw. höhere Wasserwechselraten als größere Gehege und haben dadurch auch ein größeres Haltungspotential (siehe folgende Tab.). Je größer die Gehege werden, desto geringer werden aber, auf den Kubikmeter Volumen bezogen, die Herstellungskosten. Allerdings steigen mit der Größe der Gehege auch die Schwierigkeiten, diese zu verankern und zu bewirtschaften.

**Potentielle Wasserwechselraten,**

in Abhängigkeit von Gehegevolumen und Querschnitt bzw. Netzflächen*:

(Nach: Lim & Webster, 2006)

| Gehege | Volumen | Querschnitt | Wände* | A/V | Potential |
|---|---|---|---|---|---|
| m | $m^3$ | $m^2$ | $m^2$ | $m^2:m^3$ | % |
| 1x1x1 | 1 | 1 | 4 | 4,00:1 | 100,0 |
| 2x2x2 | 8 | 4 | 16 | 2,00:1 | 50,0 |
| 4x4x4 | 64 | 16 | 64 | 1,00:1 | 25,0 |
| 8x8x8 | 512 | 64 | 256 | 0,50:1 | 12,5 |
| 16x16x16 | 4096 | 256 | 1024 | 0,25:1 | 6,25 |

* = Nur Netzfläche der Seitenwände.

Die Tiefe von Gehegenetzen hängt üblicherweise von Fischart und -größe, sowie vom Gewässer ab. Für Plattfische werden meist Gehege eingesetzt die nur 1,0-1,5 m tief sind. Für Jungfische (in Hapas und Planktongehegen) werden meist Gehege eingesetzt die 1,0-2,0 m tief sind. Für Tilapien, Karpfen und Welse müssen die Gehege mindestens 1 m tief sein, andernfalls kann es zu Wachstumsdepressionen und Körperdeformationen kommen. Für Warmwasserfische (wie Karpfen und Welse) sollten die Gehege nicht tiefer als 2-4 m sein, damit sich die Fische im Sommer im warmen Oberflächenwasser aufhalten. Für Kaltwasserfische (wie Saiblinge) sollten die Gehege tiefer als 4-6 m sein, damit sich die Fische im Sommer im kälteren Tiefenwasser aufhalten können. Von den meisten Fischarten werden Gehege die tiefer als 10-15 m sind, nur schlecht genützt, außer bei überhöhten Wassertemperaturen und schlechten Umweltbedingungen (Algenblüten).

### 3.2.1. Kleinere Gehege

Kleine Gehege haben etwa eine Fläche von 1-10 $m^2$ und eine Tiefe von 0,5-2,0 m bzw. ein Volumen von 1-10 $m^3$. Sie werden meist viereckig, selten rund, gebaut und oft in kleineren Gewässern (Teiche, Kanäle) eingesetzt. Diese Gehegegröße wird hauptsächlich für Fischarten (wie Tilapien, Karpfen, Welse) im Süßwasser verwendet. Die Besatzdichten sind normalerweise höher als in mittleren und großen Gehegen (ausgenommen bei Jungfischen). In kleinen Gehegen wird meist händisch oder mit einfachen Futterautomaten (Band- oder Pendelautomat) gefüttert. Die Abfischung ist ebenfalls einfach möglich und kann von 1-2 Personen mit Handkeschern erledigt werden. In seichten Gewässern ist dazu auch kein Arbeitsboot nötig.

### 3.2.2. Mittlere Gehege

Mittlere Gehege haben etwa eine Fläche von 10-100 $m^2$ und eine Tiefe von 2-5 m bzw. ein Volumen von 10-500 $m^3$. Sie werden meist viereckig, selten mehreckig, gebaut und oft in ruhigeren Gewässern (Buchten, Staue) eingesetzt. Diese Gehegegröße wird für fast alle Fischarten sowohl im Süß- als auch im Salzwasser verwendet. Die Besatzdichten sind normalerweise geringer als in kleinen Gehegen. In mittleren Gehegen wird manchmal händisch oder mit programmierbaren Futterautomaten (Solar- oder Streuautomat) gefüttert. Die Abfischung ist händisch noch machbar und kann von 2-8 Personen mit Hand- oder Hebekeschern erledigt werden. Soll auf schweres Gerät (Kräne) verzichtet werden und das Heben der Netze noch von 2-4 Personen händisch erfolgen, dann ist eine Gehegegröße von maximal 5x5x5 m zu empfehlen. Ist die Gehegeanlage in Ufernähe installiert, dann kann zwischen paarweise angeordneten Gehege ein mittiger Arbeitssteg bis ans Ufer führen, wodurch man auf ein Arbeitsboot verzichten kann.

### 3.2.3. Größere Gehege

Große Gehege haben etwa eine Fläche von 100-1.000 $m^2$ und eine Tiefe von 5-15 m bzw. ein Volumen von 500-5.000 $m^3$. Sie werden meist rund, manchmal vieleckig, gebaut und oft in größeren Gewässern (Seen, Meere) eingesetzt. Diese Gehegegröße wird hauptsächlich für Fischarten (wie Lachse, Brassen, Barsche) im Meer verwendet. Die Besatzdichten sind normalerweise geringer als in mittleren Gehegen. In großen Gehegen wird meist mit automatischen Futterautomaten (Gebläseautomat) oder Futterverteilsystemen direkt vom Boot oder über Leitungen (Luft oder Wasser) vom Land aus gefüttert. Die Abfischung ist aufwendig und kann von 8-10 und mehr Personen mit Höhenförderern oder Vakuumpumpen erledigt werden. Dazu sind große Arbeitsboote mit Geräten und Maschinen nötig.

Kleinere viereckige Gehege für Welse in einem Fluss (Thailand). Foto: M. Hochleithner

Mittlere oktogonale Gehege für Brassen im Meer (Türkei). Foto: M. Hochleithner

Größere runde Gehege für Lachse in einem Fjord (Norwegen). Foto: M. Hochleithner

Rechteckige Gehege für Forellen in einem Fluss (Türkei). Foto: M. Hochleithner

Quadratische Gehege für Karpfen in einem See (Deutschland). Foto: Hochleithner

Runde Gehege für Barsche in Meer (Slowenien). Foto: M. Hochleithner

## 3.3. Gehegeformen

Gehege können in fast jeder erdenklichen Form gebaut werden. Üblicherweise verwendete Gehege lassen sich je nach Form des Rahmens und des Netzes in runde, vier- und mehreckige sowie quader-, zylinder- und andersförmige einteilen. Dabei kann ein individuelles Gehege jeweils nur einer Rahmen- und einer Netzform zugerechnet werden, z. B.: kreisrundes zylinderförmiges Gehege.

### 3.3.1. Rahmenformen

Kreisrunde Gehegerahmen werden meist aus Kunststoffmaterial hergestellt und üblicherweise für große Gehege verwendet. Diese (eckenlosen) Rahmen werden sowohl im Süß- als auch im Meerwasser eingesetzt. Runde Gehege eignen sich für schnell schwimmende, aktive pelagische Fische (wie Milchfische, Makrelenfische, Thunfische) besser als rechteckig, da diese Fische in Gehegen üblicherweise im Kreis schwimmen (quadratische und oktogonale Gehege sind dafür aber ähnlich gut geeignet).

Viereckige Gehegerahmen werden aus allen Materialen hergestellt und üblicherweise für kleine und mittlere Gehege verwendet. Diese (quadratischen oder rechteckigen) Rahmen werden überwiegend im Süßwasser eingesetzt. Rechteckige Gehege eignen sich für langsam schwimmende, weniger aktive benthische Fische (wie Tilapien, Karpfen, Welse). Quadratische Gehege hingegen eignen sich für fast alle Fischarten.

Mehreckige Gehegerahmen werden aus allen Materialien hergestellt und üblicherweise für mittlere und große Gehege verwendet. Diese (sechs-, acht- und vieleckigen) Rahmen werden überwiegend im Salzwasser eingesetzt. Mehreckige Gehege eignen sich für viele Fischarten.

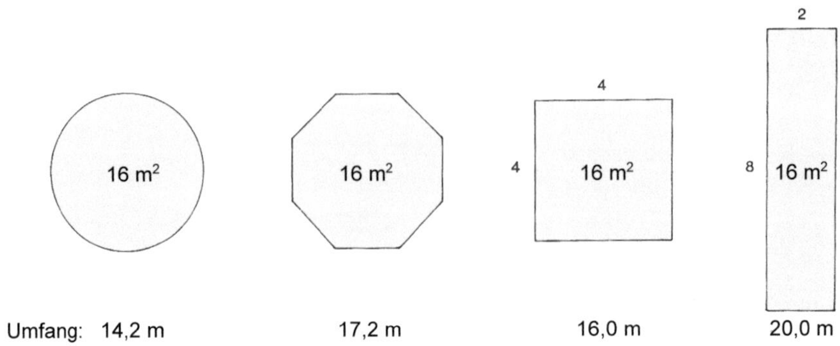


Unterschiedlicher Umfang von Formen bei gleicher Oberfläche. Nach: Beveridge, 1987

Zylindrisches Gehegenetz (Unterwasseraufnahme). Foto: O. Musić (Fonda.si)

Gehegerahmen aus Holz, für Karpfen in einem Fluss (Ägypten). Foto: M. Hochleithner

Gehegerahmen aus Metall, für Störe in einem Stau (Russland). Foto: M. Hochleithner

Gehegerahmen aus Kunststoff, für Forellen in einem See (Österreich). Foto: M. Hochleithner

### 3.3.2. Netzformen

Quader- oder würfelförmige Gehegenetze werden für viereckige Gehegerahmen verwendet. Manchmal wird aber auch eine Kombination verwendet, z.B.: oben würfelförmig und unten trichterförmig. Quaderförmige Gehegenetze ermöglichen, abhängig von der Verankerung (ein- oder mehrpunkt, mit der oder quer zur Strömung), den besten Wasseraustausch.

Zylinder- oder kegelförmige Gehegenetze werden für kreisrunde Gehegerahmen verwendet. Manchmal wird aber auch eine Kombination verwendet, z. B.: oben zylinderförmig und unten kegelförmig. Bei zylinderförmigen Gehegenetzen wird das eingesetzte Netzmaterial am effektivsten ausgenützt und es entstehen dadurch, auf das Volumen bezogen, die geringsten Herstellungskosten. Diese Form hat aber auch das geringste Verhältnis von Fläche zu Volumen, wodurch bei Stürmen zwar die Angriffsfläche am kleinsten ist, allerdings auch der Wasseraustausch. Komplett kegelförmige (konische) Gehegenetze werden meist nur für exponierte Standorte (Hochsee) verwendet, wobei unten an der Kegelspitze ein schweres Gewicht (0,5-1,0 t) angehängt wird.

Misch- oder andersförmige Gehegenetze werden für mehreckige Gehegerahmen verwendet, manchmal werden aber auch zylindrische Gehegenetze in oktogonale Gehegerahmen eingesetzt. Weiteres gibt es kugelförmige Gehegenetze; diese sind aber die Ausnahme und werden nur in (horizontal oder vertikal) bewegbaren Gehegen verwendet. Kugelförmige Gehege haben auf das Volumen bezogen die höchsten Herstellungskosten.

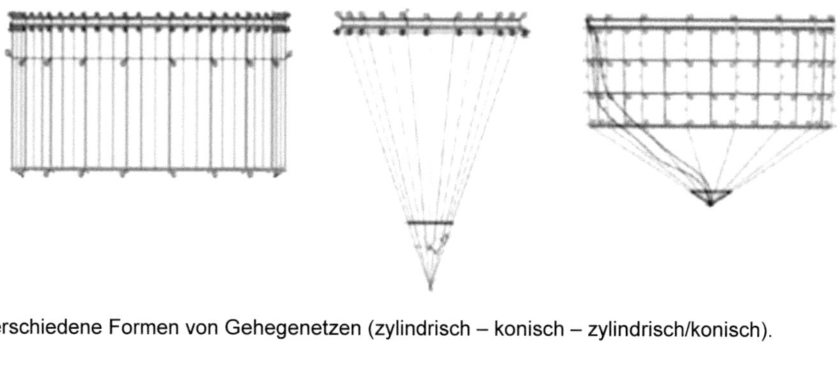

Verschiedene Formen von Gehegenetzen (zylindrisch – konisch – zylindrisch/konisch).

### 3.4. Gehegematerialien

Gehege können aus verschiedensten Materialien gebaut werden. Üblicherweise für Rahmen und Netz verwendete Materialien lassen sich in natürliche und künstliche einteilen. Dabei kann ein Gehege auch aus mehreren Materialien bestehen, z. B.: Rahmen aus Holz, Schwimmer aus Metall, Netz aus Kunststoff. Heute werden jedoch überwiegend Kunststoffe eingesetzt, da sie eine höhere Flexibilität und längere Haltbarkeit aufweisen.

### 3.4.1. Rahmenmaterialien

Generell sollte das eingesetzte Rahmenmaterial robust und haltbar sein. Die allermeisten Gehege haben einen Rahmen der entweder aus Holz, Metall oder Kunststoff hergestellt ist. Die verwendeten Auftriebskörper werden aus demselben Material oder aus einem anderen Material hergestellt. Manche Gehege werden jedoch auch ohne Rahmen gebaut, wobei das Gehegenetz oft nur von verspannten Seilen mit Gewichten und Bojen in Form und Position gehalten wird (wie viele Hapas und wenige Unterwassergehege).

Holzrahmen werden heutzutage selten verwendet. Sie werden meist in den Tropen, oft für traditionelle, kleinere und viereckige Gehege eingesetzt. Neben Hartholz (wie Teak und Eiche) und Weichholz (Lärche und Douglasie) mit höherer Dauerhaftigkeit, werden auch Pflanzenteile mit holzähnlichen Eigenschaften (wie Bambus und Palmen) verwendet. Vor allem Bambus wird gerne benutzt, da er flexibel und günstig ist. Er hält aber nur etwa 12-18 Monate im Meer- und 18-24 Monate im Süßwasser. Da er hohle Abschnitte (Internodien) besitzt, wird er manchmal in zusammengebundenen Bündeln sogar als Auftriebskörper verwendet. Auch Schilfbündel oder Baumstämme wurden bereits als Schwimmkörper eingesetzt. An Gehegerahmen aus Holz können aber auch Auftriebskörper aus Metall (Fässer) oder Polystyrol (Blöcke) angebracht sein.

Metallrahmen werden heutzutage manchmal verwendet. Sie werden gelegentlich, und nur für vier- und mehreckige Gehege oder Sonderkonstruktionen eingesetzt. Metall ist starr, schwer und korrosionsanfällig, daher wird es selten im Meerwasser benutzt und hält unter diesen Bedingungen etwa 10-15 Jahre. Meist werden viereckige, seltener runde Profile aus Aluminium- oder Stahllegierungen verwendet, wobei Stahl meist verzinkt oder lackiert wird. Diese Profile werden verschweißt oder verschraubt. Auch die Auftriebskörper werden meist aus demselben Metall hergestellt. An Gehegerahmen aus Metall können aber auch Auftriebskörper aus Kunststoff (Behälter) angebracht werden.

Kunststoffrahmen werden heutzutage hauptsächlich verwendet. Sie werden weltweit meist für viereckige und runde Gehege eingesetzt. Kunststoff ist leicht, flexibel und korrosionsbeständig, daher wird er oft im Meerwasser benutzt und hält über 20-25 Jahre. Meist werden Rohre oder Pontons aus Polyethylen (PE) oder Polypropylen (PP), seltener Kautschuk (Gummi) verwendet, die dann vor Ort zu Gehegerahmen zusammengeschweißt bzw. zusammengesteckt werden. Diese Kunststoffrahmen bilden zugleich den Auftriebskörper, daher sind keine zusätzlichen Schwimmkörper notwendig.

Kunststoffpontons bieten Gehegerahmen, Schwimmkörper und Arbeitssteg in Einem. Sie werden normalerweise aus Polyethylen geblasen oder aus Polypropylen gespritzt. Die üblichen Pontons haben Abmessungen (L x B x H) von 50-100 x 50-75 x 25-50 cm und werden meist zwei- oder mehrreihig zusammengebaut. Sie werden üblicherweise für Gehege bis zu 100 m$^2$ (10 x 10 m), können allerdings nur für viereckige Gehege verwendet werden. Unten offene oder teilgeflutete Pontons liegen stabiler im Wasser als geschlossenen oder ungefüllte. Sie blasen sich zudem durch sich ausdehnende Luft in der wärmeren Saison nicht auf und haben eine ebene Oberfläche. Bewährt hat sich ein breiterer mittiger Hauptsteg, der drei- bis vierreihig (1,0-2,0 m breit) angeordnet ist und mehrere schmälere Seitenstege, die ein- bis zweireihig (0,5-1,5 m breit) sein sollten. Wird der Hauptsteg bis zum Ufer verlängert, benötigt man kein Arbeitsboot und kann sogar mit kleineren Fahrzeugen (Hubwagen/Gabelstapler) direkt auf die Gehegeanlage fahren (z. B. für Besatz und Abfischung).

Kunststoffrohre bieten Gehegerahmen und Schwimmkörper in Einem. Sie werden üblicherweise aus Polyethylen extrudiert oder aus Kautschuk synthetisiert. Die verwendeten Rohre haben, je nach Einsatzort und Gehegegröße, einen Durchmesser von 100-500 mm, und werden selten ein-, meist zwei- oder dreireihig aneinander montiert. Sie werden üblicherweise für Gehege ab 100 m$^2$ (ca. 10 m Ø), können sowohl für viereckige als auch für kreisrunde Gehege verwendet werden. Schläuche aus Synthese-kautschuk (42 cm Ø), die mit Druckluft (ca. 7 bar) gefüllt sind, werden dabei meist nur für größere Hochseegehege verwendet, da sie extrem flexibel sind. Die Rohre haben meist keine Abdeckung, welche als Laufsteg dienen könnte, deshalb müssen größere Arbeiten von einem Arbeitsboot aus erledigt werden. Gelegentlich werden aber rundherum oder auch nur in Teilbereichen, Stegplatten verwendet, sodass man zumindest dort gefahrlos gehen, kontrollieren und arbeiten kann. Für große Gehege ist aber ohnedies ein ausfahrbarer Kran nötig, schon um das Gehegenetz selbst zu heben.

Generell können Gehegerahmen ohne Handläufe gebaut werden, außer bei Fischen, die stark springen oder in Gewässern mit höheren Wellen, wo dann das Gehegenetz um ein etwa einen Meter hohes Springnetz bis zum Handlauf hochgezogen wird. Alternativ kann man aber auch das Gehege an der Wasseroberfläche mit einem (abnehmbaren) Netz abdecken. Handläufe werden vor allem bei größeren schwimmenden Gehegen verwendet und stets innen, manchmal zusätzlich auch außen, am Rahmen montiert. Die

Geländerpfosten (alle 2-3 m) werden dabei entweder aus Metall oder aus Kunststoff hergestellt. Der Handlauf selbst besteht aus einem Seil (1-3 cm Ø) oder einem Rohr 5-15 cm Ø).

### 3.4.2. Netzmaterialien

Generell sollte das eingesetzte Netzmaterial stark, leicht, weich und glatt sowie beständig und preiswert sein. Es gibt aber kaum ein Material, das all diese Anforderungen erfüllen kann, daher muss üblicherweise ein Kompromiss gefunden werden. Es gibt natürliche und künstliche Netzmaterialien.

#### 3.4.2.1. Natürliche Netzmaterialien

Natürliche Netzmaterialien werden heute selten verwendet, da sie eine geringere Haltbarkeit aufweisen. Sie wurden früher, meist in den Tropen, für traditionelle und kleinere Gehege eingesetzt. Neben tierischem Material (Seide, Wolle) wurde überwiegend pflanzliches Material (Hanf, Baumwolle) zur Herstellung von flexiblen Netzen verwendet. Starre Körbe werden aus Pflanzenteilen (Rattan, Bambus) geflochten oder Kästen mit Holzlatten beplankt. Hartholz ist dabei teurer, hält aber wesentlich länger als Weichholz oder Bambus, da es weniger anfällig gegen Befall von Pilzen und bohrenden Schädlingen (*Povilla* spp., *Teredo* spp.) ist. Die Produktionsergebnisse (Wachstum, Verluste) zahlreicher Fischarten sind in kleinen Bambusgehegen etwa gleich wie in gleichgroßen Nylongehegen (Beveridge, 1987).

#### 3.4.2.2. Künstliche Netzmaterialien

Künstliche Netzmaterialien werden heute fast weltweit verwendet. Neben Metall (Chrom-, Nickel-, Kupfer-, Aluminium-, Eisenlegierungen) werden überwiegend Kunststoffe (Polyamid, Polyester, Polyethylen, Polypropylen) zur Herstellung von starren oder flexiblen Gehegenetzen eingesetzt. Metall ist dabei teurer, schwerer und korrosionsanfälliger als Kunststoff, wächst aber weniger stark zu (z. B.: durch Aufwuchsalgen, Seepocken, Muscheln).

##### 3.4.2.2.1. Metall

Metalle werden eingeteilt in Leichtmetalle (spezifisches Gewicht unter 5 g/cm$^3$) und Schwermetalle (spezifisches Gewicht über 5 g/cm$^3$). Die Leichtmetalle werden zusätzlich unterteilt in die Alkalimetalle: wie Lithium (Li), Natrium (Na), Kalium (K), und die Erdalkalimetalle: wie Calzium (Ca), Magnesium (Mg), und Barium (Ba). Zu den Schwermetallen gehören u.a.: Chrom (Cr), Zink (Zn), Mangan (Mn), Eisen (Fe), Nickel (Ni), Kupfer (Cu) etc.

Gehegerahmen aus 50x50x50 cm PP-Pontons, Hauptsteg (4-reihig) Seitenstege (2-reihig).

Gehegerahmen aus 2x250 mm Ø PE-Rohren (ohne Laufsteg). Foto: C. Guldberg-Petersen

Gehegerahmen aus 3x315 mm Ø PE-Rohren (ohne Laufsteg). Foto: C. Guldberg-Petersen

Gehegerahmen aus 2x450 mm Ø PE-Rohren (mit Laufsteg). Foto: C. Guldberg-Petersen

Eine weitere Unterteilung der Metalle erfolgt nach ihrer Fähigkeit, Elektronen abzugeben. Eine elektrochemische Spannungsreihe entsteht, wenn Metalle derart angeordnet werden, dass jeweils das in der Reihe folgende Metall weniger leicht Elektronen abgibt. Die reaktionsfreudigen Metalle am Beginn der Reihe werden unedel, die relativ reaktionsträgen am Ende Edelmetalle genannt, da die Reaktionsfähigkeit ebenfalls von links nach rechts abnimmt. Wasserstoff (H) wird, obwohl ein Nichtmetall, ebenfalls in der Spannungsreihe der Metalle geführt, da es wie diese sein Elektron abgibt (Steinbach, 2018).

Die Spannungsreihe der Metalle:

$$K \rightarrow Ca \rightarrow Na \rightarrow Mg \rightarrow Al \rightarrow Mn \rightarrow Zn \rightarrow Cr \rightarrow Fe \rightarrow$$
$$Ni \rightarrow Sn \rightarrow Pb \rightarrow H \rightarrow Cu \rightarrow Ag \rightarrow Hg \rightarrow Pt \rightarrow Au$$

Das Wissen über die Spannungsreihe und die Anwendung dieses Wissens ist bedeutsam bei der Verarbeitung, Verschraubung und Verbindung von Werkstücken, deren Elemente in der Spannungsreihe voneinander entfernt liegen. Es kommt dann vor allem in Wasser oder unter feuchten Bedingungen, wie sie in Aquakulturanlagen nun einmal herrschen, zum Elektronenfluss und als Folge zur Korrosion des unedleren Elementes.

**Elektrodenpotentiale einiger Metalle,**
relativ zur Hydrogenelektrode (bei 25 °C):
(Nach: Beveridge, 1987)

| Metall | Elektrodenreaktion | Elektrodenpotential |
|---|---|---|
| Kupfer | $Cu = 2Cu^{2+} + 2e^-$ | +0,34 |
| Wasserstoff | $H = H^+ + e^-$ | 0,00 |
| Blei | $Pb = Pb^{2+} + 2e^-$ | -0,13 |
| Zinn | $Sn = Sn^{2+} + 2e^-$ | -0,14 |
| Nickel | $Ni = Ni^{2+} + 2e^-$ | -0,25 |
| Kadmium | $Kd = Kd^{2+} + 2e^-$ | -0,40 |
| Eisen | $Fe = Fe^{2+} + 2e^-$ | -0,44 |
| Chrom | $Cr = Cr^{2+} + 2e^-$ | -0,71 |
| Zink | $Zn = Zn^{2+} + 2e^-$ | -0,76 |
| Aluminium | $Al = Al^{3+} + 3e^-$ | -1,66 |
| Magnesium | $Mg = Mg^{2+} + 2e^-$ | -2,37 |
| Kalium | $K = K^+ + e^-$ | -2,93 |

Das Ausmaß der Korrosion eines Metalls hängt auch von seiner Elektronegativität (der Kapazität andere Elektronen anzuziehen) sowie seines Elektrodenpotentials ab. Ein Elektrodenpotential (Eo) entsteht, wenn Metall in Wasser getaucht wird, wobei Metallionen in Lösung gehen und so das Metall einen Überschuss von freien Elektronen aufweist ($M \leftrightarrow M^+ + e^-$). Das Elektrodenpotential hängt von der Elektronegativität des Metalls, der

Temperatur, sowie der Sauerstoff- und Ionenkonzentration des Mediums ab. Sie werden in Medien gleicher Ionenkonzentration mit einer Wasserstoffelektrode gemessen (siehe vorhergehende Tabelle für Standardwerte).

Werden zwei verschiedene Metalle in einem elektrisch leitenden Medium (Wasser) aneinander befestigt, entsteht eine galvanische Zelle und es fließt Strom vom Metall mit negativerem Potential (Anode) zum Metall mit positiverem Potential (Kathode). Zum Beispiel, wird in einem elektrolytischen Medium (Seewasser) Zink (-0,76) an Kupfer (+0,34) montiert, wird das Zinkteil zur Anode und korrodiert während das Kupferteil zur Kathode wird und so geschützt ist. Die elektromotorische Kraft (EMK), allgemein auch als Zell- oder Urspannung bezeichnet, zwischen diesen beiden Metallen +0,34 – (-0,76) = 1,1 V. Falls Eisen (-0,44) das Zink als Anode ersetzt, wird die EMK kleiner (0,78 V) und die Korrosionsrate reduziert.

Galvanische Zellen entstehen aber auch durch:

- Unterschiede in der Mikrostruktur des Metalls oder seiner Legierungen. Durch feine und grobe Partikel, kühlere und glühende Verarbeitung, fehlerhafte und perfekte Stellen usw., kann die Korrosion beeinflusst werden, wobei erstere als Anode und letztere als Kathode fungieren.

- Unterschiede in der Ionenzusammensetzung des Mediums (Wasser). So bestehen im Brackwasser oft Zonen mit unterschiedlicher Salinität, wobei die mit geringem Salzgehalt zur Anode und die mit hohem Salzgehalt zur Kathode werden.

- Unterschiede in der Sauerstoffkonzentration des Mediums (Wasser). So bestehen oft zwischen Wasseroberfläche und Gewässerboden Bereiche mit unterschiedlichem Sauerstoffgehalt, dabei werden Bereiche mit geringem Sauerstoffgehalt zur Anode und die mit höherem Sauerstoffgehalt zur Kathode.

Während einige Metalle teilweise unreaktiv sind und dadurch relativ gut gegen Korrosion geschützt sind (Kupfer, Zinn), werden andere trotz hohem Elektrodenpotentials durch die Bildung einer oberflächlichen Oxidationsschicht geschützt (Aluminium, Zink). Eine andere Möglichkeit Metalle im Wasser vor Korrosion zu schützen ist die Verwendung von Opferanoden (Magnesium-, Aluminium-, Zink-Anoden), wie sie oft im marinen Bereich eingesetzt werden (Schiffe, Bohrinseln). Eine weitere Möglichkeit des Korrosionsschutzes ist das überziehen von Stahlteilen mit einem anderen Metall (galvanisieren, feuerverzinken), wobei letzteres länger hält. Obwohl auch streichen, lackieren oder tauchen mit Farbe, Lack oder in Kautschuk mögliche Schutzüberzüge darstellen, eignen sich nur wenige für netzartiges Material aus Metall. Die Korrosionsbeständigkeit eines Metalls kann aber auch durch die Legierung mit (10-20 %) einem (oder mehreren) anderen resistenteren Metall erhöht werden (Chrom-Nickel-Stahl).

**Einsatzbereiche gängiger Stahllegierungen,**
die für die Fischzucht verwendet werden:

| Werkstoff | Bezeichnung | Legierung | Temperatur | Salinität |
|---|---|---|---|---|
| Nummer | AISI | DIN | °C | ‰ |
| 1.4307 | 304L | X2CrNi18-9 | 0-30 | 0-10 |
| 1.4404 | 316L | X2CrNiMo17-12-2 | 10-20 | 10-25 |
| 1.4462 | F 51 | X2CrNiMoN22-5-3 | 20-30 | 25-35 |
| 1.4410 | F 53 | X2CrNiMoN25-7-4 | 30-40 | 35-45 |

Der häufigste Legierungstyp eines nichtrostenden (Niro) Stahls, ist die Legierung X5CrNi18-10 (Werkstoffnummer 1.4301, Aufschrift 18/10), auch als V2A bezeichnet. Hierbei handelt es sich um einen relativ weichen, nicht magnetischen Austenit-Stahl der Nickel (Ni) enthält. Im marinen Bereich finden auch ferritisch-austenitische Duplex-Stähle Anwendung. Die Beständigkeit gegenüber Korrosion sinkt mit steigendem Kohlenstoffgehalt, da Chrom eine hohe Kohlenstoffaffinität besitzt und sich hartes, sprödes Chromkarbid, zu Lasten von schützendem Chromoxid, vorwiegend an den Korngrenzen bildet. Außerdem neigen dann die Stähle zur interkristallinen Korrosion. Die Fähigkeit eines Stahls sich gegen gewisse Formen der Korrosion zu schützen, hängt von unterschiedlichen Gehalten an Legierungselementen ab. Diese Legierungselemente führen zu einer Passivierung des Metalls und so zu einem Schutz. Um eine Passivschicht aufzubauen, benötigt ein rostfreier Stahl einen Chromgehalt von mindestens 12 %. Hierbei muss der Chromgehalt in der Regel umso höher sein, je mehr an Oxidationsmitteln vorhanden sind. Nach Chrom (Cr) ist Molybdän (Mo) das wichtigste Legierungselement. Molybdän erhöht die Beständigkeit gegen flächig abtragenden Korrosionsangriff in reduzierenden Medien und ist damit für die Säurebeständigkeit von wesentlicher Bedeutung. Eine ähnliche Bedeutung hat der Stickstoff (N) für den Werkstoff. Zum Abschätzen der Korrosionsbeständigkeit eines rostfreien Stahls kann die Wirksumme als PRE-Wert (Pitting Resistance Equivalent) dienen. Die Wirksumme berechnet sich: PRE = %Cr + 3,3 x %Mo + 30 x %N. Je höher diese ist, desto beständiger ist die Legierung gegen Lochfraß oder Spaltkorrosion. Legierungen mit einer Wirksumme über 33 gelten als seewasserbeständig, allerdings hängt diese auch von der Wassertemperatur ab (siehe vorhergehende Tabelle).

Starre Maschen werden aus Metallplatten in Form von Loch- oder Schlitzblechen gestanzt. In der Aquakultur üblich sind Aluminium und Chromstahl (Rostfreier Stahl, fälschlicherweise oft als „Edelstahl" bezeichnet). Diese werden, mit Stanzöffnungen von 2-10 mm Ø bzw. 1-5 x 10-30 mm, gelegentlich für kleinere starre Gehege im Süßwasser, meist jedoch für Absperrsiebe oder -gitter in Becken oder Kanälen verwendet. Starres Material benötigt meist auch einen Rahmen, der aus demselben Metall gefertigt werden sollte, um es dort, ohne galvanische Zellen zu bilden, festzumachen. Um Verletzungen der Fische zu vermeiden, muss bei gestanzten Lochungen oder Bohrungen mit Grat, dieser bzw. die raue Seite, immer auf der fischabgewandten Seite sein.

Halbstarre Maschen werden aus Stahldrähten in Form von Maschendraht gebaut. In der Aquakultur eingesetzt werden Kupfer/Nickel- oder Stahllegierungen, wobei letztere feuerverzinkt oder kunststoffüberzogen (PVC) wird. Diese werden, seltener mit geschweißten quadratischen, sondern meist mit gewebten rhombischen oder gedrehten hexagonalen Maschen, in einer Maschenweite von 5-50 mm gelegentlich für kleinere starre Gehege, meist jedoch als Zäune für Absperrungen verwendet. Geschweißte Maschen sind dabei stabiler und halten länger als gewebte Maschen, bei denen sich die verzinkte Schicht durch Bewegung abscheuern kann. Auch die Dicke bzw. Menge an Verzinkung hat Auswirkungen auf die Haltbarkeit (je 25-30 g/m$^2$ ein Monat im Meerwasser), wobei die Haltbarkeit durch die Verwendung von Aluminium-Opferanoden etwa verdoppelt werden kann. Nach Verbrauch der Verzinkungsschicht beträgt die Korrosion im Meerwasser etwa 0,4-0,6 mm pro Jahr (Beveridge, 1987).

#### 3.4.2.2.2. Kunststoff

Kunststoffe (auch Plaste, umgangssprachlich oft als Plastik bezeichnet) werden aus synthetischen Polymeren auf Kohle- oder Erdölbasis durch verschiedene Polyreaktionen erzeugt. Sie lassen sich bezüglich ihrer physikalischen Eigenschaften in drei Gruppen einteilen: Thermoplaste, Duroplaste (z. B. GFK) und Elastomere (z. B. PUR). Thermoplaste (auch Plastomere), dazu zählen Polyamid (PA), Polyethylen (PE) und Polypropylen (PP), aber auch Polyester (PES), werden für die Herstellung von Netzen, Garnen und Seilen verwendet. Polyolefine, die manchmal ebenfalls für Garne und Seile verwendet werden, bestehen aus einem modifizierten Gemisch von verschiedenen Polymeren, meist Polypropylen und Polyethylen.

Halbflexible Maschen werden aus Kunststoff in Form von Plastikgittern extrudiert. In der Aquakultur eingesetzt werden netzartige Strukturen aus

Polyethylen (PE) oder Polyethylenterephthalat (PET). Diese werden mit quadratischen, rhombischen oder oktogonalen Maschen in einer Maschenöffnung von 2-45 mm gelegentlich für kleinere starre Gehege, meist jedoch als Taschen oder Beutel für die Muschelzucht (Austern) verwendet.

Flexible Maschen werden aus Kunststoff in Form von Plastikfasern angefertigt. In der Aquakultur eingesetzt werden Netze aus Polyamid (PA), Polypropylen (PP), Polyethylen (PE) oder Polyester (PES). Diese werden meist mit quadratischen oder rhombischen, seltener mit hexagonalen Maschen, in zahlreichen Maschenweiten und allen Größen als Gehegenetze und Schutznetze verwendet. Die Maschengröße wird bei Planktonnetzen als Maschenöffnung (Abstand zwischen zwei parallelen Fäden), bei allen anderen Netzen als Maschenweite (Abstand von Knotenmittelpunkt zu Knotenmittelpunkt) angegeben (im englischsprachigen Raum aber als gestreckte Masche).

### 3.4.2.2.2.1. Monofile Netze

Monofile Netze werden aus nur einem Garnfaden aus Polyamid oder Polyester gewebt. Neben Maschenöffnung und Fadendurchmesser ist bei diesen Präzisionsgeweben vor allem die offene Fläche wesentlich. Für Planktongehege werden, abhängig von der Larvengröße, Maschenöffnungen von 200-2000 Mikrometer (µm) verwendet, für andere Einsatzzwecke (Siebfilter) auch noch wesentlich kleineren Maschenöffnungen (25-100 µm). Kiemennetze (Drift-, Schweb-, Stellnetze) werden ebenfalls aus monofilem Material hergestellt, allerdings nicht gewebt, sondern in Maschenweiten von 10-150 mm geknüpft. Sie werden aber nicht in der Aquakultur, sondern in der Fischerei zum Fang von wildlebenden Fischen verwendet.

**Eigenschaften gängiger Präzisionsgewebe,**
die für Planktongehege eingesetzt werden:

| Maschenweite | Garnstärke | Fadenanzahl | Offene Fläche | Gewicht |
|---|---|---|---|---|
| µm | µm | St/cm | % | g/m$^2$ |
| 400 | 188 | 17,2 | 48 | 115 |
| 600 | 245 | 12,0 | 51 | 165 |
| 800 | 280 | 9,0 | 55 | 165 |
| 1000 | 320 | 7,6 | 57 | 185 |
| 1200 | 350 | 6,5 | 59 | 175 |
| 1400 | 450 | 5,4 | 57 | 240 |
| 1600 | 450 | 4,9 | 61 | 236 |
| 1800 | 500 | 4,3 | 61 | 245 |

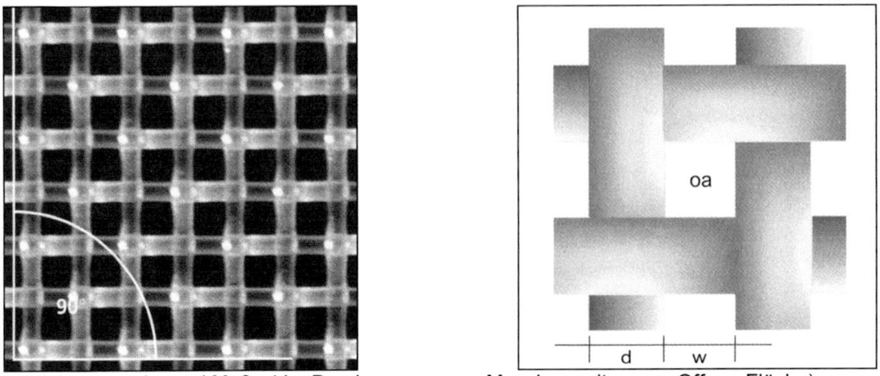

Präzisionsgewebe und Maße (d = Durchmesser, w = Maschenweite, oa = Offene Fläche).

**Maschenweiten (mm) für Planktongehege bei Brutbesatz,**
in Abhängigkeit von der Fischart:
(Nach: Steiner & Hochleithner, 2016)

| Fischart | Minimal | Maximal | Optimal |
|---|---|---|---|
| Seeforellen *(Salmo trutta)* | 1,5 | 2,0 | 1,8 |
| Seesaiblinge *(Salvelinus alpinus)* | 1,0 | 1,4 | 1,2 |
| Äschen *(Thymallus thymallus)* | 0,9 | 1,2 | 1,0 |
| Gr. Maränen *(Coregonus lavaretus)* | 0,9 | 1,1 | 1,0 |
| Kl. Maränen *(Coregonus albula)* | 0,7 | 0,9 | 0,8 |
| Hechte *(Esox lucius)* | 1,0 | 1,3 | 1,2 |
| Zander *(Sander lucioperca)* | 0,4 | 0,6 | 0,5 |
| Rutten *(Lota lota)* | 0,3 | 0,5 | 0,4 |

### 3.4.2.2.2.2. Multifile Netze

Multifile Netze werden aus mehreren Garnfäden aus Polyamid, Polypropylen, Polyäthylen oder Polyester hergestellt. Neben Maschenweite und Garnstärke ist bei diesen Netzen vor allem die Herstellungstechnik wesentlich. Für Gehegenetze werden geknotete oder besser knotenlose Netze mit Maschenweiten von 4-50 mm und als Schutznetze geknotete oder geraschelte Netze mit Maschenweiten von 10-200 mm verwendet. Für all diese Kunststofffasern (PA, PP, PE, PES) gibt es jeweils über 100 verschiedene Markennamen, die sowohl zwischen als auch innerhalb der jeweiligen Länder und Hersteller unterschiedlich sind, wobei das bekannteste PA wohl „Nylon" ist. Multifile Garne werden sowohl aus durchgehenden relativ dünnen (<50 µm) Fasern hergestellt, als auch aus gestückelten wesentlich dickeren (100-500 µm) Fasern gestapelt, wobei durchgehende Fäden, die immer bei PA, hauptsächlich bei PES, teilweise bei PE und PP verwendet werden, in Dicke und Stärke einheitlicher und stabiler sind.

**Eigenschaften synthetischer Netzfasern,**
die für Gehegenetze eingesetzt werden:
(Nach: Beveridge, 1987)

| Material | PA | PE | PP | PES |
|---|---|---|---|---|
| Gewicht in Luft in $g/cm^3$ | 1,14 | 0,96 | 0,91 | 1,38 |
| Gewicht in Wasser in % des Trockengewichts in Luft | 12 | 0 | 0 | 28 |
| Bruchkraft in Wasser in % der ursprünglichen Bruchkraft | 90 | 110 | 100 | 100 |
| Bruchkraft in Sonne nach 1500 h in % der ursprünglichen Bruchkraft | 62 | 92 | 52 | 82 |
| Dehnbarkeit | hoch | mittel | gering | gering |
| Weichheit | hoch | mittel | gering | mittel |
| Flexibilität | hoch | gering | gering | mittel |
| Haltbarkeit | mittel | mittel | mittel | hoch |
| Bewuchs | mittel | gering | mittel | gering |

Für Gehege werden sowohl gezwirnte, als auch geflochtene Garne verwendet, wobei für Netze meist gezwirnte und für Seile manchmal auch geflochtene Garne eingesetzt werden. Gezwirnte Garne werden aus mehreren Fasern unter Spannung gedreht und diese Fäden anschließend in entgegengesetzter Drehrichtung (S oder Z) wieder verdreht, und diese Zwirne danach in gegengesetzter Richtung (Z oder S) noch einmal verdreht.

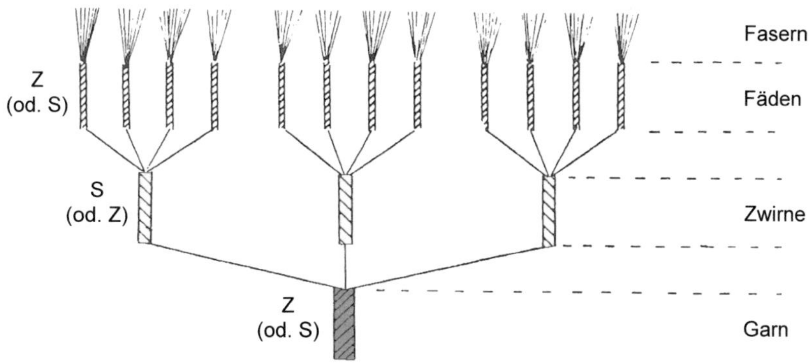


Herstellung mehrfach gedrehter Netzgarne. Nach: Klust in Beveridge, 1987

Netzgarne werden heute nach ISO und DIN in Tex (= g/1000 m), früher in Denier (= g/9000 m) oder Nummer metrisch in Nm (= m/g) angegeben, wobei diese Angabe nichts über den Garndurchmesser und damit die Reißkraft aussagt, welche wiederum vom Material und den Drehungen (weich – mittel – hart) abhängen. Für Gehegenetze übliche Garndurchmesser (Ø) sind, in Abhängigkeit von der Maschenweite (MW), 0,5-2,5 mm.

**Eigenschaften gängiger Nylongarne,**
die für Gehegenetze eingesetzt werden:

| Bezeichnung | Garnstärke | Reißkraft | Gewicht | Maschenweite |
|---|---|---|---|---|
| Nr.* | mm | kg | m/g | mm |
| 210D/9 | 0,5 | 15 | 4,38 | 4-6 |
| 210D/12 | 0,6 | 20 | 3,30 | 6-8 |
| 210D/18 | 0,9 | 30 | 2,20 | 8-10 |
| 210D/24 | 1,1 | 40 | 1,36 | 10-12 |
| 210D/30 | 1,3 | 50 | 1,22 | 12-15 |
| 210D/36 | 1,6 | 60 | 1,08 | 15-20 |
| 210D/48 | 2,0 | 80 | 0,81 | 20-25 |
| 210D/60 | 2,2 | 100 | 0,67 | 25-30 |
| 210D/72 | 2,3 | 120 | 0,51 | 30-35 |
| 210D/96 | 2,4 | 160 | 0,41 | 35-40 |
| 210D/120 | 2,5 | 200 | 0,31 | 40-50 |

* Die Zahl links gibt die Eigenschaft der Einzelfäden und die Zahl rechts die Anzahl dieser an.

Geknotete Netze werden durch Verknotungen (meist einfacher- oder doppelter Weberknoten, in Japan durch Riff-Knoten) hergestellt. Geknotete Netze sind schwerer (je Quadratmeter bis zu 100 %), sowie aufwendiger und teurer in der Herstellung als knotenlose. Der schwächste Punkt ist dabei der Knoten selbst, welcher sich mit der Zeit leichter abreiben kann oder von Organismen stärker bewachsen wird. Auch die gehaltenen Fische können sich an den Knoten aufscheuern, was zu Beschädigungen an Augen, Flossen und Haut führen kann.

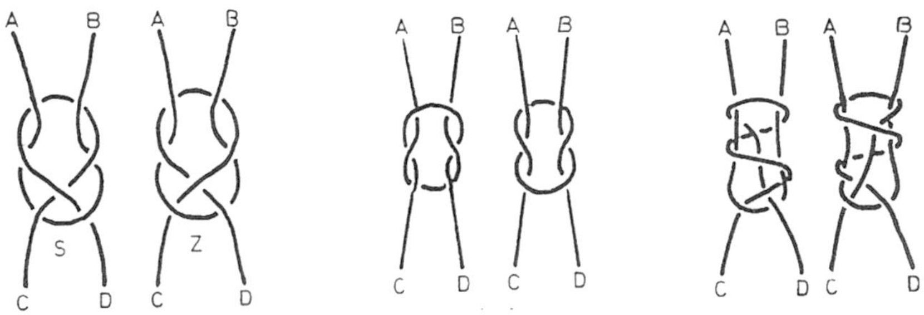


Verknotungen für geknotete Netze (Einfachknoten – Riffknoten – Doppelknoten).

Knotenlose Netze werden durch Verbindungen (meist Flechtung oder Raschelung, in Japan durch Schlingung) hergestellt. Für Gehegenetze sind geflochtene Verbindungen besser, da sich die Maschen weniger verschieben. Für Vogelabwehrnetze können aber auch geraschelte Verbindungen verwendet werden, da diese preisgünstiger sind.

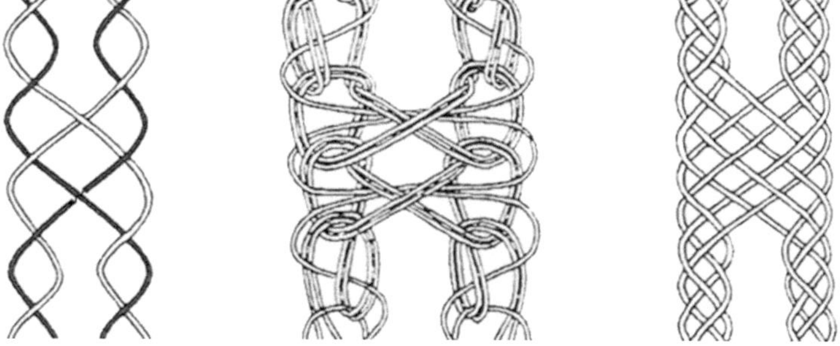

Verbindung für knotenlose Netze (geschlungen – geraschelt – geflochten).

Gefärbte Netze sind mit Farbpartikeln versetzt oder Farbstoffen eingefärbt. Diese werden entweder gleich bei der Herstellung der Kunststofffasern eingemischt oder erst nach der Herstellung das Netzgewebe damit eingefärbt. Helle Einfärbungen können die (UV) Beständigkeit verringern, dunkle Einfärbungen das Anbeißen der Netze durch Fische (Dorsche, Brassen) reduzieren. Gängige Farben sind blau oder grün, wobei schwarz die höchste UV-Beständigkeit gewährleistet. Eine Einfärbung erhöht den Preis für das Gehegenetz um etwa 15-20 %.

Imprägnierte Netze werden meist (1-3 h) in einer Lösung behandelt. Imprägnierungen können die (UV) Beständigkeit von Netzen erhöhen und entweder durch toxische Stoffe (meist auf Schwermetallbasis) oder durch drastische Verminderung der Oberfläche (gelegentlich auf Bitumenbasis) den Bewuchs mit Organismen (Algen, Muscheln, etc.) verringern. Es gibt sie transparent oder eingefärbt. Gängige Farben sind rot-braun oder oliv-grün. Eine Imprägnierung erhöht das Gewicht um etwa 15-35 % und den Preis für das Gehegenetz um etwa 20-25 %.

Ummantelte Netze sind meist aus multifilem Polyester (PES) oder Polyethylenterephthalat (PET) gefertigt und mit Polyvinylchlorid (PVC) oder Polyvinylalkohol (PVA) ummantelt. Es lassen sich so zum Beispiel die Vorteile von PES in Bezug auf Gewicht und Haltbarkeit mit jenen von PVC in Sachen UV-Beständigkeit und Bewuchs-Minimierung kombinieren. Ummantelte Netze (Gittergewebe) werden für Gehege in Maschenöffnungen von 5-40 mm verwendet. Es gibt sie in quadratischen oder auch rhombischen Maschen. Im Vergleich zu herkömmlichen Netzen sind diese schwerer und stabiler. In stehenden Gewässern (zumindest im Süßwasser) kann so auf Gewichte an den Gehegenetzen verzichtet werden und die Reinigung der Netze ist durch die glatte Beschichtung selten bis gar nicht notwendig. Die höheren Anschaffungskosten amortisieren sich durch geringere Wartungskosten rasch.

Beschichtete Netze sind mit Silikon oder Nanopartikel beschichtet und verringern so das Anhaften, befinden sich aber noch im Versuchsstadium.

**Eigenschaften gängiger Gittergewebe,**
die für Netzgehege eingesetzt werden:

| Maschenweite | Garnbreite | Zugkraft | Dehnung | Gewicht |
|---|---|---|---|---|
| mm | mm | kN/m | % | g/m² |
| 5 | 1-2 | 40 | 15 | 450 |
| 10 | 2-3 | 40 | 15 | 500 |
| 15 | 3-4 | 35 | 15 | 400 |
| 20 | 4-5 | 50 | 12 | 550 |
| 25 | 4-5 | 55 | 10 | 390 |
| 40 | 3-4 | 45 | 20 | 490 |

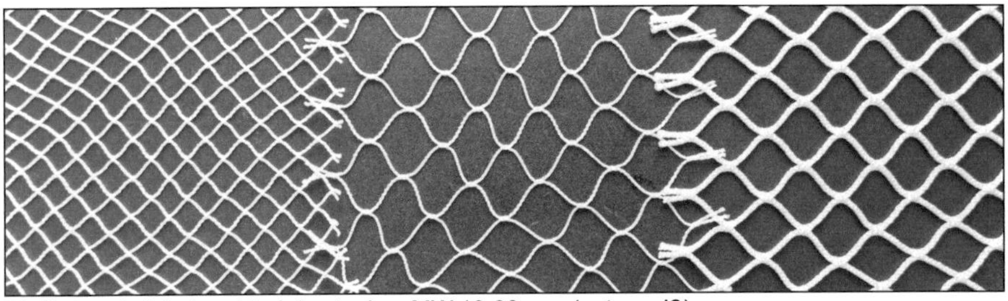

PA-Netzmaterial, rhombisch knotenlos, MW 10-20 mm (naturweiß).

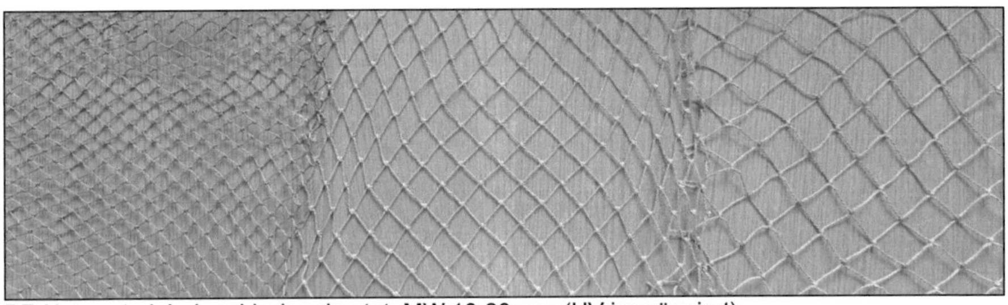

PE-Netzmaterial, rhombisch geknotet, MW 10-20 mm (UV-imprägniert).

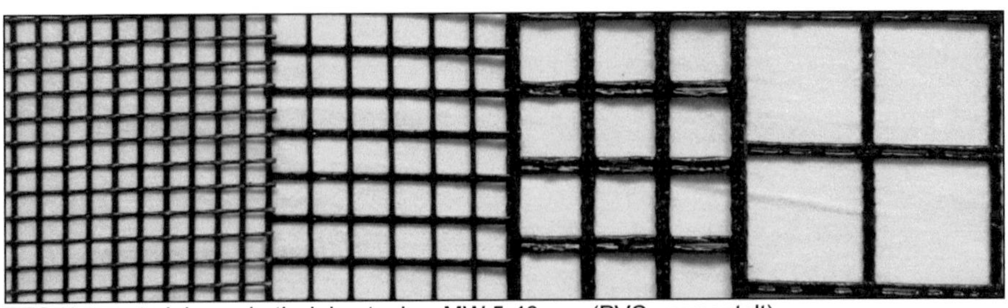

PES-Netzmaterial, quadratisch knotenlos, MW 5-40 mm (PVC-ummantelt).

## 3.5. Gehegeinstallation

Für die Montage und Installation von Netzgehegeanlagen sind vor allem die Betrachtung von Rahmen und Netzen, aber auch die Verankerung und das Zubehör wesentlich.

### 3.5.1. Rahmenaufbau

Gehegerahmen haben die Aufgabe das Gehegenetz im Wasser in Form und Position zu halten. Auf Gehegerahmen wirken prinzipiell zwei Kräfte, die auch Auswirkungen auf die Verankerung haben. Vertikale Kräfte, die statisch wirken und verursacht werden durch den Rahmen selbst, sowie das Gehegenetz und dessen Bewuchs (Algen, Muscheln etc.), aber auch durch Aufbauen (Futterautomaten) und Personen. Horizontale Kräfte, die dynamisch wirken und verursacht werden durch Strömungen sowie Treibgut (Wasserpflanzen, Quallen etc.), aber auch durch Wind und Wellen. Aus diesem Grund wird meist mit einem Sicherheitsfaktor von 1,25 multipliziert.

Die statische (vertikale) Belastung ist relativ einfach zu berechnen und kann durch Addieren des Gewichtes aller Einzelteile (Netze, Seile, Bewuchs, Rahmen, Geländer, Geräte, Futter, Personen etc.) ermittelt werden. Damit der Gehegerahmen dann auch schwimmt, muss der statischen Belastung (Gewicht im Wasser) durch Auftrieb entsprechend gegengesteuert werden. Der Auftrieb des Rahmens im Wasser hängt von der Auftriebskraft ab, die an den Strukturen (Schwimmern) wirken die ein- bzw. untergetaucht sind und entspricht dem Gewicht des Wassers, das sie verdrängen. Die Auftriebskraft (in kg) kann deshalb wie folgt berechnet werden: Vw x Qw - Vm x Qm. Dabei ist: V = das Volumen ($m^3$), Q = das spezifische Gewicht ($kg/m^3$), w = Wasser, m = Material.

Die dynamische (horizontale) Belastung ist wesentlich schwieriger zu berechnen und ist auch ungenau. Sie hängt im Wesentlichen von Wind, Wellen und Strömungen ab. Die Belastung durch Wind wirkt an allen Strukturen (Rahmen, Schwimmer, Geländer, Netze, Aufbauten), die sich über der Wasseroberfläche befinden. Sie hängt neben der Windgeschwindigkeit, auch von Material und offener Fläche des Netzes ab und beträgt in Küstennähe bei einer Windgeschwindigkeit von 100-120 m/s selten mehr als 40-50 $kg/m^2$ bei netzartiger Struktur und 250-300 $kg/m^2$ bei solider Struktur. Die Belastung durch Wellen wirkt an allen Strukturen (Rahmen, Schwimmer), die sich an der Wasserlinie befinden. Sie hängt neben der Höhe, Länge und Intervalle der Wellen auch von Aufprallwinkel und Wassertiefe ab und beträgt in Küstennähe bei einer Orbitalgeschwindigkeit von 2,0 m/s etwa 300-400 $kg/m^2$ Struktur.

Die Belastung durch Strömung wirkt auf alle Strukturen (Schwimmer, Netze, Gewichte), die sich unter der Wasseroberfläche befinden. Sie hängt neben der Strömungsgeschwindigkeit auch von Material und offener Fläche des Netzes ab und beträgt in Küstennähe bei einer Strömungsgeschwindigkeit von 1,5 m/s etwa nur die Hälfte der Belastung durch Wellen. Bei Bewuchs der Netze (ca. 20 %) kann sich die Belastung aber auch schnell verdoppeln. An der zweiten der Strömung abgewandten Netzwand, an der das Wasser das Gehegenetz wieder verlässt, treten etwa um 70 % geringere Kräfte auf (Beveridge, 1987).

**Horizontale Kräfte (kg/m²) auf Gehegestrukturen,**
in Abhängigkeit von der Geschwindigkeit:
(Nach: Milne in Beveridge, 1987)

| Kräfte | Wind (über Wasser) | | | Strömung (unter Wasser) | | |
|---|---|---|---|---|---|---|
| m/s | 45 | 50 | 55 | 0,5 | 1,0 | 1,5 |
| Netzartige Strukturen* | 32 | 38 | 46 | 50 | 180 | 500 |
| Solide Strukturen | 99 | 139 | 204 | 250 | 1000 | 2250 |

* Netze sind aus Nylon geknotet, MW 12 mm (und unter Wasser bewachsen).

Rahmen für Fischgehege können in allen möglichen Materialien und Dimensionen gebaut werden. Hier soll nur auf zwei gängige Systeme eingegangen werden, die sich seit Jahrzehnten bewährt und eine gewisse Standardisierung erfahren haben, sowie weltweit erhältlich sind: Kunststoffpontons für kleine und mittlere, viereckige Gehege für kleinere und ruhigere Gewässer, und Kunststoffrohre für mittlere und große, runde Gehege für größere und stürmischere Gewässer.

### 3.5.1.1. Kunststoffpontons

Polypropylen und Polyethylen sind Polyolefine, die für die Herstellung von Kunststoffpontons verwendet werden. Polypropylen wird nach seiner Polymerisation in Polypropylen Homopolymer (PP-H) und Copolymer (PP-C) eingeteilt. Die Copolymere werden (nach ISO 1873) je nach Aufbau und Eigenschaften weiter eingeteilt in Random-Copolymere (PP-R) und Block-Copolymere (PP-B). Polyethylen wird nach seiner Dichte in Polyethylen Niedriger Dichte = Polyethylen Low Density (PE-LD) und Hoher Dichte = Polyethylen High Density (PE-HD) eingeteilt.

Für Gehegerahmen werden meist nur Pontons verwendet, die aus Polypropylen Impact Copolymer im Spritzgussverfahren oder Polyethylen Hoher Dichte im Blasformverfahren hergestellt werden. Für diese Pontons selbst gibt es keine (DIN oder ISO) Normen, daher hängen Prinzip und Eigenschaften auch von Form und Dimensionen ab (Hochleithner, 1994).

Kunststoffpontons gibt es in vielen verschiedenen Farben, wobei für Gehege meist unauffällige Farben (schwarz oder grün) eingesetzt werden, damit die Anlage nicht so auffällt und sich in das Landschaftsbild einpasst.

**Breitenmaße gängiger Laufstege,**
die für viereckige Gehege eingesetzt werden:

| Gehege | Hauptsteg | Seitenstege |
|---|---|---|
| m | m | m |
| 1-2 x1-2 | 1,0-1,5 | 0,50-0,75 |
| 2-5 x 2-5 | 1,5-2,0 | 0,75-1,00 |
| 5-10 x 5-10 | 2,0-2,5 | 1,00-1,50 |
| 10-20 x 10-20 | 2,5-3,0 | 1,50-2,00 |

Die Breite der Arbeitsstege und damit der Abstand der Gehegenetze zueinander sind für den Wasseraustausch wichtig. Teilweises Fluten (5-15 cm) der Schwimmpontons erhöht deren Stabilität an der Wasseroberfläche, was vor allem bei schmäleren Stegen von Vorteil ist. Der maximale Auftrieb bzw. die Tragfähigkeit von flächig durchgehenden Kunststoffpontons beträgt bei einer Höhe von 40 cm etwa 345-375 kg/m$^2$ Pontons (ca. 9 kg/cm Höhe).

Für die Montage werden die einzelnen quader- bis würfelförmigen Schwimmpontons über Verbindungslaschen mit Verbindungsbolzen vor Ort zusammengesteckt. Die Montage kann sowohl im Wasser als auch an Land erfolgen, wo bei letzterer die fertigen Rahmen anschließend ins Wasser gezogen oder gehoben werden.

### 3.5.1.2. Kunststoffrohre

Für Gehegerahmen werden eigentlich nur Rohre aus Polyethylen Hoher Dichte verwendet, die im Extrusionsverfahren hergestellt werden. Diese werden (nach ISO 9080) weiter in Festigkeitsklassen (PE-80 und PE-100) eingeteilt, wobei letztere eine um etwa 5 % höhere Dichte und 25 % höhere Festigkeit als erstere aufweist.

Die Dimensionierung von PE-Rohren erfolgt nach DIN 8074 und wird über den Außendurchmesser definiert. Die Druckbelastbarkeit wird dabei in SDR-Stufen ausgedrückt (SDR = Standard Dimension Ratio), dem Verhältnis von Außendurchmesser/Wanddicke (höherer SDR heißt also geringere Wandstärke). Je niedriger die Wanddicke desto höher ist die Tragfähigkeit, aber desto geringer ist die Festigkeit. Die Wanddicke und das Rohrgewicht sind bei PE-80 und PE-100 praktisch gleich, und hängen vom SRD ab. Für Gehege üblich sind SDR zwischen 22 und 11 (im Durchschnitt SDR 17). SDR 11 und 22 haben eine um etwa 50 % höhere bzw. niedrigere Druck-

und Zugfestigkeit als SDR 17, und kosten auch um etwa 50 % mehr bzw. weniger. Unter Berücksichtigung des Berechnungskoeffizient (Designfaktor C = 1,25) ergeben sich je nach verwendetem Werkstoff (PE-80 oder PE-100) unterschiedliche Druckstufen (PN). Dabei hat PE-80 bei SDR 22 - PN 6, bei SDR 17 - PN 8, bei SDR 11 - PN 12,5 bar, und PE-100 bei SDR 22 - PN 8, bei SDR 17 - PN 10, bei SDR 11 - PN 16 bar Betriebsdruck (bei einem Sicherheitsbeiwert von 1,25 und einer Betriebstemperatur von 20 °C).

**Eigenschaften gängiger Polyethylenrohre,**
die für runde Gehege eingesetzt werden:

| Rohr | SDR 22 | | SDR 17 | | SDR 11 | |
|---|---|---|---|---|---|---|
| **Durchmesser** | **Wand** | **Gewicht** | **Wand** | **Gewicht** | **Wand** | **Gewicht** |
| mm | mm | kg/m | mm | kg/m | mm | kg/m |
| 200 | 9,10 | 5,57 | 11,9 | 7,12 | 18,2 | 10,5 |
| 250 | 11,4 | 8,68 | 14,8 | 11,1 | 22,7 | 16,3 |
| 315 | 14,4 | 13,8 | 18,7 | 17,6 | 28,6 | 25,9 |
| 355 | 16,2 | 17,5 | 21,1 | 22,4 | 32,2 | 32,9 |
| 400 | 18,2 | 22,1 | 23,7 | 28,3 | 36,3 | 41,7 |
| 450 | 20,5 | 28,0 | 26,7 | 35,8 | 40,9 | 52,8 |
| 500 | 22,8 | 34,5 | 29,7 | 44,2 | 45,4 | 65,2 |

Für Gehege in kleineren oder ruhigeren Gewässern können PE-80 und SDR 22 bis 17 verwendet werden, in größeren oder stürmischeren Gewässer sollten PE-100 und SDR 17 bis 11 verwendet werden. Normalerweise werden PE-Rohre für Brauchwasser (brauner Markierungsstreifen) eingesetzt, solche für Trinkwasser (blauer Markierungsstreifen) kosten etwa 20 % mehr. Die PE-Rohre selbst gibt es nur in schwarz, gelegentlich werden aber Handläufe verwendet, die mit einer anderer Farbe (gelb, blau, grün) ummantelt sind (kosten etwa doppelt so viel) oder es werden Geländersteher (Pfosten) verwendet, die aus einem anderem Material hergestellt und anders gefärbt sind.

**Durchmesser gängiger Polyethylenrohre,**
die für runde Gehege eingesetzt werden:

| Gehege | Schwimmer | Pfosten | Handlauf | Senker |
|---|---|---|---|---|
| m | mm | mm | mm | mm |
| 10-20 | 160-200 | 110 | 90 | 125-140 |
| 20-30 | 225-250 | 125 | 110 | 160-180 |
| 30-50 | 315-355 | 140 | 125 | 200-225 |
| 50-70 | 400-450 | 160 | 140 | 250-280 |
| 70-90 | 500-630 | 180 | 160 | 315-355 |

Gehegerahmen aus Rohren (5x5 m) vor der Installation im Teich. Foto: G. Kronawitter

Gehegerahmen aus Pontons (5x5 m) vor der Installation im See. Foto: V. Steiner

Gehegerahmen aus Rohren (50 m Ø) vor der Installation im Meer. Foto: C. Guldberg-Petersen

Schleppen eines Gehegerahmens zum Installationsort. Foto: C. Guldberg-Petersen

Schleppen mehrerer Gehegerahmen zum Installationsort. Foto: C. Guldberg-Petersen

Die zulässige Zugkraft für PE-100 beträgt entsprechend der Mindestfestigkeit (10 N/mm$^2$) je nach Wandstärke (bei SDR 17) etwa 109 kN bei 250 mm Ø, 174 kN bei 315 mm Ø, 280 kN bei 450 mm Ø und 439 kN bei 500 mm Ø (bei einer Temperatur von 20 °C und einer Beanspruchungsdauer von 30 Minuten). Bei einer Beanspruchungsdauer von mehr als 30 Minuten sind die Werte um 10 %, bei mehr als 20 Stunden um 25 % zu vermindern.

Der maximale Auftrieb bzw. die Tragfähigkeit von Kunststoffrohren beträgt, je nach Wandstärke bzw. Eigengewicht (bei SDR 17), etwa bei 200 mm Ø 24 kg/m, bei 250 mm Ø 38 kg/m, bei 315 mm Ø 60 kg/m, bei 355 mm Ø 76 kg/m, bei 400 mm Ø 97 kg/m, bei 450 mm Ø 123 kg/m und bei 500 mm Ø 152 kg/m Rohr (ca. 1,3-2,6 kg/cm Durchmesser). Bei Verdopplung des Rohrdurchmessers vervierfacht sich in etwa der Auftrieb, allerdings auch der Preis.

Für die Montage werden die Kunststoffrohre mit Stumpfschweißgeräten vor Ort zusammengeschweißt, wobei auch der Biegeradius zu beachten ist. Der kleinste zulässige Biegeradius beträgt bei (SDR 11-22) einer Temperatur von 0 °C 50 x, bei 10 °C 35 x und bei 20 °C 20 x den Rohrdurchmesser. Der Ausdehnungskoeffizient steht in direkter Relation zur Rohrlänge und der Temperaturdifferenz, er beträgt bei PE-HD ca. 0,2 mm/m/°C.

Um beim Brechen der Rohre ein Sinken des Geheges oder Zerreißen des Netzes weitgehend zu vermeiden, können Sicherheitseinrichtungen eingebaut werden: entweder die Abschottung der Rahmenringe durch dichte Trennwände (alle 6-12 m), oder die Ausschäumung des inneren Rings durch Polystyrol-Zylinder, und eine Sicherheitskette im äußeren Ring oder alternativ auch zwischen zwei Ringen.

Zum Senken des Gehegenetzes wird manchmal ein gelochtes Sinkrohr verwendet, das mit Metall (Draht, Ketten) oder Gestein (Kies, Schotter) gefüllt wird. Für diesen Senker (10-70 kg/m) wird ein Durchmesser (10-30 cm) meist zwischen Schwimmrohr und Handlauf (in etwa der halbe Durchmesser der Schwimmrohre) verwendet. Zum sicheren Gehen und Arbeiten wird oft innen und manchmal auch außen am Gehegerahmen ein Handlauf mit Geländerstehern montiert, sowie gelegentlich auf den Schwimmrohren auch ein Laufsteg aus Steggitter, die durch 1-2 kleine umlaufende Rohre (30-90 mm Ø) montiert und fixiert werden.

Werden 2-3 Rahmenringe verwendet, so werden diese miteinander (alle 2-3 m) mit Haltekonstruktionen positioniert bzw. mit Klemmschalen verbunden, die üblicherweise zumindest die Basis für den Geländersteher oder auch gleich diesen bieten. Um diese Haltekonstruktionen bzw. Klemmschalen in

Position zu halten, werden entweder links und rechts davon je ein Stopper aufgeschweißt oder die einzelnen Konstruktionen bzw. Klemmschalen mit jeweils einem Seil entsprechender Länge verbunden bzw. an der Sicherheitskette fixiert, sodass sich die Rohrringe frei bewegen können, aber die Haltekonstruktionen dennoch ihren Abstand zueinander bewahren. Die Montage kann nur an Land erfolgen, anschließend werden die fertigen Rahmen mit Hilfe von Gabelstaplern oder Kränen ins Wasser gebracht und mit einem Boot zum Installationsort geschleppt.

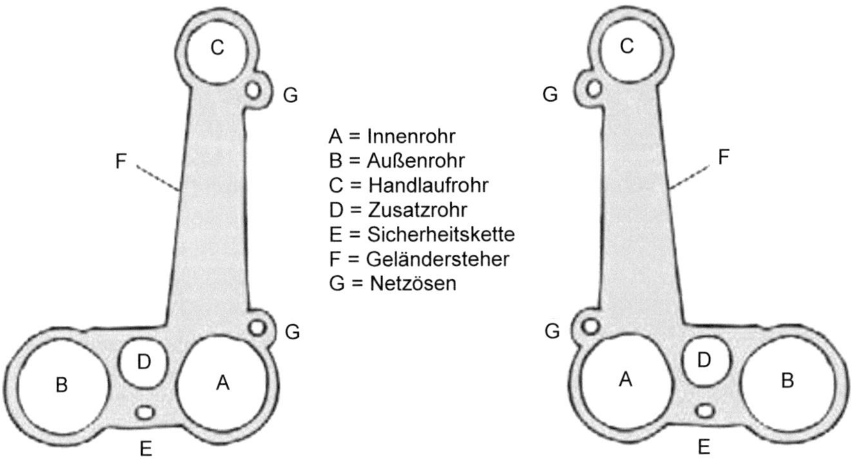


Haltekonstruktion für PE-Rohre. Nach: Cardia & Lovatelli, 2015

### 3.5.2. Netzaufbau

Netze für Fischgehege können in allen möglichen Materialien, Garnstärken und Maschenweiten gebaut werden. Dazu sind im Wesentlichen zwei Netztypen zu unterscheiden. Gehegenetze, in denen die Fische gehalten werden und Schutznetze, die der Abschirmung vor Feinden dienen.

#### 3.5.2.1. Gehegenetze

Auf Gehegenetze wirken prinzipiell zwei Kräfte, die auch Auswirkungen auf den Rahmen und die Verankerung haben. Vertikale Kräfte, die statisch wirken und verursacht werden durch das Netz selbst sowie dessen Bewuchs (Aufwuchsalgen, Muscheln etc.) und die Aufbauen (Futterautomaten). Horizontale Kräfte, die dynamisch wirken und verursacht werden durch Strömungen sowie Treibgut (Wasserpflanzen, Quallen etc.) und den Wind.

Die Kraft, die von durchströmendem Wasser auf Gehegenetze wirkt, hängt vom Material, der Form und Größe der Maschen, sowie von der Dichte und Geschwindigkeit des Wassers ab und kann (in kg) wie folgt berechnet werden: $F_c = C_d p V^2 A/2$. Dabei ist $C_d$ = Widerstandskoeffizient des Materials (dimensionslos), p = Dichte des Wassers, V = Strömungsgeschwindigkeit des Wassers (m/s), A = Fläche, die durch das Garn verdeckt wird ($m^2$). Der Widerstandskoeffizient ($C_d$) wurde für eine Anzahl von Materialen experimentell ermittelt (sieh Tab.). Für andere Materialien (außer für Stahl) kann der Widerstandskoeffizient, welcher den ermittelten Werten nahe kommt, wie folgt berechnet werden:

für geknotete Netze: $C_d = 1 + 3{,}77\,(d/a) + 9{,}37\,(d/a)^2$
für knotenlose Netze: $C_d = 1 + 2{,}73\,(d/a) + 3{,}12\,(d/a)^2$

Dabei ist d der Garndurchmesser (mm), und a die Maschenweite (mm). Die experimentell ermittelten Werte gelten für Netze, die eine offene Fläche von mehr als 60 % haben und für Strömungen, die im rechten Winkel (90 Grad) auf das Netz treffen. Die Strömungsgeschwindigkeit scheint (außer für unsymmetrische Maschen) im Bereich von 0,3-1,9 m/s keinen Einfluss auf den Widerstandskoeffizienten zu haben, wohl aber der Anströmwinkel, mit dem die Strömung auf das Netz trifft (Beveridge, 1987).

**Widerstandskoeffizient von Netzmaterialien***
vor und nach Bewuchs im Meerwasser (2 Monate):
(Nach: Milne in Beveridge, 1987)

| Material | | Maschenform | unbewachsen | | bewachsen | |
|---|---|---|---|---|---|---|
| Verarbeitung | | MW 25 mm | Ø | $C_d$ | Ø | $C_d$ |
| Kunststoff | Polyamidnetz | rhombisch | 2,3 | 1,42 | 10,2 | 3,99 |
| | Polypropylennetz | rhombisch | 2,5 | 4,47 | 10,2 | 3,99 |
| | Polyethylennetz | quadratisch | 1,5 | 1,26 | 7,6 | 2,95 |
| | Polyethylengitter | quadratisch | 3,3 | 1,19 | 7,6 | 1,48 |
| Stahl | Ummantelt (PVC) | rhombisch | 2,5 | 1,30 | 5,1 | 1,67 |
| | Verzinkt gewebt | rhombisch | 2,0 | 1,24 | 3,8 | 1,48 |
| | Verzinkt geschw. | quadratisch | 2,5 | 1,30 | 3,3 | 1,41 |

**Effekt des Anströmwinkels am Widerstandskoeffizient**
von hexagonalem Maschendraht (90/10 Kupfer-Nickel, MW 10 mm)*:
(Nach: Woods in Beveridge, 1987)

| Winkel | -50° | -40° | -30° | -20° | -10° | 0° | +10° | +20° | +30° | +40° | +50° |
|---|---|---|---|---|---|---|---|---|---|---|---|
| $C_d$ | 0,23 | 0,41 | 0,29 | 0,48 | 0,51 | 0,47 | 0,73 | 0,62 | 0,63 | 0,58 | 0,59 |

* Strömungsgeschwindigkeit 0,267 m/s.

Um starke Deformierungen des Gehegenetzes durch Strömungen zu vermeiden, muss dieses (mit etwa 100-200 g/m$^2$) beschwert oder auf eine andere Art in Form gehalten werden. Bei kleineren Gehegenetzen wird unten rundherum eine Bleileine (200-2.000 g/m) angekettelt, die mit Gewebefasern (PP, PE) umflochten oder besser mit Polyvinylchlorid (PVC) ummantelt ist. Bei mittleren Gehegenetzen wird zumindest an allen Ecken unten ein Gewicht befestigt, und bei größeren Gehegenetzen unten oft ein Sinkrahmen (eckig oder rund) angebracht. Bei PVC ummantelten Polyesternetzen ist dies, wegen dem Eigengewicht des Netzmaterials, zumindest in stehenden Gewässern im Süßwasser, nicht erforderlich.

**Volumenveränderung von Gehegenetzen,**
in Abhängigkeit von der Strömungsgeschwindigkeit:
(Nach: Tomi in Beveridge, 1987)

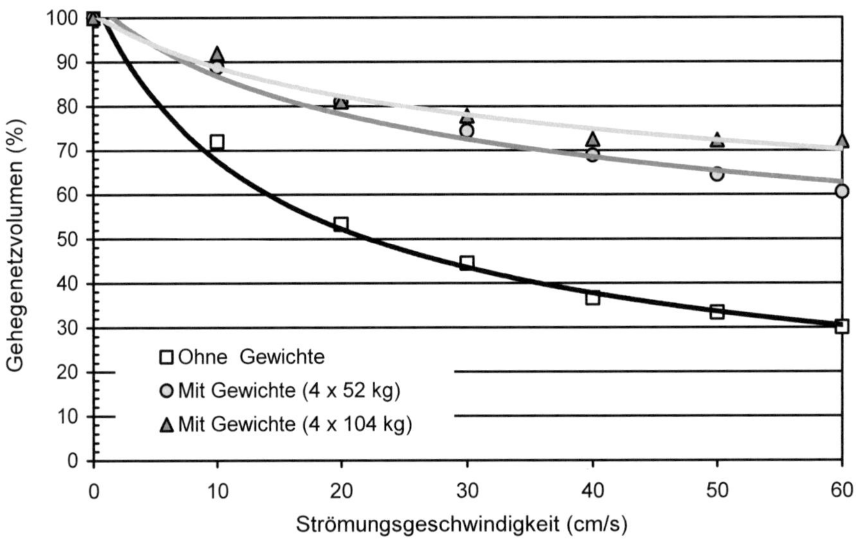


Der Wasseraustausch in Gehegen wird neben der Strömung auch von der Maschenweite und dem Bewuchs mit Organismen bzw. offenen Fläche stark beeinflusst. Die Strömung innerhalb eines Geheges kann, je nach Bewuchs, zumindest bei kleineren Maschenweiten (10 mm) stark reduziert sein und nur 10 % der Strömung außerhalb eines Geheges betragen. Sie wird aber auch von der Aktivität der Fische beeinflusst. So kann sich im Vergleich zu leeren Gehegen (1 m$^3$) durch das Schwimmen der Fische (Forellen), die Wasseraustauschrate bis zum 4-fachen erhöhen (Beveridge, 1987).

## **Saisonale Gewichtszunahme von Netzmaterialien***
durch Bewuchs im Meerwasser (Maschenweite 25 mm):
(Nach: Milne in Beveridge, 1987)

| Material | | Gewicht | Multiplikationsfaktor der Gewichtszunahme | | |
|---|---|---|---|---|---|
| Verarbeitung | | kg/m² | Juli | September | November |
| Kunststoff | Polyamidnetz | 0,23 | 2,0 | 85 | 108 |
| | Polypropylennetz | 0,34 | 2,0 | 64 | 110 |
| | Polyethylennetz | 0,18 | 2,0 | 112 | 200 |
| | Polyethylengitter | 0,34 | 1,0 | 36 | 48 |
| Stahl | Ummantelt (PVC) | 3,25 | 0,7 | 10 | 13 |
| | Verzinkt gewebt | 2,03 | 0,3 | 0,5 | 2,7 |
| | Verzinkt geschw. | 3,40 | 0,3 | 0,5 | 2,5 |

* Netze sind geknotet.

Das Netzmaterial für Gehegenetze kann so montiert werden, dass es entweder quadratische (□) oder rhombische (◊) Maschen formt. Während Netze mit quadratische Maschen einfach berechnet und zusammengenäht werden können, ist dies bei rhombischen Maschen aufwendiger und schwieriger. Die benötigte Länge bzw. Tiefe des nötigen Netzmaterials (in Maschen) lässt sich berechnen, indem man den Netzumfang bzw. die Netztiefe durch die Maschenweite dividiert. Rhombische Maschen können aber in verschiedenen Hängerationen montiert werden, welche zu eher horizontalen oder aber eher vertikalen Maschenöffnungen führen. Netze für Gehege werden oft in einer Hängeration (r) von 0,3 montiert, d. h. die vertikale Öffnung beträgt etwa 30 % bzw. die horizontale Öffnung etwa 70 % der gestreckten Masche. Die benötigte Länge (L) oder Tiefe (T) des dazu nötigen gestreckten Netzmaterials (in Meter) kann wie folgt berechnet werden: $L = l/1-r$ oder $T = t/2r-r^2$. Dabei ist: $l$ = Länge und $t$ = Tiefe des gewünschten fertigen Netzes (in m).

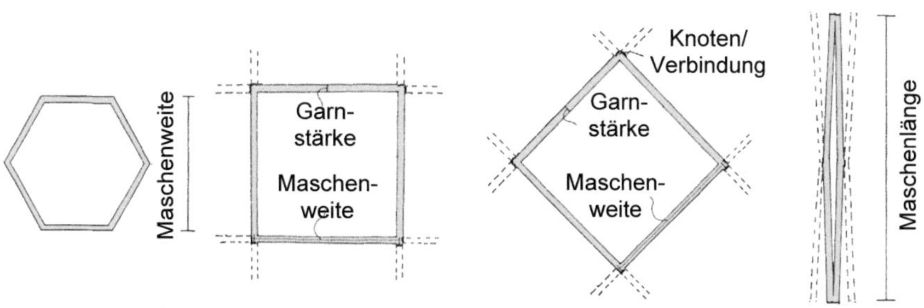


Maschenformen (hexagonal - quadratisch - rhombisch - gestreckt). Nach: Beveridge, 1987

Während bei quaderförmigen Gehegen Umfang (U), Oberfläche (F) und Volumen (V) einfach berechnet werden können: U = L + B x 2, F = L x B, V = F x T) ist dies bei zylinderförmigen Gehegen etwas schwieriger: U = Ø x Pi, F = $r^2$ x Pi, V = F x T; (L = Länge, B = Breite, T = Tiefe, Ø = Durchmesser, r = Radius, Pi (π) = 3,1416).

Für das Gehegenetz wird das benötigte Netzmaterial meist so zurecht geschnitten, dass die Seitenwände und der Boden aus ein oder mehreren Netzbahnen besteht, wobei der Boden bei viereckigen Gehegenetzen aus ebensolchen Netzteilen, aber bei runden Gehegenetzen aus V-förmigen Einzelteilen (Kreissegmenten) besteht, die dann je nach Garnstärke und Maschenweite entweder maschinell oder händisch mit einem Garn möglichst gleicher Stärke zusammengenäht werden.

Kleine Gehegenetze werden meist nicht oder nur oben rundherum mit einer Randkettelung versehen. Mittlere Gehegenetze werden zumindest an allen Kanten und oben mit einem Seil eingefasst. Größere Gehegenetze müssen nicht nur an allen Kanten, sowie oben und unten, sondern auch noch alle 5,0-7,5 m (oder bei jedem Geländerpfosten) zusätzlich mit vertikal verlaufenden Seilen eigefasst bzw. verstärkt werden.

Die Seile (4-16 mm Ø) sollten so angenäht werden, dass sie außen am Gehegenetz verlaufen, zusätzlich sind Schlaufen an den Enden der Seile hilfreich für das Montieren, Beschweren und Heben des Netzes. Da Knoten die Bruchkraft wesentlich verringern (je nach Knoten um etwa 45-55 %) werden die Seile am besten mit einem Spleiß (Verflechtung der Seillitzen) verbunden, der die Bruchkraft um nur 5-15 % verringert. Für große Gehegenetze werden oft auch Kauschen oder Ringe verwendet, oder manchmal ein großer Reißverschluss (aus Kunststoff) eingenäht, der den Wechsel von Gehegenetze erleichtert oder den Zugang in Unterwassergehege ermöglicht.

Die Montage der Gehegenetze erfolgt innen am Gehegerahmen, bei Kunststoffpontons alle 0,50-0,75 m an den inneren Verbindungslaschen und/oder wie bei Kunststoffrohren alle 2,5-7,5 m an den inneren Klemmschellen bzw. Geländerstehern. Zur Montage werden bei Kunststoffpontons oft Kabelbinder (5-10 mm breit) und/oder wie bei Kunststoffrohren meist Seile (4-16 mm Ø) verwenden.

Um das Entkommen von Fischen aus Netzgehegen ins Meer zu minimieren wurde in Norwegen ein Standard (NS-9415) erlassen, der Gehege nach ihrer Größe (Umfang, Tiefe) in verschiedenen Dimensionsklassen einteilt, die wiederum spezielle Mindestanforderungen erfüllen müssen (siehe Tab.).

**Dimensionsklassen von Netzgehegen nach NS-9415,**
in Abhängigkeit von Netzumfang und -tiefe:
(Nach: Pronorm, 2009)

| Netztiefe* | Netzumfang (m) | | | | | | | |
|---|---|---|---|---|---|---|---|---|
| m | <49 | 50-69 | 70-89 | 90-109 | 110-129 | 130-149 | 150-169 | >170 |
| 0-15 | I | II | III | IV | V | V | VI | 0 |
| 15-30 | II | II | IV | IV | V | VI | VII | 0 |
| 30-40 | III | III | IV | V | V | VI | VII | 0 |
| >40 | 0 | 0 | 0 | 0 | 0 | 0 | 0 | 0 |

* = Netztiefe ab Wasserlinie (max. 40 % des Netzumfangs).

**Technische Anforderungen an Gehegenetze,**
in Abhängigkeit von der Dimensionsklasse:
(Nach: Pronorm, 2009)

| Maschenweite | Dimensionsklasse (NS-9415) | | | | | | | |
|---|---|---|---|---|---|---|---|---|
| | I | II | III | IV | V | VI | VII | 0 |
| (mm) | Mindestbruchlast für Netzgarn (kg) | | | | | | | |
| <6,0 | 21 | 21 | 25 | 25 | 25 | 25 | 25 | 25 |
| 6,1-8,0 | 25 | 31 | 31 | 39 | 39 | 39 | 39 | 39 |
| 8,1-12,0 | 31 | 39 | 47 | 55 | 55 | 55 | 55 | 55 |
| 12,1-16,5 | 39 | 47 | 55 | 63 | 71 | 71 | 79 | 79 |
| 16,6-22,0 | 47 | 63 | 79 | 79 | 79 | 95 | 95 | 95 |
| 22,1-29,0 | 63 | 71 | 95 | 95 | 117 | 136 | 136 | 136 |
| 29,1-35,0 | 95 | 95 | 117 | 117 | 136 | 136 | 151 | 151 |
| Maximalabstand Vertikalseile (m) | 7,5 | 7,5 | 6,5 | 6,5 | 5,0 | 5,0 | 5,0 | X |
| Mindestanzahl Vertikalseile | 4 | 8 | 8 | 16 | 16 | 24 | 32 | X |
| Mindestanzahl Bodenseile | 0 | 0 | 2 | 4 | 6 | 10 | 14 | X |
| Mindestbruchlast für Seile (kg) | 1900 | 1900 | 2800 | 3400 | 4100 | 4100 | 5000 | X |

X = Übergroße Gehege (Klasse 0) sind individuell zu kalkulieren.

### 3.5.2.2. Schutznetze

Schattiermatten werden aus Kunststoff (PE) hergestellt und gelegentlich gegen Sonneneinstrahlung (UV) eingesetzt. Sie sind wasserdurchlässig, haben üblicherweise einen Abschattwert von 45-85 % und dienen dabei gleichzeitig als Schutz vor Vögel und geben den Fischen, zumindest den lichtscheuen oder -empfindlichen (wie Störe oder Seesaiblinge) im klaren Wasser eine gewisse Deckung und das Gefühl von Sicherheit, sodass sie sich gleichmäßiger im Gehege verteilen. Die Matten werden normalerweise mit Saum und Ösen versehen, damit diese über den Gehegen gut aufgespannt und befestigt werden können.

Räubernetze werden aus Kunststoff (PES oder PET) oder Metall (Stahl), hergestellt und gegen Fischräuber eingesetzt. Es gibt eine Vielzahl fischfressender Tiere wie Wasservögel (Kormorane, Reiher, Möwen), Reptilien (Krokodile, Echsen), Raubtiere (Robben, Otter), oder Raubfische (Haie, Barrakudas) gegen die Netze verwendet werden. Da diese Fischfresser nicht nur Fische töten oder verletzen, sondern auch Stress verursachen, Parasiten verbreiten und Netze beschädigen, werden mitunter Wachhunde oder Ultraschallgeräte zur Vergrämung eingesetzt.

Fischschutznetze werden sowohl aus Metall, als auch aus Kunststoff hergestellt und gegen schwimmende Fischräuber (Haie, Krokodile) unter Wasser eingesetzt, damit diese keine Löcher in das Gehegenetz beißen oder reißen. Dabei sollte das Schutznetz einen Mindestabstand von 1,0-1,5 m vom Gehegenetz haben. Bei zusammenhängenden Gehegen kann gleich ein Schutznetz für die gesamte Gehegeanlage verwendet werden, oft besteht das Schutznetz jedoch nur aus den Seitenwänden (Vorhang) die 5-15 m tief reichen. Die Montage der Fischschutznetze (MW 50-100 mm) erfolgt außen am Gehegerahmen, bei Kunststoffpontons alle 0,50-0,75 m an den äußeren Verbindungslaschen und/oder wie bei Kunststoffrohren alle 2-3 m an äußeren Geländerstehern, jeweils mit Seilen. Zieht man das Fischschutznetz gleich bis zum Handlauf hoch, so dient es auch als Randschutz.

Randschutznetze werden überwiegend aus Metall hergestellt und gegen Fischräuber (Otter, Robben) über Wasser eingesetzt, damit diese nicht auf die Gehegeanlage gelangen. Die Montage der Randschutznetze (MW 50-100 mm) erfolgt außen am Gehegerahmen an Geländerstehern und am Handlauf, wobei die Schutznetze mit Drahtseilen eingefasst werden müssen.

Vogelabwehrnetze werden ausschließlich aus Kunststoff hergestellt und gegen fliegende Fischräuber (Vögel) über Wasser eingesetzt, damit diese nicht die Fische fressen. Die Montage der Vogelnetze (MW 10-150 mm) kann durch Überspannen von Futterautomaten, Handläufen oder speziellen Netzständern erfolgen. Netzständer für Vogelnetze werden nur bei größeren, meist runden Gehegen eingesetzt und sind üblicherweise aus PE-Rohren, kegel- oder zylinderförmig gebaut, mit einem Durchmesser von 2-20 m und einer Höhe von 1-5 m. Alternativ werden Stangen an den Stehern verwendet.

Ablenknetze dienen dazu, das Verhalten einiger Fischarten (Brassen, Dorsche), am Netzgarn zu beißen, auf andere speziell dafür vorgesehene Netze abzulenken. Dazu werden innen im Gehege, im Abstand von etwa jeden zweiten Geländesteher, Seile (8-12 mm Ø) von der Wasseroberfläche bis zum Gehegeboden geführt. Etwa alle Meter wird an diesem Seil ein kleines Stück Netz angebracht, das ablenkt (Cardia & Lovatelli, 2015).

Schattiermatten-Überspannung über Gestelle (Vietnam). Foto: M. Hochleithner

Schutznetz-Überspannung über Handläufe (Neuseeland). Foto: B. Divett

Schutznetz-Überspannung über Netzständer (Norwegen). Foto: M. Hochleithner

Einreihige Gehege für Welse in einem See (Brasilien). Foto: M. Hochleithner

Doppelreihige Gehege für Tilapia in einem Fluss (Thailand). Foto: M. Hochleithner

Mehrreihige Gehege für Barsche in einer Bucht (Thailand). Foto: M. Hochleithner

### 3.5.3. Verankerung

Im Süßwasser und in ruhigeren Gewässern ist die Verankerung meist relativ einfach, im Meerwasser und in stürmischen Gewässern dagegen kann die Verankerung oft sehr aufwendig sein und fast so viel wie die Gehegerahmen (ohne Netz) selbst kosten. Je nach Gewässer werden dazu Seile, Ketten, Anker und Bojen verwendet.

Gehege können sowohl einzeln, als auch paar- oder gruppenweise in einem (fließenden oder stehenden) Gewässer, einreihig, doppelreihig oder mehrreihig installiert werden. Größere und runde Gehege werden oft einreihig, kleinere und viereckige Gehege meist doppelreihig installiert, wobei sich bei paarweiser Anordnung dazwischen oft ein Laufsteg befindet.

Bei einzeln angeordneten Gehegen sind die auftretenden Kräfte insgesamt größer als bei der gleichen Zahl an gruppierten Gehegen. Eine mehrreihige Anordnung, wie manchmal in Südostasien zu sehen, ist jedoch nicht zu empfehlen, da Wasseraustausch und Fischproduktion geringer sind und man zum Abfischen auch nicht mit einem Boot zu allen Gehegen kommt. Die Wasseraustauschrate bei mehreren hintereinander installierten Gehegen kann, zumindest bei kleineren Maschenweiten, stark abnehmen. Bei parallel zur Strömung (0,7-1,9 cm/s) montierten fischleeren Gehegen (MW 5-12 mm) ging sie von 0,7-0,8 im ersten, über 0,35-0,59 im zweiten, auf 0,20-0,35 cm/s im dritten Gehege zurück (Beveridge, 1987).

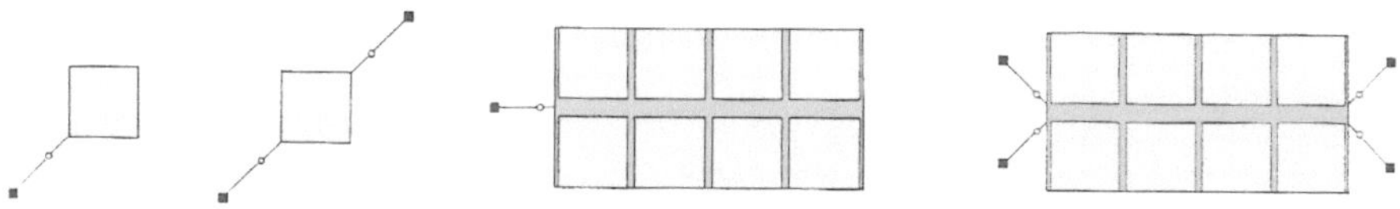

Verankerung einzelner und gruppierter Gehege über einen und mehrere Ankerpunkte.

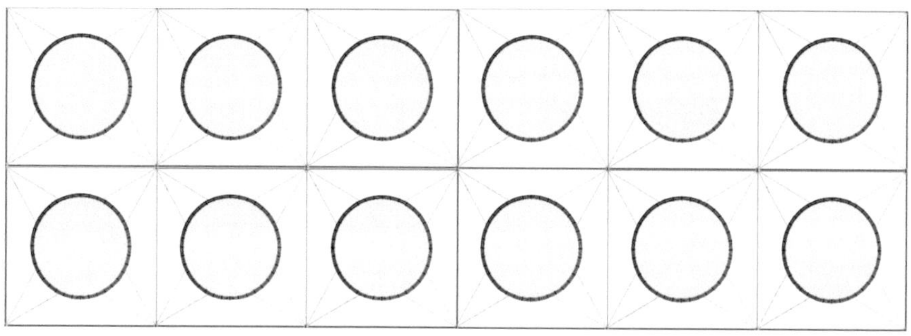

Verankerung einzelner runder Gehege über mehrere (jeweils 4) Ankerpunkte.

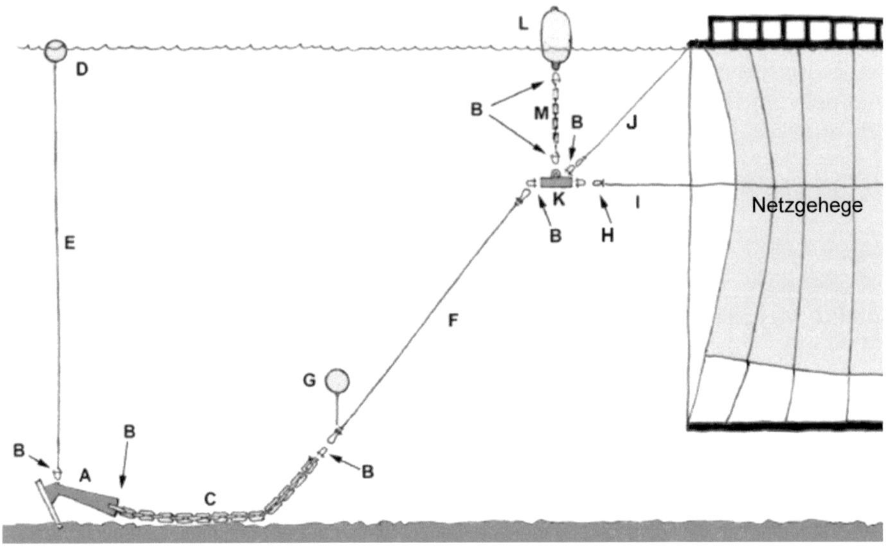


Verankerungssystem und dessen Komponenten. Nach: Cardia & Lovatelli, 2015

**Legende:** A – Anker, B – Schäkel, C – Ankerkette, D – Markierboje, E – Bojenseil, F – Ankerseil, G. – Laufboje, H – Kausche, I – Gitterseil, J – Verbindungsseil, K – Verbindungsring, L – Ankerboje, M – Bojenkette;

Einzelne oder zusammenhängende Netzgehege können sowohl an nur einem Punkt oder an mehreren Punkten verankert werden, wobei für viereckige Gehege sowie in ruhigeren Gewässern ein oder mehrere Ankerpunkte und bei runden oder mehreckigen Gehegen sowie in stürmischeren Gewässern meist mehrere Ankerpunkte verwendet werden.

Bei einem Ankerpunkt, der sich meist an einer Schmalseite befindet, kann sich die Gehegeanlage um den Anker frei drehen und bietet bei jeder Strömung den geringsten Widerstand, außerdem verteilen sich die Feststoffe (Kot und Futterreste), je nach Länge des Ankerseils, über eine größere (20-40-fache) Fläche. Allerdings benötigen Gehege mit einem Ankerpunkt etwa 10-mal mehr verfügbare Wasserfläche als Gehege mit mehreren Ankerpunkten.

Bei mehreren Ankerpunkten, die sich meist jeweils an gegenüberliegenden Seiten befinden, ist die Gehegeanlage an dieser Stelle mehr oder weniger fixiert und bietet je nach Strömung auch größere Angriffsflächen, allerdings kann dann der Wasseraustausch auch besser sein.

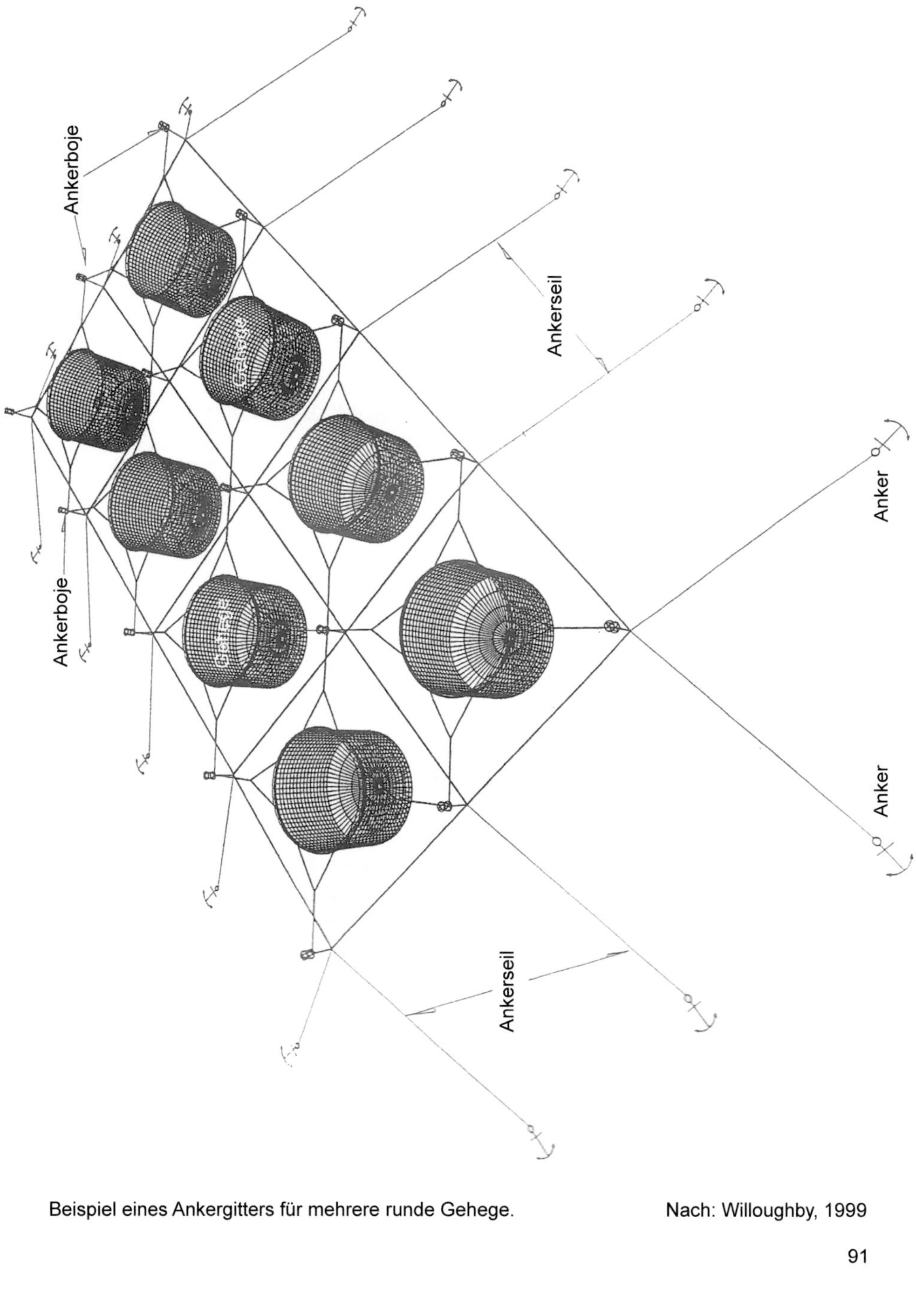


Beispiel eines Ankergitters für mehrere runde Gehege. Nach: Willoughby, 1999

### 3.5.3.1. Seile

Seile aus Stahldrähten werden für Gehegeanlagen üblicherweise nicht verwendet, da sie teuer und kaum elastisch sind. Gelegentlich werden sie jedoch als Ankerseile für die Verankerung an Land oder für Verbindungsseile zwischen mehreren Ankern oder Bojen von runden Gehegen verwendet, um diese in stürmischen Gewässern zusammen zu halten und ein Ankergitter zu formen (siehe vorhergehende Abbildung), das sich etwa 2-8 m unter der Wasseroberfläche befindet. Die empfohlene Nutzlast bzw. Tragfähigkeit beträgt etwa 1/4 der Bruchlast.

Seile aus Kunststofffasern werden neben Polyamid, Polyethylen, Polypropylen und Polyester, heute auch aus gemischten Polyolefinen (PP/PE z. B. Polysteel) oder ultrahochmolekularem Polyethylen (UHMW-PE z. B. Dyneema) hergestellt, welche eine höhere Abrieb- und Zugfestigkeit aufweisen. Nylon (PA) weist die höchste Elastizität auf, welche bei 3-litzigen geschlagenen Seilen und Belastung von 20-30 % der Bruchkraft etwa 20-23 % beträgt, die von PE 10-15 %, PP 8-12 % und PES 3-5 %. Nylon kann aber bei gleicher Bruchkraft etwa doppelt so viel kosten wie PE und PP. Kunststoffseile werden (nach DIN 696 oder ISO 1140) für Polyamid und (DIN 697 oder ISO 1141) für Polyester mit einem farbigen Kennfaden (grün = PA, blau = PES) versehen, der eingeseilt ist. Die empfohlene Nutzlast bzw. Tragfähigkeit beträgt etwa 1/8 der Bruchlast.

Rundseile aus Kunststofffasern werden für Netzeinfassungen und Ankerseile gleichermaßen verwendet. Es gibt sie als geschlagene und geflochtene Seile. Geflochtene Seile sind üblicherweise leichter und teurer als geschlagene und bei gleichem Gewicht oder Durchmesser schwächer und dehnen sich weniger stark aus; sind also nicht so zugdämpfend, schrumpfen dafür aber nicht.

Das Ankerseil sollte etwa 3-5 Mal der Wassertiefe entsprechen. Am Anfang und Ende des Ankerseils wird üblicherweise jeweils eine Kausche (spitz oder rund) verwendet, damit sich das Seil nicht abscheuert, sowie gegebenenfalls auch ein Wirbel, damit sich das Seil drehen kann. Bei der Verbindung zwischen Seil und Gehege wird manchmal auch ein Zugdämpfer eingesetzt.

Die Befestigung des Verankerungsseils am Gehege erfolgt in ruhigeren Gewässern entweder direkt an den seitlichen äußeren Verbindungslaschen der Kunststoffpontons oder mit einem (5-10 cm breiten) Gurt an den Kunststoffrohren (8-förmig), in stürmischeren Gewässern jedoch besser an den Ösen der (1-2 m langen) Randschienen bei Kunststoffpontons oder an den Ösen der Klemmschalen bei Kunststoffrohren.

### 3.5.3.1.1. Geflochtene Seile

Geflochtene Seile werden entweder durchgehend geflochten (statische Seile) oder können innen auch eine ungeflochtene Seele (Kern) haben (dynamische Seile), die manchmal aus einem anderen Material besteht, wodurch sich die Eigenschaften beider Materialien vereinen lassen. Es gibt rundgeflochtene Seile (Form E), bei denen die Litzen gekreuzt werden, oder spiralgeflochtene (Form H) Seile, bei denen die Litzen verschlungen werden. Gängig sind 8-, 12- oder 16-fache Rundgeflechte.

**Eigenschaften geflochtener Kunststoffseile***,
die für die Netzgehege eingesetzt werden:

| Durchmesser | Gewicht-PES | Bruchkraft-PES | Gewicht-PA | Bruchkraft-PA |
|---|---|---|---|---|
| mm | kg/100 m | kN | kg/100 m | kN |
| 2 | 0,22 | 0,75 | 0,18 | 0,93 |
| 4 | 1,10 | 2,70 | 0,90 | 2,70 |
| 6 | 2,44 | 5,90 | 2,00 | 6,10 |
| 8 | 4,35 | 10,30 | 3,60 | 10,90 |
| 10 | 6,80 | 16,30 | 5,60 | 16,70 |
| 12 | 9,80 | 22,90 | 8,10 | 24,20 |
| 14 | 13,3 | 30,30 | 11,00 | 32,00 |
| 16 | 17,4 | 39,00 | 14,30 | 42,60 |

* Nach DIN 796/697 (16-fach, Form E). Die Nutzlast beträgt etwa 1/8 der Bruchlast.

Kunststoffseile (oben) 8-fach geflochten und 3-litzig geschlagen (unten).

### 3.5.3.1.2. Gedrehte Seile

Geschlagene Seile werden entweder linksdrehend (S-Schlag) oder rechtsdrehend (Z-Schlag) hergestellt. Bei Gleichschlagseilen erfolgt die Verdrillung der einzelnen Kardeele (Litzen) und deren Verdrillung untereinander in derselben Drehrichtung, wodurch diese geschmeidiger werden. Bei Kreuzschlagseilen sind die Verdrillungen der Kardeele in sich und zueinander verschieden, wodurch diese steifer werden. Eine Verseilung aus 3 Kardeelen (3-litzig) nennt man Trossenschlag (Form A), eine aus 9 Kardeelen (9-litzig) Kabelschlag (Form C).

**Eigenschaften geschlagener Kunststoffseile***,
die für die Netzgehege eingesetzt werden:

| Durchmesser | Gewicht-PES | Bruchkraft-PES | Gewicht-PA | Bruchkraft-PA |
|---|---|---|---|---|
| mm | kg/100 m | kN | kg/100 m | kN |
| 6 | 2,70 | 7,80 | 2,25 | 7,35 |
| 8 | 4,80 | 14,0 | 4,00 | 13,2 |
| 10 | 7,60 | 21,5 | 6,20 | 20,4 |
| 12 | 11,00 | 31,0 | 8,90 | 29,4 |
| 14 | 14,80 | 39,0 | 12,20 | 40,2 |
| 16 | 19,50 | 58,0 | 15,80 | 52,0 |
| 18 | 24,50 | 68,0 | 20,00 | 65,7 |
| 20 | 30,30 | 84,0 | 24,50 | 81,4 |
| 22 | 36,70 | 102,0 | 30,00 | 98,0 |
| 24 | 43,70 | 115,0 | 35,50 | 118,0 |
| 26 | 51,20 | 134,0 | 42,00 | 137,0 |
| 28 | 59,40 | 154,0 | 48,50 | 155,0 |
| 30 | 68,20 | 176,0 | 55,50 | 174,0 |
| 32 | 77,80 | 200,0 | 63,00 | 196,0 |

* Nach DIN 796/697 (3-litzig - Form A). Die Nutzlast beträgt etwa 1/8 der Bruchlast.

### 3.5.3.2. Ketten

Ketten werden neben Kunststoffen vor allem aus Stahllegierungen hergestellt. Neben verzinkten werden heute auch solche aus Niro- oder Duplex-Stählen verwendet. Gliederketten werden aus Stahl verschweißt. Es gibt sie als lang-, mittel- oder kurzgliedrige Ketten.

Die Ankerkette kann durch ihr Gewicht und ihre Form die Effektivität des Verankerungssystems wesentlich erhöhen. Teils dient sie direkt als effektiver Anker und teils als Ankerleine, welche die Haltekraft des Ankers, durch eine Reduktion des Winkels (optimal ca. 9-11 Grad) zwischen Ankerleine und Anker reduziert, und die Energieabsorptionsfähigkeit der Ankerleine erhöht. Außerdem vermindert sie das Scheuern des Seils am Boden.

Die Ankerkette sollte, unabhängig von der Wassertiefe, etwa 3-30 m jedoch höchstens 30 % der gesamten Verankerungsleine betragen. Am Anfang und Ende der Ankerkette wird üblicherweise jeweils ein Schäkel in gerader oder geschweifter Form verwendet (keine Karabiner oder Schnellverschlüsse, denn die haben bei gleichem Durchmesser eine wesentlich geringere Tragfähigkeit). Die empfohlene Nutzlast bzw. Tragfähigkeit beträgt etwa 1/4 der Bruchlast.

### 3.5.3.2.1. Rundstahlketten

Rundstahlketten weisen ovale Kettenglieder auf, die jeweils um 90 Grad verdreht, direkt ineinandergefügt sind, so dass die Kette gut am Boden aufliegen kann. Sie werden selten langgliedrig (DIN 763 oder ISO 5685) verwendet, da diese leichter sind und bei gleichen Durchmesser der Glieder eine geringere Bruchkraft aufweisen, sondern meist kurzgliedrig (DIN 766 oder ISO 4565) als Ankerkette bei kleineren Freizeitschiffen, aber auch für Gehegeanlagen (zwischen Gehege und Ankerseil bzw. -boje) verwendet. Zwischen DIN und ISO sind die Innenlängen/Teilungen (t) teilweise unterschiedlich, die restlichen Abmessungen wie Innenbreite (b) und Durchmesser (d) der Glieder und damit die Tragfähigkeit aber gleich. Kurzgliedrige Rundstahlketten und Ankerstegketten haben bei gleichem Durchmesser auch dasselbe Gewicht.

**Eigenschaften kurzgliedriger Rundstahlketten***,
die für die Verankerung eingesetzt werden:

| Durchmesser | Innenlänge | Innenbreite | Gewicht | Bruchkraft |
|---|---|---|---|---|
| mm | mm | mm | kg/m | kN |
| 6 | 18,5 | 7,20 | 0,80 | 16 |
| 10 | 28,0 | 12,0 | 2,30 | 50 |
| 13 | 36,0 | 15,6 | 3,90 | 80 |
| 16 | 45,0 | 19,2 | 5,80 | 125 |
| 20 | 56,0 | 24,0 | 9,00 | 200 |
| 23 | 64,0 | 27,6 | 12,0 | 250 |
| 26 | 73,0 | 31,2 | 14,8 | 320 |
| 30 | 84,0 | 36,0 | 19,7 | 450 |

* Nach DIN 766 bei Normalgüte (3). Die Nutzlast beträgt etwa 1/4 der Bruchlast.

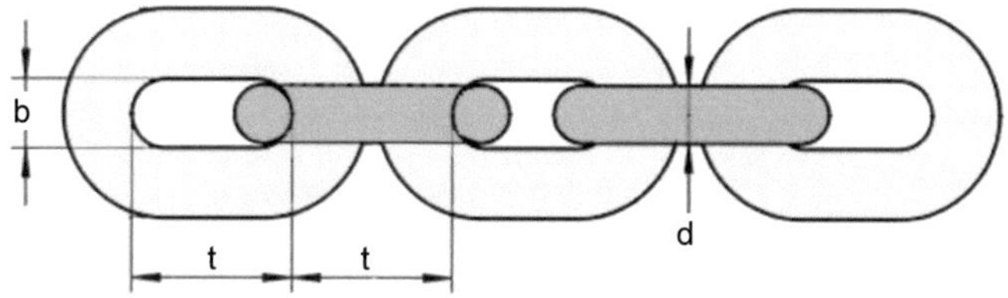


Rundstahlkette (kurzgliedrig).

### 3.5.3.2.2. Ankerstegketten

Ankerstegketten weisen in der Mitte ihres Auges einen stabilen Quersteg auf, der einerseits bei Belastung die Gliederseiten gegen das Zusammenziehen abstützt, andererseits verhindert, dass die Glieder unbelastet zusammenrutschen oder Fremdkörper sich im Auge verfangen. Sie sind in verschiedenen Gütegraden erhältlich und werden oft als Ankerkette bei größeren Frachtschiffen aber auch als Pufferkette für Gehegeanlagen (zwischen Ankerseil und Anker) verwendet. Bei Normalgliedern von Ankerstegketten beträgt das Verhältnis Durchmesser (d) zu Außenbreite (B) zu Außenlänge (A) 1,0:3,6:6,0. Etwaige Gewichtsangaben errechnen sich nach der Formel: kg/m = 0,0219 x d(mm)$^2$.

**Eigenschaften üblicher Ankerstegketten,**
die für die Verankerung eingesetzt werden:

| Durchmesser | Bruchkraft (kN)* | | | Gewicht |
|---|---|---|---|---|
| mm | Grad K1 | Grad K2 | Grad K3 | kg/m |
| 30 | 368 | 514 | 735 | 19,7 |
| 40 | 640 | 896 | 1280 | 35,0 |
| 50 | 981 | 1370 | 1960 | 54,8 |
| 60 | 1380 | 1940 | 2770 | 78,8 |
| 70 | 1840 | 2580 | 3690 | 107,3 |

* 1 kN = 0,102 t. Gütegrade: 1 = unbehandelt, 2 = normalgeglüht, 3 = angelassen/vergütet.

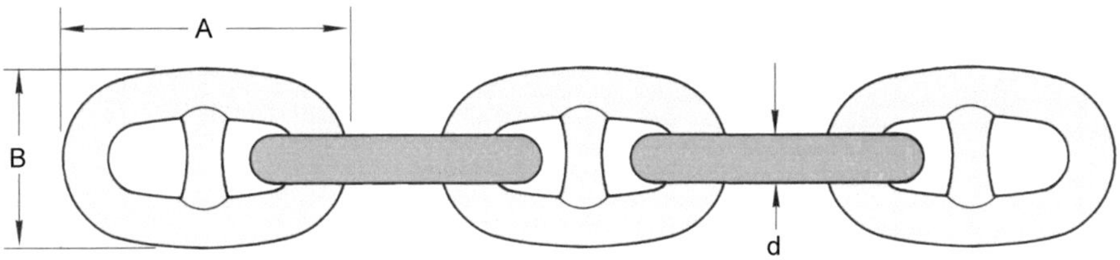


Ankerstegkette.

### 3.5.3.3. Anker

Anker lassen sich aufgrund ihrer Wirkungsweise in Gewichts- und Leichtgewichtsanker einteilen. Anstatt Anker können in seichteren und ruhigeren Gewässern auch Pfähle (Piloten) aus Holz oder Stangen (Pfosten) aus Metall in den weichgründigen Gewässerboden (1-2 m tief) getrieben werden, an denen die Netzgehege befestigt werden.

#### 3.5.3.3.1. Gewichtsanker

Gewichtsanker halten vorwiegend aufgrund ihres Gewichtes, wie Stockanker, Ankersack oder Ankerblock. Stockanker bestehen aus Metall. Ankersäcke werden einfach mit Sand oder Steinen gefüllt und verschlossen. Ankerblöcke werden oft aus Stahlbeton hergestellt und mit einem Eigengewicht von 100-10.000 kg verwendet. Ankerblöcke können auch aus

Stahl hergestellt werden, der dann mit Beton ausgegossen wird, wobei diese häufig an der Vorderseite mit Zacken ausgestattet sind, wodurch die Blöcke noch zusätzlichen Halt bekommen. Manchmal werden auch zwei Betonblöcke verwendet, wobei diese mit 2-6 m Kette seriell verbunden werden.

Die Haltekraft von nicht eingegrabenen Gewichtsankern hängt von der Reibungskraft zwischen Anker und Bodensubstrat, sowie vom Gewicht des Ankers ab. Der Haltekoeffizient berechnet sich aus Horizontalkraft (R) dividiert durch Ankergewicht (W) = R/W, und hängt vom Winkel der Ankerleine zwischen Anker und Gehege ab, also dem Verhältnis von Seillänge (l) zu Wassertiefe (d) = l/d. Sinkt ein Gewichtsanker jedoch in das Bodensubstrat ein so kann sich die Haltekraft dadurch noch wesentlich erhöhen (Beveridge, 1987).

**Haltekoeffizient von Gewichtsankern,**
in Abhängigkeit vom Untergrund:
(Nach: Nomura & Tamazaki in Beveridge, 1987)

| Anker und Substrat | Seillänge zu Wassertiefe | | | | |
|---|---|---|---|---|---|
| l/d | 1 | 2 | 3 | 4 | 5 |
| Ankersack/Sand | 0,21 | 0,59 | 0,65 | 0,68 | 0,74 |
| Ankersack/Schlamm | 0,05 | 0,33 | 0,34 | 0,48 | 0,52 |
| Stockanker/Sand | 0,26 | 1,90 | 4,37 | 5,50 | 5,83 |
| Stockanker/Schlamm | 0,11 | 1,99 | 3,29 | 5,11 | 6,46 |

### 3.5.3.3.2. Leichtgewichtsanker

Leichtgewichtsanker halten zusätzlich zu ihrem Gewicht auch aufgrund ihrer Form mit ein oder mehreren Fluken, die sich bei Zug in den Boden eingraben. Sie werden oft aus Stahl hergestellt und mit einem Eigengewicht von 15-1.500 kg verwendet. Schraub- und Plattenanker können nur für schlammigen bis sandigen Bodengrund verwendet, Pfluganker jedoch universal eingesetzt werden. Manchmal wird auch eine Kombination von Pfluganker und Betonblock verwendet, wobei diese mit 2-6 m Kette seriell verbunden werden.

Die Haltekraft von eingegrabenen Leichtgewichtsankern hängt von der Pflugfläche, Eindringung und der Gleitresistenz im Boden ab, und kaum vom Gewicht des Ankers selbst. Das Eindringen in den Boden hängt von der Form der Fluken und des Winkels des Schaftes ab, oft muss man diese Anker einige Meter ziehen bis sie greifen. Sie sind dann aber unter optimalen Bedingungen in Bezug auf das Eigengewicht bis zu 100-mal effektiver als Blockanker, kosten aber in Bezug auf die Haltekraft meist auch etwas mehr (Beveridge, 1987).

### 3.5.3.4. Bojen

Für Gehegeanlagen werden im Prinzip drei verschiedenen Bojen verwendet, die unterschiedlichen Zwecken dienen und üblicherweise aus Kunststoff hergestellt sind: Anker-, Markier- und Laufbojen. Manchmal wird aber auch auf Bojen ganz oder teilweise verzichtet.

#### 3.5.3.4.1. Ankerbojen

Ankerbojen werden am Ende des Ankerseils (also zwischen Ankerseil und Netzgehege) mit 2-10 m Seil befestigt, das bis zum Gehege reicht. Ankerbojen werden oft tonnenförmig und groß mit einem Volumen von etwa 200-2.000 l eingesetzt und sind meist in Signalfarben (rot, orange, gelb) gefärbt. Sie dienen der Abdämpfung der Ankerleine bzw. des Netzgeheges bei Seegang und zur Sichtbarmachung für die Schifffahrt.

#### 3.5.3.4.2. Markierbojen

Markierbojen werden am Anfang der Kette (also zwischen Ankerkette und Anker) mit einem Seil befestig das bis an die Wasseroberfläche reicht. Markierbojen werden oft birnenförmig und mittelgroß mit einem Volumen von etwa 20-200 l eingesetzt und sind meist in Signalfarben (rot, orange, gelb) gefärbt. Sie dienen der Markierung des Ankers und zur Abgrenzung des Gehegegebietes.

#### 3.5.3.4.3. Laufbojen

Laufbojen werden am Ende der Kette (also zwischen Ankerkette und Ankerseil) mit einem Seil befestigt, das nur 1-2 m lang ist, also nicht an die Wasseroberfläche reicht. Laufbojen werden oft kugelförmig und klein mit einem Volumen von etwa 5-15 l eingesetzt. Sie dienen zur Anhebung der Ankerkette, damit diese nicht im Schlamm versinkt und das Seil am Boden scheuert.

### 3.5.4. Zubehör

Neben der Netzgehegeanlage selbst werden manchmal auch weitere Systeme und Geräte eingesetzt. Dies sind vor allem Futterautomaten, Wasserbelüfter, Beleuchtungskörper, Überwachungssysteme, Reinigungsgeräte, Höhenförderer, Sortiereinrichtungen etc.

### 3.5.4.1. Futterautomaten

Futterautomaten erleichtern die Fütterung und können die tägliche Futtermenge zumindest zeitlich, manche auch räumlich verteilen. Nach ihrem Funktionsprinzip kann man diese in Pendel-, Band-, Streu- und Gebläseautomaten einteilen, wobei die ersten beiden ohne elektrische Energie funktionieren, aber das Futter nicht flächig verteilen und die letzten beiden elektrische Energie benötigen, dafür das Futter auch flächig verteilen können. Eine Alternative ist die manuelle Fütterung mit der Handschaufel.

#### 3.5.4.1.1. Pendelautomaten

Pendelautomaten haben unter dem Futterbehälter (bis zu 50 l) einen Pendelstab, der (10-30 cm) ins Wasser hängt und an dem die Fische anstoßen müssen, damit Futter ins Wasser fällt. Es gibt prinzipiell zwei verschiedene Systeme, beim einen erfolgt die Dosierung des Futters über einen Dosierkonus innen, beim anderen über einer Dosierscheibe außen, wobei letztere etwas besser justiert werden kann. Pendelautomaten (für bis zu 1.500 Stück Speisefische je Automat) eignen sich nur für (2-10 mm) Pellets und werden gelegentlich in kleineren Gehegen und in ruhigeren Gewässern eingesetzt, andernfalls wird bei Wellenbewegung zu viel Futter abgegeben. Sie sind jedoch generell nicht zu empfehlen, da sie zu 80 % nur von wenigen Tieren bedient werden, sowie den Futterquotienten und die Wasserbelastung um etwa 50-100 % erhöhen können.

#### 3.5.4.1.2. Bandautomaten

Bandautomaten haben ein Förderband, welches durch Zurückziehen ein mechanisches Uhrwerk (für bis zu 12 oder 24 Stunden) aufzieht. Das Band muss täglich mit (bis zu 5 kg) Futter beschickt werden, dass dann kontinuierlich abgegeben wird. Bandautomaten (für bis zu 5.000 Stück Satzfische je Automat) eignen sich für alle trockenen Sorten oder Größen von Futter und werden gelegentlich in kleineren stationären Gehegen eingesetzt. Es gibt mittlerweile auch elektrisch betriebene endlose Förderbänder, welche aber keinen Vorteil aufweisen, da das Futter trotzdem täglich neu auf das Band aufgebracht werden muss.

#### 3.5.4.1.3. Streuautomaten

Streuautomaten haben unter dem Futterbehälter (bis zu 500 l) einen Fördermechanismus (Rolle, Scheibe, Spirale), der das Futter, gesteuert über eine Zeitschaltuhr entsprechend abgibt. Es gibt prinzipiell zwei Systeme, das eine streut das Futter nur unter den Automaten selbst, das andere

Fütterung von Forellen mittels Handschaufel (Österreich). Foto: M. Hochleithner

Fütterung von Stören mittels Pendelautomat (Russland). Foto: M. Hochleithner

Fütterung von Lachsen mittels Luftleitung (Norwegen). Foto: M. Hochleithner

Einsatz von Propellerbelüftern in Netzgehegen in einem Teich. Foto: F. Lévai

Einsatz von Injektorbelüftern an Netzgehegen in einem Stau. Foto: R. Eilmannsberger

verteilt das Futter (über horizontale Wurfteller oder vertikale Wurfräder) zusätzlich auch noch durch Sektor- oder Rundstreuer (V- oder O-förmig) mit einem Wurfradius von bis zu 10 m. Streuautomaten eignen sich für viele trockenen Sorten oder Größen von Futter und werden üblicherweise in mittleren Gehegen jeder Form eingesetzt. Betrieben werden diese Futterautomaten mit Solar- oder Batteriestrom (Gleichstrom) oder auch über einen Anschluss an ein vorhandenes Stromnetz (Wechselstrom).

#### 3.5.4.1.4. Gebläseautomaten

Gebläseautomaten haben einen Fördermechanismus (ähnlich wie Streuautomaten) und verteilen das Futter mit Druckluft, je nach Verteilmechanismus (V- oder O-förmig) mit einem Wurfradius von bis zu 10 m. Es gibt prinzipiell zwei Systeme, beim einen befindet sich das Gebläse im oder am Futterbehälter (bis zu 500 l), der sich am Gehege oder Boot befindet und versorgt jeweils nur ein Gehege, beim anderen befindet sich das Gebläse und die Futterbehälter (bis zu 5.000 l) an Land oder auf einem Ponton und versorgt über ein Verteilsystem und Luftleitungen mehrere Gehege gleichzeitig. Gebläseautomaten eignen sich nur für (1-10 mm) Pellets und werden üblicherweise in größeren runden Gehegen, in ruhigeren Gewässern stationär vom Gehege oder Land aus bzw. in stürmischeren Gewässern mobil vom Boot oder Ponton aus eingesetzt. Es gibt die Gebläse meist nur für Wechsel- oder Drehstrom und die Versorgung mittels Stromgenerator (im Boot) oder Anschluss ans Stromnetz (an Land).

### 3.5.4.2. Wasserbelüfter

Wasserbelüfter dienen vor allem dem Gasaustausch ($O_2$, $CO_2$) im Wasser, aber auch dem Wasseraustausch im Gehege. Sie werden nur gelegentlich eingesetzt, vor allem in eutrophen Gewässern, wie Teichen oder Speichern. Prinzipiell kann man zwischen Belüftern, die elektrisch (Propeller-, Schaufelrad-, Injektorbelüfter) angetrieben werden und Ausströmern, die mit Gas (Luft oder Sauerstoff), das unter Druck steht, betrieben werden, unterscheiden. Dabei ist neben der Wasserumwälzung vor allem die möglichst feine Verteilung des geförderten Mediums (Wasser oder Gas) wesentlich.

#### 3.5.4.2.1. Propellerbelüfter

Propellerbelüfter werfen das Wasser in die Luft und erzeugen so eine Strömung vom Zentrum des Geheges nach außen. Sie werden mitten in den Gehegenetzen betrieben, wobei sie oft einen Schutzkorb aus Gitterstäben (4-12 mm) erhalten. Es gibt sie mit Über- oder Unterwassermotor, wobei nur bei letzterem der Belüfter auch bei Eisbildung betrieben werden kann. Manchmal werden auch (0,4-2,0 m tiefe) Schächte oder (2,5-5,0 m tiefe) Rohre montiert, damit das Wasser aus der Tiefe angesaugt wird.

#### 3.5.4.2.2. Schaufelradbelüfter

Schaufelradbelüfter werfen das Wasser in die Luft und erzeugen so eine gerichtete Strömung, allerdings nur an der Wasseroberfläche. Sie werden vor der Gehegeanlage betrieben, wobei die Strömung auf die Gehege gerichtet ist. Es gibt sie nur mit Überwassermotor, wobei dieser nicht bei Eisbildung betrieben werden kann, denn sonst brechen die Schaufeln oder -räder an Eisschollen.

#### 3.5.4.2.3. Injektorbelüfter

Injektorbelüfter saugen Luft an und verteilen diese im Wasser. Je nach Eintauchtiefe und Einstrahlwinkel des Injektors lassen sich Luftansaugrate und Strömungsrichtung verändern. Sie werden vor oder seitlich der Gehegeanlage oder alternativ auch zwischen den Gehegenetzen betrieben. Es gibt sie mit Über- oder Unterwassermotor, wobei nur bei letzterem der Injektor auch horizontal einstrahlen kann. Beide können aber bei Eisbildung betrieben werden und eignen sich auch gut zum Freihalten des näheren Gehegegebietes von Eis.

#### 3.5.4.2.4. Ausströmer

Ausströmer verteilen Gas (Luft oder Sauerstoff) im Wasser. Sie werden seitlich oder mitten in den Gehegenetzen betrieben. Es gibt sie in verschiedenen Materialien (wie Gewebe, Kautschuk oder Keramik) flexibel oder starr und letztere sogar mit Schwimmer. Ausströmer können sehr gut bei Eisbildung betrieben werden und eignen sich auch zum Fördern von Tiefenwasser (HP-Förderer).

Ausströmer benötigen jedoch immer einen Verdichter (Luft) oder Druckbehälter (Sauerstoff), der den Ausströmer mit diesem Gas beschickt. Der nötige Druck, bis aus dem Ausströmer Gas ins Wasser perlt, ist abhängig vom Ausströmermaterial und der Eintragstiefe. Die entstehende Blasengröße hängt vor allem vom Durchmesser der Poren oder Löcher ab. Eine wasseranziehende (hydrophile) Oberfläche des Ausströmers ergibt jedoch bei gleicher Porengröße kleinere Blasen als eine wasserabstoßende (hydrophobe) Oberfläche. Eine kleine Blase benötigt auf Grund des geringeren Auftriebs deutlich länger, um an die Wasseroberfläche zu steigen als eine große Blase. Wegen der längeren Kontaktzeit mit dem Umgebungswasser wird Sauerstoff so tief wie möglich eingeblasen (Steinbach, 2018).

Gemeinhin werden Ausströmer nach Größe der Ausströmöffnungen in grobblasig, mittelblasig und feinblasig eingeteilt. Grobblasig bedeutet, dass die Porenöffnungen größer als 3 mm sind und die entstehenden Gasblasen einen Durchmesser von mehr als 10 mm aufweisen. Die Sauerstoffausnutzung liegt im Bereich von 3-5 % bei 1 m, 8-11 % bei 2 m und 14-16 % bei 3 m Eintauchtiefe. Mittelblasig bedeutet, dass die Porenöffnungen 1,5-3,0 mm groß sind und die entstehenden Gasblasen einen Durchmesser von 5-10 mm aufweisen. Die Sauerstoffausnutzung liegt im Bereich von 4-6 % bei 1 m, 11-13 % bei 2 m und 16-18 % bei 3 m Eintauchtiefe. Feinblasig bedeutet, dass die Porenöffnungen kleiner als 1 mm sind und die entstehenden Gasblasen einen Durchmesser von weniger als 5 mm aufweisen. Die Sauerstoffausnutzung liegt in Bereich von 8-10 % bei 1 m, 16-18 % bei 2 m und 20-25 % bei 3 m Eintauchtiefe (Steinbach, 2018).

#### 3.5.4.3. Beleuchtungskörper

Beleuchtungskörper mit Gleichstrom (12-48 V) oder Wechselstrom (220-240 V) werden für Netzgehegeanlagen manchmal eingesetzt, wobei zwischen Außenbeleuchtung (über Wasser) und Innenbeleuchtung (unter Wasser) unterschieden werden kann.

##### 3.5.4.3.1. Außenbeleuchtung

Eine Außenbeleuchtung über Wasser dient der Sichtbarmachung gegenüber der Schifffahrt oder aber der Ausleuchtung für Arbeiten am Gehege während Dunkelheit. Für die Sichtbarmachung werden üblicherweise fixierte weiße Positionslichter, die oft mit einem Photovoltaikpaneel betrieben werden und am einfachsten über einen Dämmerungsschalter zu schalten sind, entweder an allen Ecken der Gehegeanlage oder am ersten und letzten Gehege der Gruppe angebracht. Für die Ausleuchtung werden üblicherweise starke schwenkbare Halogen-Flutstrahler verwendet, die entweder vom Arbeitsboot aus oder mit einem Stromgenerator betrieben und manuell geschaltet werden.

##### 3.5.4.3.2. Innenbeleuchtung

Eine Innenbeleuchtung unter Wasser dient dem Anlocken von Zooplankton in Unterwassergehegen oder aber der Simulierung von Tageslicht zur Verzögerung der Geschlechtsreife bei den Fischen. Dazu werden Unterwasserlampen verwendet, die entweder mit einem Unterwasserkabel von Land aus oder von einem Photovoltaikpaneel versorgt werden, üblicherweise im Zentrum des Gehegenetzes installiert. Für die Anlockung von Zooplankton werden meist Halogen- oder Glühlampen (10-100 W) verwendet, die am einfachsten über einen Dämmerungsschalter zu schalten sind. Für die Verzögerung der Geschlechtsreife werden meist LED- (Light Emitting Diode) oder Halogenlampen (100-1.000 W) verwendet, die eine Lichttemperatur von 2.000-6.000 K (Kelvin) erzeugen und zumindest im Winterhalbjahr (Oktober-April) nicht abgeschaltet werden.

### 3.5.4.4. Überwachungssysteme

Überwachungssysteme, mit Gleichstrom (12 V) betrieben, werden sowohl für die Beobachtung des Fischbestandes, als auch für die Kontrolle der Wasserqualität verwendet. Dabei kann man zwischen Akustik- (Echolot), Video- (Kameras) und Messsystemen (Sensoren) unterscheiden, wobei sich die Daten bei diesen Systemen üblicherweise aufzeichnen oder übertragen und speichern lassen. Weiteres gibt es noch eine Kombination von zwei Systemen, nämlich Tauchroboter, die sowohl Kameras, als auch Sensoren haben können, allerdings nicht andauernd, sondern nur bei Bedarf eingesetzt werden.

#### 3.5.4.4.1. Akustiksysteme

Hydroakustikgeräte (Echolot oder Sonar) werden gelegentlich für die kontinuierliche Überwachung des Fischbestandes (Größenermittlung, Fischverteilung, Fischverhalten) eingesetzt. Dazu wird der Echo-Transducer unter dem Gehegeboden in Richtung Wasseroberfläche installiert.

Unterwasserlautsprecher werden selten für die Beschallung mit Musik verwendet. Es gibt Hinweise darauf, dass manche Fischarten (z. B. Karpfen) bei Beschallung mit klassischer Musik (für 30 Minuten alle 2 Stunden während des Tages) um etwa 20 % besser wachsen als ohne Musik.

#### 3.5.4.4.2. Videosysteme

Videokameras, die bis zu einer Aufnahmedistanz von 100 m scharfe Bilder liefern, werden gelegentlich zur kontinuierlichen Überwachung eingesetzt. Für die Überwachung der Gehegeanlage werden Überwasserkameras verwendet, die entweder an Land oder an der Anlage montiert sind. Für die Überwachung des Fischbestandes werden Unterwasserkameras verwendet, die in den Gehegen montiert sind und manchmal auch gekoppelt mit einem Programm zur Kalkulation der Fischbiomasse eingesetzt werden.

Beleuchtung von Arbeitsbereichen mit Flutstrahler. Foto: C. Guldberg-Petersen

Beleuchtung von Unterwassergehegen, versorgt von Photovoltaikpaneelen. Foto: V. Steiner

#### 3.5.4.4.3. Messsysteme

Messsensoren mit stationärer Zentraleinheit oder mobilem Handmessgerät werden üblicherweise zur Überwachung der Wasserqualität, wie Temperatur, Sauerstoff, pH-Wert/Redox-Potential, Salinität/Leitfähigkeit, Ammonium/ Nitrat eingesetzt, manchmal auch Sensoren für Luftdruck oder Wasserströmung und -trübung, ja sogar für Futterreste und Fischgewichte. Modernere Geräte können dabei nicht nur messen und speichern, sondern auch automatisch Alarm- oder Schaltfunktionen übernehmen.

#### 3.5.4.4.4. Tauchroboter

Tauchroboter sind Tauchfahrzeuge, welche anstatt von Tauchern oder bemannten Tauchbooten für die Überwachung von Gehegenetzen und Verankerungen verwendet werden. Es gibt AUV (Autonomous Underwater Vehicle), die ohne Kabelanschluss meist für Messungen verwendet werden, sowie ROV (Remotely Operated Vehicle), die mit Kabelverbindung zu einer Steuereinheit über Wasser arbeiten und meist für Inspektionen verwendet werden. Sie verfügen meist über mehrere Antriebspropeller, Leuchten und Videokameras, sowie gelegentlich auch Messsensoren und Greifarme.

### 3.5.4.5. Netzreinigungsgeräte

Netzreinigungsgeräte werden für die Reinigung der Gehegenetze benötigt. Nur in Sonderfällen (im Süßwasser Netze aus PES oder PET, die mit PVC oder PVA ummantelt sind) bedarf es jahrzehntelang keiner Reinigung. Dabei können im Wesentlichen zwei Systeme unterschieden werden: Waschtrommeln, bei denen die Netze zur Reinigung abmontiert werden müssen, und Hochdruckreiniger, bei denen die Netze zur Reinigung am Rahmen (und meist auch die Fische im Gehege) bleiben können.

#### 3.5.4.5.1. Waschtrommeln

Waschtrommeln werden für die Reinigung der gewechselten Gehegenetze verwendet. Dies sind im Prinzip große Trommeln mit einem Durchmesser von 2-3 m und einem Volumen von 5-40 m$^3$, die mit einer Geschwindigkeit von 500-1.500 Umdrehungen pro Stunde rotieren. Sie werden an Land betrieben und funktionieren im Wesentlichen wie eine Waschmaschine, wobei die Reinigungsdauer etwa 1-2 Stunden beträgt.

#### 3.5.4.5.2. Hochdruckreiniger

Hochdruckreiniger werden sowohl für die Reinigung der Gehegerahmen, als auch der kleineren Gehegenetze verwendet. Bei Planktongehegen werden die Netze dabei (je nach Eutrophierung und Jahreszeit alle 1-7 Tage) bis auf 10-20 cm Restwasser hochgezogen und die Netze dann von innen nach außen mit einem Druck von 50-100 bar gereinigt, wobei die Fische im Gehege bleiben. Es gibt sowohl Geräte mit Benzinmotor, als auch solche mit Elektromotor (die mittels Stromgenerator betrieben oder an ein Stromnetz angeschlossen werden).

Netzwäscher werden für die Reinigung von größeren Gehegenetzen verwendet, wobei die Netze ebenfalls von innen nach außen gereinigt und die Fische im Gehege bleiben. Sie arbeiten mit 1-7 rotierenden Reinigungsscheiben (30-50 cm Ø), die eine Reinigungsbreite von 0,5-2,5 m haben und mit einem Druck von 150-300 bar betrieben werden. Die Bedienung bzw. Führung der Reinigungsscheiben erfolgt dabei entweder direkt von Tauchern unter Wasser oder über Stangen und Seile von Personen über Wasser. Es gibt sowohl Geräte mit Benzin- oder Dieselmotor, als auch solche mit Elektromotor. Neuerdings gibt es sogar (horizontal und vertikal) selbstfahrende Reinigungsroboter mit einer Reinigungsbreite von 2,5-3,0 m und einer Reinigungskapazität von bis zu 5.000 $m^2/h$. Solche Roboter sind aber sehr teuer.

### 3.5.4.6. Höhenförderer

Höhenförderer sind Geräte, die dem Fördern von Lebendfischen über eine gewisse horizontale und vor allem vertikale Distanz dienen. Sie werden meist zum Abfischen von Netzgehegen und Zuführen zu Sortiermaschinen oder Beladen von Transportbehältern verwendet. Prinzipiell kann man drei verschiedene Systeme unterscheiden, bei denen die Fische jeweils im Wasser befördert werden: Hebenetze, Förderschnecken und Fischpumpen.

#### 3.5.4.6.1. Hebenetze

Hebenetze werden über einen Kran betrieben und heben die Fische über entsprechende Distanzen. Es gibt sie in verschiedenen Größen (0,65-1,75 m Ø) mit Doppelring ohne Handstiel oder Einfachring mit Handstiel und jeweils mit oder ohne Innen- (MW 10-12 mm) und Außennetz (MW 40-50 mm), sowie dazwischen liegender wasserdichter Gewebefolie. Entscheidend ist der Schließ- und Öffnungsmechanismus, der das schnelle Entleeren des Netzes durch Ziehen an einem Seil ermöglicht, wobei nochmaliges Ziehen es wieder verschließt. Die Hebenetze eignen sich für Fische von 10-10000 g sehr gut zum Abfischen und Beladen, allerdings weniger gut zum kontinuierlichen Zuführen zu Sortiermaschinen.

Abfischen eines Netzgeheges mittels Hebenetz zur Verladung. Foto: R. Eilmannsberger

Abfischen eines Netzgeheges mittels Förderschnecke zur Sortierung. Foto: A. Faivre

### 3.5.4.6.2. Förderschnecken

Fördererschnecken werden elektrisch betrieben und fördern die Fische nur über kürzere Distanzen. Es gibt sie in verschiedenen Größen (0,35-0,55 m Ø) und Längen (4-7 m) der „Archimedischen“ Schnecke mit oder ohne Wasserabscheider am Schneckenende und für Leistungen bis zu 5-10 t/h. Höhenförderer eignen sich für Fische von 5-5000 g bei einem empfohlenen Aufstellwinkel von 40-45° für eine Höhendistanz von 2-4 m, vor allem zum Zuführen zu Sortiermaschinen oder Beladen von Transportbehältern.

### 3.5.4.6.3. Fischpumpen

Fischpumpen werden meist elektrisch betrieben und pumpen die Fische auch über größere Distanzen. Es gibt sowohl Propeller- als auch Vakuumpumpen, wobei letztere meist eine höhere Leistung (bis zu 10-15 t/h) haben, aber auch teurer sind. Einige Modelle haben sogar eine integrierte oder separierte Waage mit Wasserabscheider am Ende, die das Gesamtgewicht der beförderten Fische erfasst. Fischpumpen eignen sich für Fische von 1-5000 g für eine Höhendistanz von bis zu 6 m, zum Abfischen ebenso wie zum Zuführen zu Sortiermaschinen oder Beladen von Transportbehältern.

### 3.5.4.7. Sortiereinrichtungen

Sortiereinrichtungen dienen dazu, die üblicherweise auseinanderwachsenden Fische in verschiedene Größenklassen zu sortieren. Diese kann man generell in kleinere manuelle Sortiergeräte und größere automatische Sortiermaschinen einteilen, wobei an letzteren oft auch Zählsysteme angeschlossen werden, die jedoch auch ohne Sortiermaschine funktionieren.

### 3.5.4.7.1. Sortiergeräte

Sortiergeräte benötigen keinen Stromanschluss und sind meist kleinere aus Holz, Metall oder Kunststoff gefertigte Rahmen oder Kästen (30-70 cm lang oder breit und 15-45 cm hoch), die an der Unterseite einen Sortierrost aus runden Stabgittern aufweisen, welcher die Größe (Breite) der durch den Gitterrost gelangenden Fische vorgibt und diese so in 2 Größenklassen sortieren lässt. Im Prinzip gibt es zwei verschiedene Typen: bei den einen lassen sich die Sortierroste im Abstand (4-30 mm) stufenlos verstellen, bei den anderen müssen die Sortierroste mit unterschiedlichem Abstand (5-35 mm) ausgetauscht werden. Die Sortiergeräte werden normalerweise in einem Hälterbecken eingesetzt. Wichtig ist dass, das Gerät schwimmt, denn sonst muss man es mit der Hand festhalten oder am Beckenrand auflegen.

Sie eignen sich für kleinere Fischmengen (bis zu 0,5 t/h) und kleinere Fischgrößen (bis zu 500 g).

#### 3.5.4.7.2. Sortiermaschinen

Sortiermaschinen benötigen einen Stromanschluss und sind meist aus Metall (Stahl, Aluminium) oder seltener aus Kunststoff (GFK) gefertigte Konstruktionen, die einen Einlauftrichter und 1-5 anschließende V-förmige 1,5-2,5 m lange Sortierbahnen oder -kanäle haben, die zum Ende hin immer breiter (bis zu 30-120 mm) werden, welche die Größe (Breite) der Fische vorgeben und diese so in 3-4 Größenklassen sortieren. Die Sortierbahnen bestehen entweder aus gegenläufigen Rollstangen, gegliederten Laufbändern oder Förderstäben, welche die Fische durch den Sortierkanal befördern, wobei die letzten beiden die Fische besser befördern. Unter den Sortierbahnen befinden sich horizontal verstellbare Trichter in denen die Fische aufgefangen und abgeleitet werden. Die Beschickung der Sortiermaschinen kann manuell per Handkescher oder automatisch per Fischpumpe oder Höhenförderer erfolgen. Die Maschinen sind oft mit einer Pumpe ausgestattet, welche die Fische während des Sortiervorgangs mit Wasser versorgt und verfügen über 2-3 Transporträder. Sie eignen sich für große Fischmengen (bis zu 10 t/h) und Fischgrößen (bis zu 5.000 g).

#### 3.5.4.7.3. Zählsysteme

Zählsysteme erfassen durch Infrarot-, Foto- oder Kamera-Lesegeräte mit einer Genauigkeit von 98-100 % die Anzahl der Fische (bis zu 100.000 Stück/h). Die Systeme werden üblicherweise an jedem Sortierausgang (Rohranschluss) der Sortiermaschine angeschlossen. Es gibt aber mittlerweile auch Sortiermaschinen mit integrierten Zählsystemen oder Zählsysteme, die nicht an Sortiermaschinen angeschlossen werden. Sie eignen sich für große Fischmengen (bis zu 5 t/h) und Fischgrößen (bis zu 5.000 g).

### 3.5.4.8. Sonstiges

Natürlich gibt es noch weitere wichtige Einrichtungen bzw. Ausstattungen, die für Gehegeanlagen verwendet werden. Dies sind vor allem Arbeitsplattformen, Arbeitsboote und Arbeitsgeräte.

Schwimmender Container für Lagerung und Versorgung (Ägypten). Foto: M. Hochleithner

Schwimmende Hütte für Lagerung und Versorgung (Thailand). Foto: M. Hochleithner

Schwimmendes Haus für Lagerung und Versorgung (Norwegen). Foto: M. Hochleithner

Kleineres Arbeitsboot für Transport und Versorgung in einem Fluss. Foto: M. Hochleithner

Mittleres Arbeitsboot für Transport und Versorgung in einem See. Foto: M. Hochleithner

Größeres Arbeitsboot für Transport und Versorgung im Meer. Foto: M. Hochleithner

### 3.5.4.8.1. Arbeitsplattformen

Arbeitsplattformen werden für Gehegeanlagen gelegentlich verwendet, zumindest dann, wenn der Gehegerahmen bzw. Arbeitssteg keinen ausreichenden Platz bietet. Sie werden aus verschiedenen Materialien hergestellt (Holz, Metall, Kunststoff, Beton), um Fischfutter und Arbeitsgeräte zu lagern oder auch Arbeiten wie Sortierungen darauf zu verrichten oder Ruheräume für Personen zur Verfügung zu stellen.

Je nach Größe und Tragfähigkeit der Plattform werden oft Container, Hütten oder Häuser darauf gebaut. Am unteren Mekong (Kambodscha und Vietnam) werden oft Hausboote verwendet. Dort befindet sich unter jeder schwimmenden Hütte auf der die Familie des Betreibers meist wohnt und lebt, ein Gehege. So entstanden ganze schwimmende Dörfer, die je nach Wasserführung und Wasserstand auch den Standort wechseln können, wobei sie von Booten geschleppt werden.

### 3.5.4.8.2. Arbeitsboote

Arbeitsboote werden für alle Gehege benötigt, die keinen Zugangssteg zum Land haben. Es gibt sie in verschiedenen Materialen (Holz, Kunststoff, Metall) und allen Größen. Kleinere Boote (unter 5 m Länge) werden dabei meist von keinem Motor, mittlere Boote (5-10 m Länge) von einem Außenbordmotor, und größere Boote (über 10 m Länge) von einem Innenbordmotor angetrieben. Bei großen Gehegen wird zumindest zum Heben und Wechseln der Gehegenetze, aber häufig auch zum Besetzen und Abfischen der Fische selbst, ein schwenk- und ausfahrbarer Kran verwendet, der auf einem entsprechend großen und stabilen Boot montiert ist, das dann auch seetüchtig ist und eine Kajüte hat. Manchmal werden auch gleichzeitig mehrere Boote eingesetzt.

### 3.5.4.8.3. Arbeitsgeräte

Arbeitsgeräte werden wie für jede andere Produktionsanlage auch benötigt. Zu einer ordnungsgemäßen Ausstattung zählen zumindest noch kleinere Geräte, wie: Kescher, Behälter, Waagen usw.

*Literatur:*
Beveridge, 1987; Cardia & Lovatelli, 2015; Hochleithner, 1994; Lim & Webster, 2006; Steinbach, 2018; Steiner & Hochleithner, 2016; Willoughby, 1999.

## 4. GEHEGEPOSITION

Die Position oder der Standort, das heißt, die gezielte Auswahl des Gewässers (See, Teich, Bucht, Fjord etc.) und die Platzierung innerhalb des Gewässers sind eine entscheidende Voraussetzung für den Erfolg bei der Verwendung von Gehegen. Bei der Standortwahl sind die Bedingungen bzw. Kriterien für das Gehege, die Fische und den Betrieb zu berücksichtigen.

### 4.1. Kriterien für Gehege

Für die Gehege sind vor allem diverse Kriterien der Umwelt (wie Witterung, Strömung, Eisbildung, Untergrund, Wasserpflanzen etc.) von Bedeutung.

#### 4.1.1. Witterung

Das Wetter und die Exposition beeinflussen durch Sonne, Wolken und Regen neben der Temperatur, vor allem durch den Wind und die so erzeugten Wellen, den Wasserwechsel an einem Standort.

Die Wellenhöhe (Abstand zwischen Wellental und Wellenkamm) hängt neben der Windstärke von Wirkzeit (Dauer) und Wirklänge (Fetch) des Windes ab. Wellen können sich gegenseitig auch überlagern. Bei gleichförmiger Überlagerung nimmt die Wellenhöhe noch zu, andernfalls nimmt sie jedoch ab. Die Wellenlänge (Abstand zwischen Wellenkamm und Wellenkamm) hat, neben der Wellenhöhe, wesentlichen Einfluss auf die Gefährlichkeit einer Welle, denn lange Wellen sind sanfter als kurze Wellen, ebenso spielt die Wellenperiode (Wellenlängen pro Zeiteinheit) eine Rolle. Neben dem Wind werden auch von der Tide (Gezeiten) Wellen ausgelöst; diese machen sich aber in der Regel nur in schmalen Meeresbuchten und Flussmündungen bemerkbar.

**Durchschnittliche Wellenhöhen bei voll entwickelter See,**
in Abhängigkeit von der Windgeschwindigkeit:
(Nach: Bascom in Beveridge, 1987)

| Windgeschwindigkeit | | Wirklänge | Wirkzeit | Periode | Wellenhöhe | |
|---|---|---|---|---|---|---|
| kn | m/s | km | h | s | m | m* |
| 10 | 5,1 | 19 | 3 | 4 | 0,27 | 0,55 |
| 15 | 7,7 | 63 | 6 | 6 | 0,76 | 1,52 |
| 20 | 10,3 | 139 | 10 | 8 | 1,52 | 3,05 |
| 25 | 12,9 | 296 | 16 | 10 | 2,74 | 5,49 |
| 30 | 15,4 | 519 | 23 | 12 | 4,27 | 8,53 |
| 40 | 20,6 | 1315 | 42 | 16 | 8,53 | 17,37 |
| 50 | 25,7 | 2630 | 69 | 20 | 14,63 | 30,18 |

* Höhe der höchsten 10 % (die höchsten 33 % betragen +40-60 % der durchschnittlichen).

Die meisten Gehegeanlagen sollten bis zu Windstärke 2-3 und einer Wellenhöhe von 0-1 m keine Probleme bekommen, selbst wenn sich noch Personen darauf befinden. Gehegeanlagen aus Kunststoff oder Stahl bestehen Windstärken 4-5 und eine Wellenhöhe von 1-2 m ohne allzu großen Probleme, sofern sich keine Personen mehr auf der Anlage befinden. Bei Windstärken 6-7 und einer Wellenhöhe von 2-5 m eignen sich nur mehr runde Gehege aus Kunststoffrohren oder flexiblen Kautschukschläuchen. Bei Windstärken 8-9 und einer Wellenhöhe von 6-9 m eignen sich nur mehr vertikal bewegbare (tauchbare) Gehege aus Kunststoff oder Stahl. Standorte mit noch größeren Windstärken bzw. Wellenhöhen sind für Gehegeanlagen nicht geeignet.

**Windgeschwindigkeiten und etwaige Wellenhöhen,**
in Abhängigkeit von Windstärken der Beaufort-Skala*:

| Windstärke | Bezeichnung | | Windgeschwindigkeit | | Wellenhöhe |
|---|---|---|---|---|---|
| Bft | Windgang | Seegang | kn | km/h | m |
| 0 | Flaute | Ruhige See (Spiegelglatt) | 0-1 | 0,00-1,85 | 0,0-0,0 |
| 1 | Leiser Zug | Gekräuselte See (Kreuselwellen) | 1-4 | 1,85-7,41 | 0,0-0,2 |
| 2 | Leichte Brise | Schwache See (Kurzwellen) | 4-7 | 7,41-12,96 | 0,2-0,5 |
| 3 | Schwache Brise | Leicht bewegte See (Schaumbildung) | 7-11 | 12,96-20,37 | 0,5-0,8 |
| 4 | Mäßige Brise | Mäßig bewegte See (Langwellen) | 11-16 | 20,37-29,63 | 0,8-1,2 |
| 5 | Frische Brise | Bewegte See (Schaumköpfe) | 16-22 | 29,63-40,74 | 1,2-2,0 |
| 6 | Starker Wind | Grobe See (Schaumflecken) | 22-28 | 40,74-51,86 | 2,0-3,5 |
| 7 | Steifer Wind | Sehr grobe See (Schaumstreifen) | 28-34 | 51,86-62,97 | 3,5-6,0 |
| 8 | Stürmischer Wind | Mäßig hohe See (Wellenberge) | 34-41 | 62,97-75,93 | 6,0-9,0 |
| 9 | Sturm | Hohe See (Gischtwellen) | 41-48 | 75,93-88,90 | 9,0-12,0 |
| 10 | Schwerer Sturm | Sehr hohe See (Brechwellen) | 48-56 | 88,90-103,71 | 12,0-15,0 |
| 11 | Orkanartiger Sturm | Schwere See (Wasserfahnen) | 56-64 | 103,71-118,53 | 15,0-18,0 |
| 12 | Orkan | Sehr schwere See (Sichtminderung) | >64 | >118,53 | 18,0-21,0 |

* Größere Windstärken werden als Hurrikan und Tornado bezeichnet.

Die auf Gehegeanlagen wirkenden Kräfte werden zu etwa 70-75 % von Strömungen, zu 20-25 % von Wellen und zu 5-10 % von Winden verursacht (Cardia & Lovatelli, 2015).

Tropische Wirbelstürme (lokal auch als Hurrikan, Zyklon, Typhon, Taifun oder Tornado bezeichnet) treten oft um den Äquator, vor allem im westlichen Pazifischen, Indischen und Atlantischen Ozean auf. Sie entwickeln sich vor allem im Herbst, bewegen sich meist westwärts in zyklonaler Rotation (auf der Nordhalbkugel gegen den Uhrzeigersinn und auf der Südhalbkugel im Uhrzeigersinn) und können einen Durchmesser von bis zu 600-800 km erreichen, bevor sie an Land schnell an Energie verlieren. Gebiete in denen solche tropischen Wirbelstürme regelmäßig auftreten, eignen sich nicht für Netzgehege, oder man muss mit hohen Schäden und Verlusten rechnen.

Wellenbrecher werden in einigen Gegenden eingesetzt, um den Effekt von Wellen zu reduzieren. Es gibt stationäre Wellenbrecher, die am Gewässerboden aufgesetzt sind und oft aus Stahlbeton hergestellt werden, jedoch teuer sind und nur im flachen Wasser eingesetzt werden können, oder schwimmende Wellenbrecher, die günstiger sind, an der Wasseroberfläche fixiert und auch in tieferem Wasser eingesetzt werden können. Schwimmende Wellenbrecher können starr sein (Pontons aus Beton) oder flexibel (Strukturen aus Kunststoff).

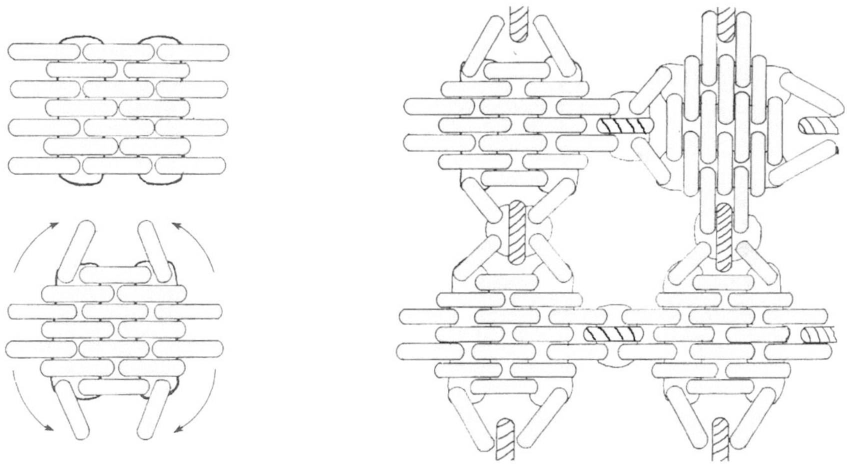

Wellenbrecher aus Autoreifen (Modul links und Verbund rechts). Nach: Beveridge, 1987

Schwimmende Wellenbrecher, welche die Wellenenergie sowohl reflektieren, als auch absorbieren, können relativ einfach aus alten/gebrauchten Reifen hergestellt werden. Es gibt verschiedenste Anordnungen, beim bewährtesten werden jeweils 18 Reifen stehend zu einem Modul (3-2-3-2-3-2-3) zusammengebunden und mehrere dieser Module mit jeweils einem weiteren Reifen zu größeren Einheiten verbunden (siehe Abb.). Das Verbinden kann mit Seilen erfolgen, bewährt haben sich aber Gummibänder

(35 mm breit) oder noch besser Stahlketten (8 mm Ø) mit Schäkel. Es können sowohl Autoreifen, als auch solche von Traktoren oder Lastern verwendet werden, wobei letztere in tieferem Wasser (>10 m) möglicherweise effektiver, allerdings aufgrund der Stahleinlagen auch abrasiver und schwerer sind, sowie weniger Auftrieb haben. Üblicherweise reicht die an der Oberseite der Reifen eingeschlossene Luft für den Auftrieb aber aus und wird durch die Wellenbewegungen immer wieder neu gefüllt. Bei starkem Bewuchs oder langer Ruhezeit kann dies jedoch manchmal nicht ausreichen, sodass die Module gelegentlich angehoben oder gereinigt werden müssen. Alternativ kann man die Reifen auch oben ausschäumen (PE oder PUR).

Da die Breite des Wellenbrechers großteils die Dämpfung der Wellen beeinflusst und die gefährlichsten Wellenlängen jene sind, die 0,50-1,25 Mal der Struktur entsprechen, sollte der Wellenbrecher mindestens 1,5 Mal so breit, wie die zu schützende Gehegeanlage sein. Die Länge des Wellenbrechers sollte 1-3 Mal der Gehegeanlage entsprechen. Wellenbrecher sollten etwa vier Wellenlängen vor der Gehegeanlage quer (im 90 Grad Winkel) zur erwartenden Hauptwindrichtung installiert werden. Die Verankerung, welche wie bei Gehegen jeweils aus Anker, Kette und Boje besteht, sowie zwei Seilen die an verschiedenen Modulen festgemacht sind, sollte zu 75-80 % zur Windrichtung (Luv) und 20-25 % gegen die Windrichtung (Lee) erfolgen. Die zu erwartenden Kräfte liegen durchschnittlich bei etwa 250 N/m, die maximalen können aber auch das 5-fache betragen (Beveridge, 1987).

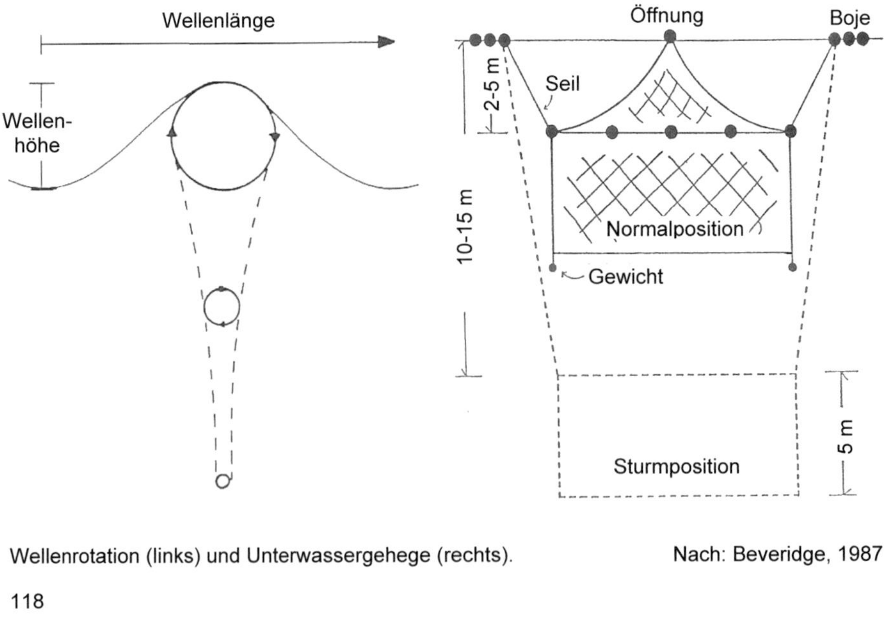


Wellenrotation (links) und Unterwassergehege (rechts). Nach: Beveridge, 1987

Bewegung eines runden Geheges durch Gezeiten. Foto: C. Guldberg-Petersen

Verformung eines runden Geheges durch Strömungen. Foto: C. Guldberg-Petersen

Gefährdung eines runden Geheges durch Wellen. Foto: C. Guldberg-Petersen

Eine andere Methode, die Kraft der Wellen etwas zu reduzieren, ist die Installation einer pneumatischen Barriere (Luftvorhang). Dazu wird eine perforierte Leitung (Ausströmschlauch) am Grund des Gewässers fixiert und Luft eingetragen. Die aufsteigenden Luftblasen reißen Wasser mit, sodass nicht nur die Wellenhöhe etwas reduziert sondern auch Ölfilme und Treibgut abgehalten werden. Diese Methode kann jedoch auch die Schichtung (Temperatur, Salinität) beeinflussen.

Die Wasserbewegung durch Wellen ist jedoch nur an der Wasseroberfläche ein Problem. In der Tiefe bewegen sich die Wasserpartikel nicht mit den Wellen vorwärts, sondern rotieren im Kreis. An der Oberfläche entspricht dieser Kreis der Wellenhöhe, der Durchmesser verringert sich jedoch exponentiell mit zunehmender Tiefe (siehe Abb.) und beträgt bei einer Tiefe, die rund ein Zehntel der Wellenlänge entspricht etwa 50 %, in einer Tiefe, die etwa der halben Wellenlänge entspricht, nur noch 4 % und in einer Tiefe, die genau der Wellenlänge entspricht, nur mehr 0,2 % von jenem an der Oberfläche. Daher sind Unterwassergehege relativ gut vor Wellen geschützt.

In Norwegen wurde ein Standard (NS-9415) erlassen, der Gehegestandorte nach ihrer Exposition (Wellen, Strömung) in verschiedenen Standortklassen einteilt (siehe nachfolgende Tabelle).

**Standortklassen von Netzgehegen nach NS-9415,**
in Abhängigkeit von Wellen und Strömung:
(Nach: Pronorm, 2003)

| Wellen | | | Strömung | | Exposition |
|---|---|---|---|---|---|
| Klasse | Höhe* | Periode | Klasse | Geschwind. | Level |
| A | 0,0-0,5 m | 0,0-2,0 s | a | 0,0-0,3 m/s | Gering |
| B | 0,5-1,0 m | 1,6-3,2 s | b | 0,3-0,5 m/s | Moderat |
| C | 1,0-2,0 m | 2,5-5,1 s | c | 0,5-1,0 m/s | Substantiell |
| D | 2,0-3,0 m | 4,0-6,7 s | d | 1,0-1,5 m/s | Hoch |
| E | >3,0 m | 5,3-18,0 s | e | >1,5 m/s | Extrem |

* = Signifikante Wellenhöhe (der höchsten 33 %) x 1,9 = Maximale Wellenhöhe.

### 4.1.2. Strömung

Strömungen haben wesentlichen Einfluss auf den Wasserwechsel in einem Gewässer oder -gebiet, können aber auch Gehegenetze verformen oder Verankerungen vertragen.

Die Anziehungskräfte von Sonne und Mond verursachen auf der Erde Tidenwellen mit extrem langer Wellenlänge (halber Erdumfang) und Wellenperiode (12 Stunden und 25 Minuten). Das Wellental und der Wellenkamm dieser Gezeiten werden Ebbe und Flut genannt und die

Wellenhöhe (bis zu 15 m) als Tidenhub bezeichnet. Bei Voll- und Neumond stehen Sonne und Mond zur Erde auf einer geraden Linie, deshalb addieren sich ihre Wirkungen (alle 14 Tage) zu einer sehr großen Tide, der Springtide. Bei Halbmond dagegen stehen Sonne und Mond rechtwinklig zueinander und es ergibt sich eine sehr kleine Tide, die Nipptide.

Die größten Tidenströmungen (bis zu 2,5 m/s) treten zwischen Ebbe und Flut auf, und die geringsten jeweils am Höhepunkt dieser Zustände. Die Rotation der Erde erzeugt eine kreisende Tidenströmung, welche auf der Nordhalbkugel meist im Uhrzeigersinn verläuft, auf der Südhalbkugel jedoch unterschiedlich sein kann. Sie wird auch von Geländetopografie, Wasserzuflüsse und Luftdruck (ca. 1 cm/mbar) beeinflusst. In einigen Meeren (wie Mittelmeer und Ostsee) werden Oberflächenströmungen so wesentlich von den Gezeiten verursacht. Generell sollte die Strömungsgeschwindigkeit jedoch am Gehegestandort im Fluss nicht mehr als 0,5 m/s und im Meer (durch Tide) nicht mehr als 1,0 m/s betragen.

Der Wasseraustausch ist in Flüssen nur von der Strömungsgeschwindigkeit bzw. dem Abfluss abhängig. In Seen und Teichen ist der Wasseraustausch vom Wasservolumen und den Zuflüssen abhängig, allerdings kann dieser im Bereich von Buchten wesentlich geringer und im Bereich des Abflusses wesentlich höher sein. Im Meer, speziell in Buchten, Fjorden und Lagunen, ist der Wasserwechsel neben den Zuflüssen vor allem von Gezeiten abhängig, aber auch dort kann dieser durch Untiefen verringert oder an Mündungen erhöht sein.

In Seen kann die Aufenthaltsdauer bzw. Wasseraustauschrate (T) wie folgt berechnet werden: Wasservolumen ($m^3$) (= Wasserfläche ($m^2$) x Durchschnittstiefe (m)) : Zuflussmenge ($m^3$). Im Meer kann die Zuflussmenge (F) wie folgt berechnet werden: Wasserfläche ($m^2$) x Tidenhub (m) : 12,5 (Gezeitenperiode). Die Wasseraustauschrate (T) ergibt sich daher wie folgt: 12,5 x Durchschnittstiefe (m) : Tidenhub (m).

### 4.1.3. Eisbildung

Eis kann ebenfalls Auswirkungen auf Gehegeanlagen haben. Der Salzgehalt hat einen Einfluss auf die Eisbildung; so friert Süßwasser bei 0,0 °C, Meerwasser hingegen erst bei -1,9 °C. Mit einer Dichte von 0,918 g/$cm^3$ ist Eis leichter als Wasser (1,0 g/$cm^3$) und schwimmt somit an der Wasseroberfläche. Während das Einfrieren und Auftauen des Geheges meist keine Probleme verursacht und die Fische oft auch die Innenfläche des Geheges durch die Eigenbewegung eisfrei halten, kann Treibeis im Frühjahr die Gehege beschädigen oder gar die Anker versetzen.

Zum Eisfreihalten in- oder außerhalb von Gehegen können Ausströmer oder Belüfter, besser jedoch HP-Förderer oder Strömungserzeuger eingesetzt werden, die wärmeres Tiefenwasser nach oben fördern. Dabei sollte kein Wasser auf die Gehegestrukturen (Netze, Stege etc.) spritzen, da dies in der kalten Luft schnell zu Eis friert und somit nicht nur das Gewicht erhöhen, sondern auch Netze beschädigen kann. Polyesternetze brechen dabei seltener als Nylonnetze.

Um Beschädigungen durch Treibeis in stehenden Gewässern zu vermeiden kann die Gehegeanlage an der Windschattenseite (Lee) installiert werden, sodass beim Aufbrechen des Eises sich die Eisschollen von der Anlage weg bewegen. Alternativ kann man Baumstämme oder Metallschienen an Bojen, die mit Seilen am Ufer befestigt sind, um die Gehegeanlage ins Eis einfrieren lassen, sodass im Frühjahr die Eisschollen um die Anlage nicht abdriften können. Im Meer (Fjord) werden manchmal sogar Schiffe (Eisbrecher) verwendet, um das Eis um Gehegeanlagen aufzubrechen.

In fließenden Gewässern kann man gegen Treibeis jedoch nichts machen, außer man verwendet tauchbare Gehege. Diese müssen aber dann auch komplett untergetaucht sein, also auch die Auftriebskörper. Zusätzlich besteht in Fließgewässern jedoch die Gefahr, dass sich im Winter Grundeis an der Gewässersohle bilden kann, das dann als Drifteis selbst untergetauchte Gehege beschädigen oder mitreißen kann.

Neben Eisschollen in Flüssen und Seen der gemäßigten Zonen treten in der arktischen und antarktischen Zone auch Eisberge im Meer auf. Gebiete, wo Treibeis regelmäßig auftritt, eignen sich nicht für Netzgehege, oder man muss mit hohen Schäden rechnen.

### 4.1.4. Untergrund

Der Untergrund bzw. die Wassertiefe und das Bodensubstrat können ebenfalls einen Einfluss auf Gehegeanlagen haben.

Die Wassertiefe beeinflusst Art und Kosten der Verankerung. Stationäre Gehege werden meist nur in seichtem Wasser (bis zu 6-8 m) verwendet. Schwimmende Gehege können theoretisch in jeder Wassertiefe installiert werden, allerdings steigen mit zunehmender Wassertiefe auch der Aufwand und die Kosten betreffend die Verankerung, sodass die Wassertiefe am Gehegestandort in der Regel nicht mehr als 50 m beträgt.

Generell sollte der Gehegeboden einen Abstand von Gewässerboden haben, da sich dort Abfallstoffe (Futterreste und Kotpartikel) vermehrt ablagern und

Wildfische oder Krankheitserreger verstärkt aufhalten. Je größer der Bodenabstand, desto weiter werden Futterreste und Kotpartikel durch die Strömung verteilt. Auch der Wasseraustausch durch die Eigenbewegung der Fische selbst erfolgt überwiegend durch den Gehegeboden; auch dieser Austausch nimmt mit abnehmendem Abstand vom Gewässerboden ab. Aus diesen Gründen sollte stets ein Mindestabstand eingehalten werden. Ausnahmen bilden nur starre Gehege in kleinen Fließgewässern (Bächen oder Kanälen) oder für Weichtiere (Muscheln) und Krebstiere (Garnelen) die Bodensubstrat benötigen. Der Mindestabstand beträgt in Teichen 1 m, in Seen 5 m und im Meer 10 m. Häufig wird eine Mindestrate (Wassertiefe zu Netztiefe) von 3:1 verwendet.

Das Bodensubstrat gibt einen Anhaltspunkt über die Strömungsverhältnisse. So ist felsiger Untergrund ein Anzeichen für gute, während schlammiger Untergrund ein Anzeichen für schlechte Strömungsverhältnisse ist. Allerdings kann die Verankerung der Gehege im Bodensubstrat bei felsigem Untergrund schwieriger und bei schlammigem Untergrund einfacher sein. In schlammigem Grund kann sich durch Abbauprozesse von Abfallprodukten, allerdings toxischer Schwefelwasserstoff ($H_2S$) bilden. Der ideale Gewässergrund für beides Verankerung und Selbstreinigung ist somit nicht Fels oder Schlamm, sondern Sand oder Kies.

### 4.1.5. Wasserpflanzen

Wasserpflanzen (Hydrophyten) können sowohl Vorteile (Nahrung, Laichsubstrat, Deckung, Dammschutz) als auch Nachteile (Krankheitserreger, Nährstoffentzug, Beschattung, Bewuchs) haben. Innerhalb der Wasserpflanzen können verschieden Lebensformen unterschieden werden, die sich in folgende biologische Gruppen einteilen lassen.

#### 4.1.5.1. Niedere Pflanzen

Zu den niederen Pflanzen die im Wasser leben (Mikrophyten) gehören Algen. Algen sind ein- oder mehrzellige Pflanzen, die frei im Wasser schweben (Schwebe- oder Mikroalgen), oder sich mit Hilfe von charakteristischen Fußbildungen, wie Gallertstielen oder -polstern, am Substrat festhalten (Aufwuchs- oder Makroalgen).

##### 4.1.5.1.1. Schwebealgen

Schwebealgen (Phytoplankton) können sich bei entsprechenden Umweltbedingungen (Licht, Nährstoffe, Temperatur) manchmal so stark vermehren, dass sie das Wasser verfärben. Solch ein plötzlicher

Populationsanstieg mit bis zu 10 Mio. Zellen/ml, wird Planktonblüte genannt. Planktonblüten, welche meist von einer Algenart dominiert werden, treten vor allem im Sommerhalbjahr in den gemäßigten Zonen auf, seltener im Winterhalbjahr in den tropischen Zonen, da dort die Umweltbedingungen konstanter sind. Algenblüten treten vor allem in Süßwasser auf, dort vor allem in eutrophen Seen und Teichen, und seltener im Salzwasser, dort vor allem in Fjorden und Lagunen im Mischbereich zwischen Küste und Meer.

Schwebealgen können nicht nur den Sauerstoffgehalt im Wasser stark beeinflussen (Übersättigung am Tag und Untersättigung in der Nacht), sondern auch Giftstoffe (Toxine) abgeben, welche Fische töten oder sich im Fleisch akkumulieren und den Geschmack des Fleisches (durch Geosmin oder Isoborneol) beeinträchtigen oder die Kiemen der Fische (durch Panzer oder Dornen) mechanisch schädigen können. Blüten von Schwebealgen (wie *Chlorella, Oscillatoria*), Bestände von Fadenalgen (wie *Spirogyra, Zygnema*) oder Massenentwicklungen von Unterwasserpflanzen (wie *Elodea, Potamogeton*) können durch die Assimilation jedoch auch den pH-Wert (bis über 10) erhöhen und auf diese Weise Schäden bei Fischen verursachen.

#### 4.1.5.1.2. Aufwuchsalgen

Aufwuchsalgen (Periphyton) können durch Bewuchs an Gehegematerialien nicht nur das Gewicht und damit den Widerstand der Netze stark erhöhen, sondern auch die Maschenweite und damit den Wasseraustausch in Gehegen stark verringern.

Die wichtigsten Gruppen von Algen (Schwebe- und Aufwuchsalgen), die Probleme bei Fischen oder Gehegen verursachen können, sind folgende Stämme (Streble & Krauter, 1988):

Blaualgen (Cyanophyta) kommen sowohl im Süß- als auch im Salzwasser vor. Sie werden heute jedoch genau genommen nicht mehr zu den Algen gezählt, sondern zu den Bakterien (Cyanobacteria). Von den Blaualgen können Schwebealgen einiger Gattungen (*Anabaena, Aphanizomenon, Gleotrichia, Lyngbya, Nodularia, Oscillatoria, Schizothrix*) Toxine (Alkaloide und Peptide) bilden, die zu Fischsterben führen können. Einige Gattungen (*Microcystis*) können auch einen modrigen/moselnden Geruch bzw. Geschmack des Fischfleisches verursachen.

Dinoflagellaten (Dinophyta) kommen sowohl im Süß- als auch im Salzwasser vor. Sie stellen schon einen Übergang zu primitiven einzelligen Tieren, den Zooflagellaten (Geiseltierchen) dar. Von den Dinoflagellaten können Schwebealgen einiger Gattungen (*Alexandrium, Dinophysis,*

*Chattonella, Gonyaulax, Gymnodinium, Gyrodinium, Karenia, Pyrodinium)* Toxine (Nervengifte) bilden, die binnen weniger Stunden zu Fischsterben führen. Einige der starken Toxine können sich auch im Fleisch der Fische ansammeln und so nach dem Verzehr beim Menschen eine Fischvergiftung (Ciguatera) hervorrufen. Andere Gattungen (*Ceratium*) können durch Dornfortsätze die Kiemen der Fische schädigen und ebenfalls Fischsterben verursachen. Wenige Gattungen (*Amyloodinium, Oodinium, Oodinoides*) können sogar als Außenparasiten auf den Kiemen und der Haut der Fische auftreten und so Trübungen und Schäden verursachen.

Kalkalgen (Haptophyta) kommen nur im Salzwasser vor. Von den Kalkalgen können Schwebealgen der Gattungen (*Chrysochromulina, Prymnesium*) Toxine produzieren, die manchmal zu Fischsterben führen.

Goldalgen (Chrysophyta) kommen hauptsächlich im Süßwasser und seltener im Salzwasser vor. Von den Goldalgen können Schwebealgen der Gattung (*Synura*) einen modrigen/moselnden Geruch bzw. Geschmack des Fischfleisches verursachen, andere Gattungen (*Chaetoceros*) durch Dornfortsätze die Kiemen der Fische schädigen oder weitere Gattungen (*Heterosigma, Ochromonas*) durch Toxine Fischsterben verursachen. Einige Gattungen können als Schwebealgen auch zu Algenblüten führen und den Sauerstoffgehalt im Wasser stark beeinflussen (Sauerstoffzehrung).

Braunalgen (Phaeophyta) kommen fast ausschließlich im Salzwasser vor. Braunalgen einiger Gattungen (*Alaria, Ectocarpus, Laminaria*) können als Bewuchs an Netzen den Wasseraustausch in Gehegen stark verringern, jedoch selten Fischsterben verursachen.

Rotalgen (Rhodophyta) kommen fast ausschließlich im Salzwasser vor. Rotalgen einiger Gattungen (*Antithamnion, Brongniartella, Ceramium, Champia, Griffithsia, Haraldiophyllum, Jania, Lithothamnion, Lomentaria, Polysiphonia*) können als Bewuchs an Netzen den Wasseraustausch in Gehegen stark verringern, jedoch selten Fischsterben verursachen.

Grünalgen (Chlorophyta) kommen hauptsächlich im Süßwasser und seltener im Salzwasser vor. Sie bilden zusammen mit den mehrzelligen Makroalgen (Charophyta) schon einen Übergang zu höheren Pflanzen (Embryophyta). Grünalgen einiger Gattungen können als Schwebealgen zu Algenblüten führen und den Sauerstoffgehalt im Wasser stark beeinflussen, jedoch selten Fischsterben verursachen. Einige Gattungen (*Chlorochytrium*) können als Aufwuchsalgen selten in Haut oder Kiemen der Fische zu Entzündungen oder Verpilzungen führen, andere Gattungen (*Cladophora, Enteromorpha, Ulva*) können als Bewuchs den Wasseraustausch in Gehegen verringern.

Algenblüte (Cyanobakterien) im Uferbereich eines Sees. Foto: M. Hochleithner

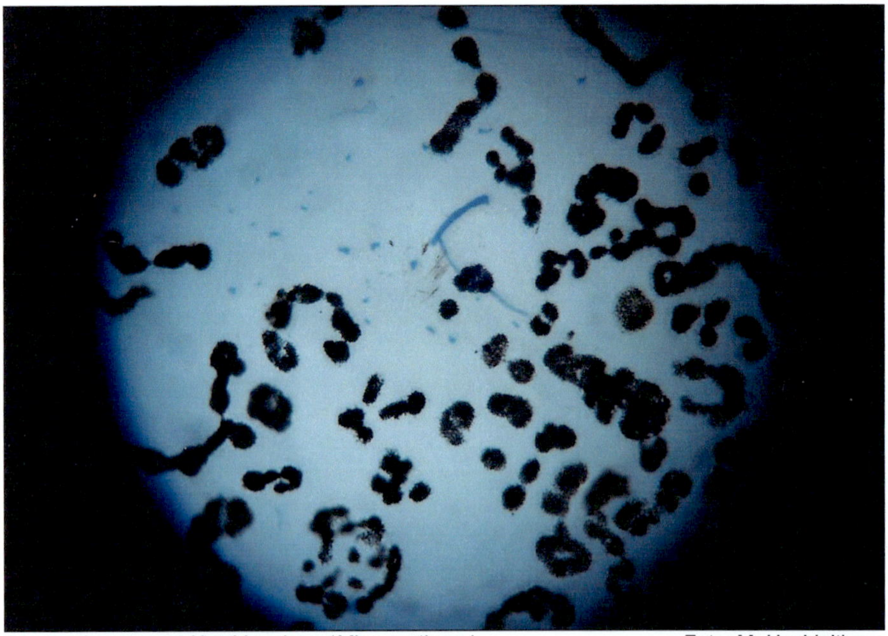

Ansammlungen von Netzblaualgen (*Microcystis* sp.). Foto: M. Hochleithner

Unterwasserpflanzen im Mündungsbereich eines Flusses. Foto: M. Hochleithner

Ansammlungen von Wasserhyazinthen (*Eichhornia* sp.). Foto: M. Hochleithner

### 4.1.5.2. Höhere Pflanzen

Zu den höheren Pflanzen die im Wasser leben (Makrophyten) gehören Unterwasserpflanzen, Schwimmblattpflanzen und Überwasserpflanzen. Sie sind keine Pflanzengruppen, deren Vertreter miteinander im Sinne der Systematik verwandt sind, sondern teilen nur den gemeinsamen Lebensraum und einige Anpassungsmerkmale. Die einzelnen Arten gehören also verschiedenen Pflanzenfamilien an.

#### 4.1.5.2.1. Unterwasserpflanzen

Deren vegetative Organe reichen nicht bis über die Wasseroberfläche. Die Wurzeln, soweit vorhanden, dienen nur zur Verankerung im Boden. Die Blätter sind meist feinfiedrig zerschlitzt oder bandförmig. Die blütentragenden Abschnitte können sich sowohl unter Wasser als auch über Wasser befinden. Nährstoffe und Kohlendioxid werden über die gesamte Pflanzenoberfläche aus dem Wasser aufgenommen. Sie sind meist an der Halde bis in eine Wassertiefe von etwa 10 m anzutreffen.

Unterwasserpflanzen haben manchmal negativen Auswirkungen auf Fische, da sie den pH-Wert erhöhen und den Sauerstoffgehalt verringern, aber auch Zwischenwirte (Schnecken) für Fischparasiten beherbergen können, verursachen in der Regel jedoch kein Fischsterben. Abgeschnittene oder abgerissene Unterwasserpflanzen können jedoch als Treibgut in Flüssen auch Gehegenetze verlegen und so den Wasseraustausch verringern oder den Widerstand der Gehege erhöhen. Generell sollten Gehegeanlagen mindestens 100 m von Gebieten mit Unterwasserpflanzen entfernt sein.

#### 4.1.5.2.2. Schwimmblattpflanzen

Ihre lederartigen, meist gerundeten Schwimmblätter liegen auf der Wasseroberfläche und besitzen auf der Blattoberfläche eine wasser-abweisende Wachsschicht. Die Nährstoffe werden aus dem Boden oder Wasser aufgenommen und das Kohlendioxid aus der Luft. Sie sind meist an der Schar bis in eine Wassertiefe von etwa 5 m anzutreffen.

Einige Schwimmblattpflanzen, wie Wasserlinsen (*Lemna*) oder die aus Südamerika stammende und in Afrika und Asien eingeschleppten und massenhaft vorkommenden Wasserhyazinthen (*Eichhornia*), können bei größeren Ansammlungen ganze Seen- und Flussgebiete bedecken und so die Gehegenetze teilweise verlegen oder mit erheblichen Kräften auf die Gehegestrukturen wirken.

#### 4.1.5.2.3. Überwasserpflanzen

Deren Wurzeln sind im Gewässerboden verankert, während die meist länglichen Blätter und Blüten über die Wasseroberfläche reichen. Die Nährstoffe werden aus dem Boden und das Kohlendioxid aus der Luft aufgenommen. Sie sind nur im Ufer- und Flachwasserbereich bis in eine Wassertiefe von etwa 2 m anzutreffen.

Überwasserpflanzen haben normalerweise keine negativen Auswirkungen auf Netzgehege, da sie nur im Uferbereich vorkommen. Generell sollten jedoch Gehegeanlagen mindestens 50 m von Gebieten mit Überwasserpflanzen entfernt sein.

Landpflanzen oder deren Pflanzenteile (Blätter) können gelegentlich zu Problemen führen, wie abgefallenes Laub, das in fließenden Gewässern Gehegenetze verlegen kann oder in stehenden Gewässern, wo viel Sauerstoff für dessen Abbau verbraucht wird.

### 4.1.6. Nesseltiere

Neben Algen können im Salzwasser auch Nesseltiere (Cnidaria), wie einige Rippenquallen (*Bolinopsis, Pleurobrachia* spp.), Schirmquallen (*Ayrelia, Cyanea, Periphylla* spp.) und Hydromedusen (*Obelia, Phialella, Phialidium, Tima* spp.) bei Massenauftreten Netze verlegen oder durch ihr Nesselgift auch Schäden (Nekrosen) an der Haut und den Kiemen der Fische hervorrufen. Gegen Nesseltiere kann man jedoch kaum etwas machen. Gebiete, in denen diese planktischen Tiere regelmäßig in Massen auftreten, eignen sich deshalb kaum für Netzgehege, oder man muss eben Verluste einkalkulieren.

## 4.2. Kriterien für Fische

Für die Fische sind vor allem verschiedenen Parameter des Wassers (wie Temperatur, Gas-, Metall-, Salz-, Kalk- und Nährstoffgehalt etc.) von Bedeutung. Wasser ist der wichtigste Faktor für die Produktion von Fischen.

Viele Fische bevorzugen eine bestimmte Wasserqualität (optimaler Bereich), außerhalb dieses Bereichs (eingeschränkter Bereich) kann es schnell zu verringerter Aktivität und damit zu Wachstumsdepression kommen. Verschlechtert sich die Wasserqualität weiter (kritischer Bereich) kann es zu erhöhtem Stress und damit zu Krankheitsanfälligkeit kommen (sieh Tab.). Geht die Wasserqualität noch weiter zurück, führt dies schließlich zum Tod der Fische.

**Wasserqualitätskriterien,**
die für Fische besonders relevant sind:
(Nach: Schreckenbach in Steinbach, 2018)

| Parameter | Einheit | Kritisch - | Eingeschränkt | Optimaler Bereich | Eingeschränkt | Kritisch + |
|---|---|---|---|---|---|---|
| Lachs-, Dorsch- und Barschartige | | | | | | |
| Sauerstoff ($O_2$) | mg/l | ab 4,0 | 6,0-6,9 | 7,0-30 | 31-35 | bis 40 |
| pH-Wert | pH | ab 5,0 | 5,5-6,4 | 6,5-8,0 | 8,1-8,8 | bis 9 |
| Kohlendioxid ($CO_2$) | mg/l | ab 0,5 | 1-4 | 5-8 | 9-12 | bis 20 [3] |
| Stickstoff ($N_2$) | % | - | - | <100 | 100-103 | bis 105 |
| Ammoniak ($NH_3$) | mg/l | - | - | <0,01 | 0,01-0,07 | bis 0,1 [1] |
| Salpetrige Säure ($HNO_2$) | mg/l | - | - | <0,0002 | 0,0002-0,0005 | bis 0,002 [2] |
| Nitrit ($NO_2$) | mg/l | - | - | <1 | 1-2 | bis 3 [2] |
| Nitrat ($NO_3$) | mg/l | - | - | <200 | 200-300 | bis 400 |
| Karpfen-, Wels-, Aal- und Störartige | | | | | | |
| Sauerstoff ($O_2$) | mg/l | ab 3,0 [K,W] | 4,0-4,9 | 5,0-30 | 31-35 | bis 40 |
| pH-Wert | pH | ab 5,5 | 6,0-6,9 | 7,0-8,3 | 8,4-10 | bis 10,5 |
| Kohlendioxid ($CO_2$) | mg/l | ab 0,5 | 1-6 | 7-18 | 19-20 | bis 25 [3] |
| Stickstoff ($N_2$) | % | - | - | <100 | 100-103 | bis 105 |
| Ammoniak ($NH_3$) | mg/l | - | - | <0,02 | 0,02-0,1 | bis 0,2 [1] |
| Salpetrige Säure ($HNO_2$) | mg/l | - | - | <0,0004 | 0,0004-0,001 | bis 0,004 [2] |
| Nitrit ($NO_2$) | mg/l | - | - | <1 | 1-3 | bis 5 [2] |
| Nitrat ($NO_3$) | mg/l | - | - | <200 | 200-300 | bis 800 [S,A] |

1 = abhängig vom Proteingehalt und Energie/Protein Verhältnis des Futters. 2 = bei $Cl^-/NO_2$-N Verhältnis >8 (2) bis >17 (1) werden auch höhere $NO_2$ Gehalte ertragen. 3 = bei hohen SBV und $O_2$ Konzentrationen werden auch höhere $CO_2$ Gehalte toleriert. K = Karpfen bis 2 mg/l $O_2$. W = Afrik. Welse bis 1 mg/l $O_2$ bei ausreichend $O_2$ in der Atemluft. S, A = Störe und Aale nur bis 400 mg/l $NO_3$.

### 4.2.1. Wassertemperatur

Die Wassertemperatur hat einen entscheidenden Einfluss auf den Stoffwechsel und somit das Wachstum der Fische. Sie wird in Europa üblicherweise in Grad Celsius (°C) angegeben, in Amerika oft in Grad Fahrenheit (°F). Für die Messung von Temperaturen gibt es heute digitale Sonden, oft auch in Multi-Messgeräten (pH, $O_2$) integriert.

Die Temperatur des Wassers wird vor allem durch die Solarstrahlung der Sonne (bis zu 3.000 J/cm$^2$) beeinflusst, welche wiederum stark von der Jahreszeit und vom Breitengrad abhängt. Vom elektromagnetischen Spektrum der Sonnenstrahlung wird nur etwa 5 % von der Wasseroberfläche reflektiert, der Rest dringt in die Wassersäule. Vor allem der langwellige Bereich (>700 nm) ist für den Transfer von Wärme verantwortlich. Diese Nah-Infrarotstrahlung wird in den ersten 1-2 Metern der Wassersäule komplett absorbiert. Der kurzwellige Bereich (<400 nm) kann jedoch, je nach

Färbung bzw. Trübung, auch noch wesentlich tiefer vordringen. Diese Ultraviolettstrahlung kann nicht nur Kunststoffe altern lassen, sondern auch die Fische (Haut, Flossen, Augen) schädigen. Daher sollten die Gehege, zumindest bei empfindlichen Fischen, eventuell mit Schattiermatten abgedeckt werden.

Die Jahresdurchschnittstemperatur an einem Standort ist neben der geographischen Lage (Breitengrad), auch von der Höhenlage abhängig. Während bei gleichem Breitengrad je 100 m ansteigende Höhe über dem Meeresspiegel die Ultraviolettstrahlung um etwa 1,1-1,5 % zunimmt, nimmt die Temperatur um durchschnittlich 0,6-1,0 °C ab, und jedes Grad abnehmende Jahresdurchschnittstemperatur verkürzt die Vegetationsperiode (frostfreie Zeit) um rund 14 Tage.

Da Süßwasser bei 3,98 °C die höchste Dichte aufweist (also am schwersten ist), verursacht die Temperatur eine Schichtung. In fließenden Gewässern kommt es üblicherweise zu keiner Temperaturschichtung bzw. wenn, dann nur im ruhig fließenden Unterlauf. In stehenden Gewässern (Seen und Speichern) kommt es jedoch in der warmen Jahreszeit häufig zu einer Schichtung von warmen Oberflächenwasser (Epilimnion) über kaltem Tiefenwasser (Hypolimnion). Dazwischen liegt die Sprungschicht (Metalimnion), in der sich die Wassertemperatur auf geringer Tiefe stark verändert.

Vor allem in den gemäßigten Zonen der Erde kommt es auf diese Weise im Frühjahr zur Ausbildung und im Herbst wieder zur Auflösung der Temperaturschichtung. Durch Winde kann es dann zu einer Zirkulation des gesamten Wasserkörpers kommen, wobei man je nach Verteilung der Temperatur und der Anzahl der Vollzirkulationen verschiedene Zirkulationstypen unterscheidet (amiktisch = keine Zirkulation, meromiktisch = Teilzirkulation, holomiktisch = Vollzirkulation), letztere kann man noch weiter unterteilen (z. B. monomiktisch = einmal jährlich, dimiktisch = zweimal jährlich, polymiktisch = mehrmals jährlich). Auch in tropischen Zonen kann es durch unterschiedliche Salzgehalte oder Temperaturen gelegentlich zu Schichtungen kommen.

Fische als wechselwarme (poikilotherme) Tiere sind nicht in der Lage, aktiv ihre Körpertemperatur zu regeln (ausgenommen Dauerschwimmer wie z. B. Thunfische). Die Körpertemperatur entspricht nahezu der Temperatur des Wassers, in dem sie leben. Die Wassertemperatur ist daher ein wichtiger Faktor für das Wohlbefinden von Fischen. Sie wirkt sowohl direkt auf die Aktivität (z. B. Herzschlag, Atmung, Verdauung, Wachstum, Vermehrung), als auch indirekt z. B. über den Sauerstoffgehalt des Wassers, da je nach Temperatur unterschiedliche Mengen gelöst werden (Steinbach, 2018).

Der optimale Temperaturbereich ist je nach Fischart sehr unterschiedlich. Die Temperatur, bei welcher Fische bevorzugt leben, wird sogar zu deren Klassifizierung herangezogen. Zum Beispiel werden Lachse, Hechte und Dorsche zu den „Kaltwasserfischen“ gezählt, Karpfen, Welse und Aale zu den „Warmwasserfischen“. Es gibt aber auch Fische, die sich nicht genau einordnen lassen, wie z. B. einige Barsche und Störe die eher den Übergangsbereich von Kalt- zu Warmwasser bevorzugen. Andere wiederum werden zu den tropischen Fischen gezählt wie z. B. Tilapien und Salmler.

Fische wachsen am besten, wenn bei auch sonst optimalen Umweltbedingungen die Vorzugstemperatur im Wasser herrscht. Diese wechselt jedoch mit dem Alter und der Entwicklung der Fische ebenso wie die Fähigkeit, Temperaturwechsel zu ertragen. Sind Fische an höhere Temperaturen adaptiert – über Wochen und Monate langsam gewöhnt – sterben sie erst bei viel höheren Temperaturen, als nicht oder an tiefe Temperaturen adaptierte Tiere. Bei niedrigen Temperaturen sterben wärmeadaptierte Fische bereits, wenn nicht adaptierte Fische noch völlig munter sind. Steigen Kohlendioxid ($CO_2$) und Verschmutzung ($NH_4$, $NO_2$, $NO_3$) und sinkt der Sauerstoffgehalt ($O_2$) des Wassers, dann sinkt auch die Temperaturtoleranz von Fischen (Steinbach, 2018). Bei täglich leicht schwankenden Wassertemperaturen im Vorzugsbereich wachsen allerdings einige Fischarten (z. B. Lachse und Karpfen) besser, als bei ständig gleich bleibenden optimalen Wassertemperaturen.

### 4.2.2. Gasgehalt

Im Wasser sind neben Sauerstoff ($O_2$) auch andere Gase wie Kohlendioxid ($CO_2$) und Stickstoff ($N_2$) gelöst, die sich prinzipiell gegenseitig verdrängen können. Wichtig neben der Sättigung einzelner Gase ist dabei die Gesamtgassättigung, die eine Aussage darüber gibt, wie stark das Wasser insgesamt mit Gasen gesättigt ist. Sie wird normalerweise in hectoPascal (hPa) oder Prozent (%) angegeben. Für die Messung von Gasgehalten (Sauerstoff und Kohlendioxyd) gibt es heute digitale Messgeräte, die auch den Luftdruck messen und den Stickstoff berechnen.

Befinden sich die Gasmengen, die der individuellen Löslichkeit, der Temperatur und dem Partialdruck entsprechen, gelöst in einer Flüssigkeit (z. B. Wasser, aber auch Blut), ist diese Flüssigkeit mit dem jeweiligen Gasen gesättigt. Befindet sich in dieser Flüssigkeit mehr Gas(e) gelöst, als der individuellen Löslichkeit, der Temperatur und dem Partialdruck entsprechen, ist sie übersättigt. Die überschüssige Gasmenge trachtet danach aus der Lösung in den gasförmigen Zustand überzugehen und als Gasblase auszuperlen. Stickstoff gilt als sehr träges Gas. Turbulenzen im übersättigten Wasser fördern die Bildung von Gasblasen und damit den Ausgleich bis zur Sättigung. Unbewegtes oder nicht turbulentes Wasser kann eine Gasübersättigung über eine gewisse Zeit aufrechterhalten, ohne dass Gasblasen sichtbar werden (Steinbach, 2018).

Der Grad der Übersättigung ist von dem Grad der Änderung von Temperatur und/oder Druck (Wassertiefe) abhängig. Da das Blut der Fische nur die Gasmenge in Lösung halten kann, die dem herrschenden Umgebungsdruck entspricht, kommt es bei plötzlichem Druckabfall oder Temperaturerhöhung zur Bildung von Gasblasen im Blut der Tiere. Der Vorgang ist vergleichbar der Dekompressions- oder Caissonkrankheit bei Tauchern, die zu schnell auftauchen. Die sich bildenden Gasblasen sind dann durch Blutgefäße, Gewebe und Membranen im Fisch gefangen und können ihn nicht schnell verlassen, sie bleiben so lange im Fisch, bis durch Diffusion über Haut und Kiemen der Überschuss an Gas an das Wasser abgegeben ist. Je nach Grad der Gasübersättigung treten – teilweise auch von außen sichtbar – unter der Schleimhaut, im Auge, im Kiemengewebe oder in den inneren Organen Gasbläschen auf, die zu Gewebezerreißungen und/oder Embolien führen. Die damit einhergehenden Schäden äußern sich durch erhöhte Krankheitsanfälligkeit, Kiemenschäden oder Tod der Fische. Wird die Ursache der Gasübersättigung beseitigt, können sich die Fische wieder erholen (Steinbach, 2018). Generell sollte die Gesamtgassättigung (vor allem Stickstoff) 102 % bei jüngeren Fischen und 105 % bei älteren Fischen nicht übersteigen. Bei Gasübersättigung müssen Fische zur Ausgleichstiefe, um die Bildung von Gasbläschen im Blut zu verhindern, je Prozent Gasübersättigung etwa 10 cm tiefer schwimmen.

#### 4.2.2.1. Sauerstoff

Der Sauerstoffgehalt hat wesentlichen Einfluss auf die Aktivität und das Wachstum der Fische. Er hängt neben der Temperatur und Salinität des Wassers auch vom Luftdruck ab und wird absolut als Konzentration (mg/l) oder relativ als Sättigung (%) angegeben.

Der Sauerstoffgehalt kann, vor allem in eutrophen Gewässern (wie Teichen und Lagunen) im Sommer, durch die Assimilationstätigkeit von Wasserpflanzen (Phytoplankton) im Verlauf von 24 Stunden sehr stark schwanken (um bis zu 7-8 mg/l). Während am Tag Sauerstoff als Nebenprodukt der Assimilation ausgeschieden wird und es so zu einer Übersättigung kommt, wird er in der Nacht für die Dissimilation verbraucht und es kommt zu einer Untersättigung. Um Wachstumsdepression und Krankheitsanfälligkeit bei den Fischen zu vermeiden, sollte der Sauerstoff-Sättigungswert generell nicht unter 70 % fallen.

**Sauerstoffgehalt des Wassers (mg/l),**
bei Sättigung auf Meereshöhe und Normaldruck (760 Torr = 1013 hPa)*
in Abhängigkeit von Temperatur und Salzgehalt:

| °C | Salinität ‰ | | | | | | | |
|---|---|---|---|---|---|---|---|---|
| | 0 | 5 | 10 | 15 | 20 | 25 | 30 | 35 |
| 0 | 14,6 | 14,1 | 13,6 | 13,2 | 12,7 | 12,3 | 11,9 | 11,5 |
| 1 | 14,2 | 13,7 | 13,3 | 12,8 | 12,4 | 12,0 | 11,6 | 11,2 |
| 2 | 13,8 | 13,4 | 12,9 | 12,5 | 12,1 | 11,7 | 11,3 | 10,9 |
| 3 | 13,5 | 13,0 | 12,6 | 12,2 | 11,8 | 11,4 | 11,0 | 10,6 |
| 4 | 13,0 | 12,7 | 12,3 | 11,9 | 11,5 | 11,1 | 10,7 | 10,4 |
| 5 | 12,8 | 12,3 | 11,9 | 11,6 | 11,2 | 10,8 | 10,5 | 10,1 |
| 6 | 12,4 | 12,0 | 11,6 | 11,3 | 10,9 | 10,6 | 10,2 | 9,9 |
| 7 | 12,1 | 11,7 | 11,4 | 11,0 | 10,7 | 10,3 | 10,0 | 9,7 |
| 8 | 11,8 | 11,5 | 11,1 | 10,7 | 10,4 | 10,1 | 9,8 | 9,4 |
| 9 | 11,5 | 11,2 | 10,8 | 10,5 | 10,2 | 9,8 | 9,5 | 9,2 |
| 10 | 11,3 | 10,9 | 10,6 | 10,3 | 9,9 | 9,6 | 9,3 | 9,0 |
| 11 | 11,0 | 10,7 | 10,6 | 10,0 | 9,7 | 9,4 | 9,1 | 8,8 |
| 12 | 10,8 | 10,4 | 10,1 | 9,8 | 9,5 | 9,2 | 8,9 | 8,6 |
| 13 | 10,5 | 10,2 | 9,9 | 9,6 | 9,2 | 9,0 | 8,7 | 8,4 |
| 14 | 10,3 | 10,0 | 9,7 | 9,4 | 9,1 | 8,8 | 8,6 | 8,3 |
| 15 | 10,0 | 9,8 | 9,5 | 9,1 | 8,9 | 8,6 | 8,4 | 8,1 |
| 16 | 9,9 | 9,6 | 9,3 | 9,0 | 8,7 | 8,5 | 8,2 | 8,0 |
| 17 | 9,6 | 9,4 | 9,1 | 8,8 | 8,6 | 8,3 | 8,1 | 7,8 |
| 18 | 9,5 | 9,2 | 8,9 | 8,6 | 8,4 | 8,1 | 7,9 | 7,7 |
| 19 | 9,3 | 9,0 | 8,7 | 8,5 | 8,2 | 8,0 | 7,7 | 7,5 |
| 20 | 9,1 | 8,8 | 8,6 | 8,3 | 8,1 | 7,8 | 7,6 | 7,3 |
| 22 | 8,7 | 8,6 | 8,3 | 8,1 | 7,9 | 7,7 | 7,5 | 7,2 |
| 24 | 8,4 | 8,3 | 8,1 | 7,8 | 7,6 | 7,4 | 7,1 | 6,9 |
| 26 | 8,1 | 8,0 | 7,7 | 7,5 | 7,3 | 7,1 | 6,8 | 6,6 |
| 28 | 7,8 | 7,7 | 7,5 | 7,3 | 7,0 | 6,8 | 6,6 | 6,4 |
| 30 | 7,6 | 7,4 | 7,2 | 7,0 | 6,8 | 6,6 | 6,4 | 6,1 |
| 32 | 7,3 | 7,2 | 7,0 | 6,9 | 6,6 | 6,3 | 6,1 | 5,9 |
| 34 | 7,1 | 7,0 | 6,9 | 6,7 | 6,4 | 6,2 | 6,0 | 5,8 |
| 36 | 6,9 | 6,8 | 6,7 | 6,5 | 6,2 | 6,1 | 5,9 | 5,7 |
| 38 | 6,7 | 6,6 | 6,5 | 6,4 | 6,1 | 5,9 | 5,7 | 5,6 |
| 40 | 6,5 | 6,5 | 6,3 | 6,2 | 6,0 | 5,7 | 5,6 | 5,5 |

* Druckkorrektur durch Multiplikation mit Faktor von Druck/760 (mm Hg) oder 1013 (mbar).

Die prozentuale Sättigung errechnet sich nach folgender Formel:

$$\frac{\text{Tatsächlicher Wert} \times 100}{\text{Sättigungswert (Tabelle)}} = \text{\% Sättigung}$$

Sauerstoff wird von allen höheren Organismen zum Leben benötigt. Der Sauerstoffbedarf von Fischen, üblicherweise in mg/kg/h angegeben, hängt neben der Wassertemperatur auch von der Fischart und Fischgröße ab. Fischarten, die natürlicherweise in fließenden oder kalten Gewässern vorkommen, wie z. B. Forellen, Äschen oder Maränen, benötigen mehr Sauerstoff und in höheren Konzentrationen im Wasser gelöst als Fische, die an stehende oder warme Gewässer angepasst sind, wie z. B. Karpfen, Welse oder Aale. An sauerstoffarme tropische Gewässer angepasste Fische, wie z. B. Arapaimas (Arapaimidae), Gouramis (Osphronemidae) und Luftsackwelse (Clariidae) sind aufgrund spezieller Organe sogar in der Lage, den von ihnen benötigten Sauerstoff der Umgebungsluft zu entnehmen.

Der Sauerstoffverbrauch von Fischen hängt von der Stoffwechselrate ab. Diese steigt mit steigender Aktivität. Bei Fischen werden je nach Aktivität folgende drei verschiedene Aktivitätsniveaus unterschieden:

1.) Der Grundstoffwechsel (oder auch Standardstoffwechsel) bezeichnet die Stoffwechselaktivität, die ein ruhig stehender Fisch bei Dunkelheit aufweist. Er ist also das Minimum, das zur Aufrechterhaltung des Lebens nötig ist. Er beträgt nur 5-10 % des Gesamtstoffwechsels.

2.) Der Routinestoffwechsel bezeichnet die Stoffwechselaktivität, die ein ungefütterter Fisch unter Normalbedingungen am Tag und ohne Stress aufweist. Er beträgt etwa 25 % des Gesamtstoffwechsels.

3.) Der Aktivstoffwechsel wird in Stufe I (oder auch Erhaltungsstoffwechsel) und II (oder auch Leistungsstoffwechsel) unterteilt. Unter Stufe I erfasst ist dabei ein Fisch, der Nahrung verdaut und langsam umherschwimmt. Stufe II bedeutet höchste Aktivität bei sehr starker Anstrengung z. B. Schwimmen, so schnell wie möglich. Der Aktivitätsstoffwechsel kann kurzfristig sogar das 10-fache des Grundstoffwechsels betragen.

Die Stoffwechselrate eines Fisches ist auch von seinem Oberflächen-Volums-Verhältnis abhängig. Wird die Masse des Fisches um den Faktor 10 erhöht, verringert sich die Stoffwechselrate um etwa 20 %. Wächst ein Fisch z. B. von 10 mg auf 1 kg, reduziert sich seine spezifische Stoffwechselrate (auf das Gewicht bezogen) um 90 %. Kleine Fische haben daher wegen der erhöhten Stoffwechselrate einen deutlich höheren Energieverbrauch, als große und nehmen bei Nichtfütterung entsprechend schnell ab. Aus demselben Grund ist auch der Sauerstoffbedarf von 1 kg Jungfischen unter sonst identischen Bedingungen deutlich höher als jener von 1 kg Speisefischen derselben Art (Steinbach, 2018). Für den Routinestoffwechsel lässt sich der Sauerstoffverbrauch bei 20 °C nach folgender Formel berechnen; dabei ist Q der Sauerstoffverbrauch in mg/h und p die Stückmasse in kg: $Q = 0{,}4p^{0{,}8}$.

**Mittlerer Sauerstoffverbrauch von Fischen,**
in Abhängigkeit vom Körpergewicht:
(Nach: Winberg in Schäperclaus & Lukowicz, 2018)

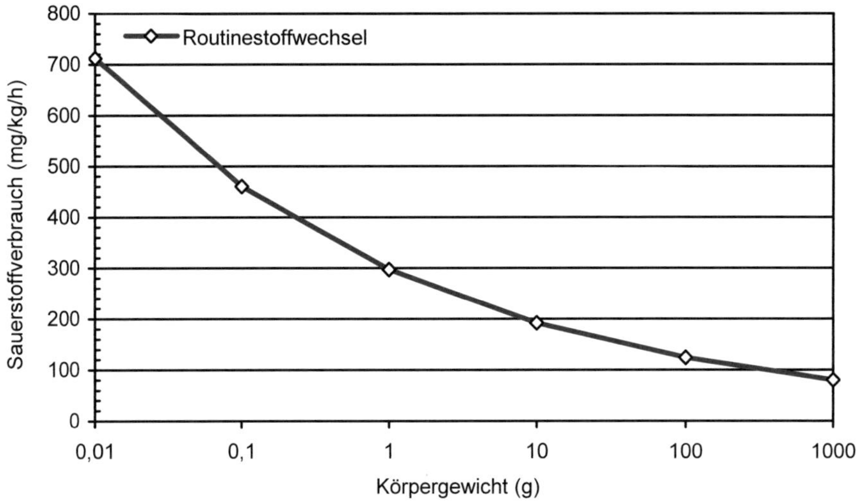


Eine Temperaturerhöhung um 10 Grad erhöht die Stoffwechselrate und damit den Sauerstoffverbrauch je Zeiteinheit um das 2-3-fache (Van-´t-Hoff´sche-Regel oder Reaktions-Geschwindigkeit-Temperatur-Regel = RGT-Regel). Bei größeren Temperaturdifferenzen wird diese Regel aber zunehmend ungenau.

### 4.2.2.2. Kohlendioxid

Kohlendioxid ($CO_2$) ist das Ausscheidungsprodukt der Dissimilation bzw. der Atmung aerober Organismen. Bei der Verdauung und dem Abbau von Eiweiß, Kohlenhydrat und Fett entstehen außer Energie vor allem Wasser ($H_2O$) und Kohlendioxid ($CO_2$), die für den weiteren Stoffwechsel der Fische nicht benötigt und daher ins umgebende Wasser abgegeben werden. Von dem von den Fischen zur Atmung aufgenommenem Sauerstoff wird die 1,4-fache Menge an Kohlendioxid abgegeben.

Im Meer führt Kohlendioxid selten zu Problemen, da Meerwasser gut gepuffert ist. Im Süßwasser kann es jedoch zu Problemen kommen, vor allem in saurem Wasser (pH <7). Generell sollte der Gehalt an Kohlendioxid für Kaltwasserfische (wie Forellen) 10 mg/l und für Warmwasserfische (wie Karpfen) 20 mg/l nicht überschreiten, da er sonst physiologische Schäden hervorrufen und letal wirken kann. Hohe Sauerstoffkonzentrationen, hohe Wasserhärte (>11,2 °dH) und gute Energiereserven helfen auch bei doppelten Werten Schäden zu vermeiden. Kurzzeitschäden sind an Atemnot, Unruhe und Taumeln erkennbar. Langzeitschäden äußern sich in schlechter Futterverwertung, verringertem Wachstum und Nierenschädigungen. Kohlendioxidkonzentrationen unter 1 mg/l können ebenfalls zu Schäden führen, da in einem derartigen Fall der Übergang von Sauerstoff an den Kiemen ins Blut behindert und die Abgabe von Ammoniak ins Wasser erschwert wird. Kohlendioxid lässt sich jedoch durch Belüftung sehr leicht entfernen bzw. ausgleichen (Steinbach, 2018).

#### 4.2.2.3. Schwefelwasserstoff

Schwefel (S) ist Bestandteil von Protein (Eiweiß) und zu etwa 2 % darin enthalten, kann aber auch im Wasser (als Sulfat) auftreten. Die Zersetzung von Schwefel bzw. schwefelhaltigen Verbindungen kann beim Fehlen von gelöstem Sauerstoff im Wasser (z. B. im anoxischen oder anaeroben Bereich während der Denitrifikation), zur Bildung von Schwefelwasserstoff ($H_2S$) führen. Er kann aber auch aus der Desulfurikation oder Reduktion von Sulfat ($SO_4$) und Sulfid ($S^{2-}$) entstehen. Im aeroben Bereich (bei Anwesenheit von reichlich Sauerstoff im Wasser) wird Schwefelwasserstoff recht schnell entweder chemisch oder biologisch über mehrere Zwischenprodukte zum unschädlichen Sulfat oxidiert (Steinbach, 2018).

Schwefelwasserstoff ($H_2S$) ist ein, sowohl für Fische als auch für Menschen, sehr giftiges Gas. Es wird vor allem bei Fäulnisvorgängen gebildet, z. B. wenn im Wasser größere Ablagerungen von organischer Masse sich ansammeln (wie Kotpartikel, Futterreste, Fischkadaver) und nicht genügend Sauerstoff für den Abbau zur Verfügung steht. Außer am Geruch nach „faulen Eiern", lässt sich das Vorkommen von Schwefelwasserstoff an der Bildung von Eisensulfid (FeS) erkennen, welches in sauerstofffreien Zonen schwarze Ablagerungen bildet. Weitere Anzeichen sind aufsteigende Gasbläschen, vor allem im Sommer und Herbst, sowie auftretende Kiemenschädigungen, wie blasse Kiemen mit dunklen Flecken oder verwachsene Kiemenepithele mit Schwellungen (Steinbach, 2018).

Wird das Sulfat in den Sedimenten während der Bildung von Schwefelwasserstoff aufgebraucht, wird stattdessen Methan ($CH_4$) gebildet. Methan ist weniger gut wasserlöslich und steigt in Form von Gasblasen an die Oberfläche. Die Gasblasen können jedoch Wasser, das Schwefelwasserstoff enthält, mitreißen und so selbst an der Wasseroberfläche zu Problemen führen (Willoughby, 1999).

Die Konzentration an Sulfiden (TS) im Sediment (in mg/g Trockengewicht) und der Sauerstoffgehalt (DO) der direkt darüber befindlichen Wasserschicht (in ml/l Wasser), ausgedrückt als Umweltindex (= TS/DO x 100), kann auch mit dem zunehmenden Auftreten von Krankheiten (>1 % Mortalität) in Zusammenhang gebracht werden (Beveridge, 1987).

### 4.2.3. Metallgehalt

Metalle selbst sind kaum giftig für Wasserorganismen. Die Giftwirkung ihrer gelösten Salze aber reicht von wenig giftig bis zu hochgiftig oder tödlich. Sehr stark giftig sind vor allem Verbindungen von Quecksilber (Hg), Silber (Ag), Cadmium (Cd), Nickel (Ni), Kobalt (Co) und Chrom (Cr). Niedrige Sauerstoffwerte erhöhen die Giftwirkung. Durch hohe Wasserhärte wird die Giftwirkung gesenkt, da viele Metallionen als Karbonate oder Hydroxide gebunden werden, was deren Giftwirkung reduziert oder sogar weitgehend aufhebt (Steinbach, 2018).

Die Kombination von saurem Wasser und Metallen (Eisen, Aluminium, Kupfer, Zink, Blei etc.) kann jedoch zu Problemen führen, da die Metalle mit der Säure reagieren und toxische Salze bilden können. Die Anwesenheit von organischen Stoffen (Humus) reduziert den toxischen Effekt (Willoughby, 1999).

Durch Metallionen vergiftete Fische zeigen zunächst Unruhe, erhöhte Atemfrequenz und Schleimabsonderung. Diese Anzeichen gehen in verminderte Reizempfindlichkeit, Ermattung, Seitenlage und Absinken der Atemfrequenz über, sie enden schließlich mit der Ansammlung von Kohlensäure im Körper und dem Tod durch Ersticken (Steinbach, 2018).

### 4.2.4. Salzgehalt

Salze sind Verbindungen aus der Reaktion einer Säure mit einem Metall. Sie bestehen aus Metallatomen und Säurerest und dissoziieren in wässriger Lösung in Metallion und Säurerestion. Metallionen und Wasserstoffionen sind stets positiv geladen und damit Kationen. Säurerestionen und Hydroxylionen sind stets negativ geladen und damit Anionen. Wird in einer wässrigen Lösung an eine Anode (positiv geladen) und eine Kathode (negativ geladen) elektrische Gleichspannung gelegt, wandern die Anionen zur Anode – negativ geht dabei zu positiv – und die Kationen zur Kathode – positiv geht dabei zu negativ (Steinbach, 2018).

#### 4.2.4.1. Salinität

Die Salinität hat wesentlichen Einfluss auf das Wohlbefinden der Fische. Sie ist der Gehalt an gelösten Stoffen (Salzen) im Wasser, und wird üblicherweise in Gramm pro Kilogramm (g/kg) oder Promille (‰) angegeben.

Bei Salzwasser hängt die Schichtung sowohl von der Temperatur als auch vom Salzgehalt des Wassers ab. In den gemäßigten Zonen haben die Zuflüsse üblicherweise im Winter eine niedrigere und im Sommer eine höhere Temperatur als das Meer, in tropischen Regionen haben die Zuflüsse normalerweise in der Trockenzeit eine höhere und in der Regenzeit eine niedriger Temperatur als das Meer. Zu einer Schichtung kommt es daher meist in Ästuaren und Fjorden, die sich je nach Wind und Wellen auch auflösen kann. Im offenen Meer hängt die Schichtung auch von Wasserströmung und Wassertiefe ab.

**Inhaltsstoffe von Meerwasser**

mit einer Salinität von 35 ‰:

(Nach: Kalle in Beveridge, 1987)

| Elemente | Symbol/Formel | % | g/kg | mÄ/kg* |
|---|---|---|---|---|
| Kationen | | | | |
| Natrium | Na | 30,60 | 10,752 | 467,56 |
| Magnesium | Mg | 3,70 | 1,295 | 106,50 |
| Kalzium | Ca | 1,20 | 0,416 | 20,76 |
| Kalium | K | 1,10 | 0,375 | 10,10 |
| Strontium | Sr | 0,02 | 0,008 | 0,18 |
| Anionen | | | | |
| Chlorid | Cl | 55,00 | 19,345 | 545,59 |
| Brom | Br | 0,20 | 0,066 | 0,83 |
| Fluor | F | 0,00 | 0,001 | 0,07 |
| Sulfat | $SO_4$ | 7,70 | 2,701 | 56,23 |
| Hydrogenkarbonat[X] | $HCO_3$ | 0,40 | 0,145 | - |
| Borsäure | $H_3BO_3$ | 0,08 | 0,027 | - |

* = Milliäquivalente = g/kg : Atomgewicht x Ionenladung x 1.000; [X] = pH-Wert abhängig.

Die Salinität hat auch einen Einfluss auf den Sauerstoffgehalt, sowie die Eisbildung, so friert Süßwasser bei 0 °C, Meerwasser hingegen erst bei -1,89 °C. Der Gefrierpunkt (T) von Salzwasser kann, in Abhängigkeit von der Salinität (S), wie folgt berechnen werden: T = -0,054 x S.

Die Salinität des Blutes von Fischen (und anderen Wirbeltieren) beträgt etwa 7-9 ‰. Bei diesem Salzgehalt des Umgebungswassers ist auch die für die Osmoseregulation nötige Energie am geringsten.

#### 4.2.4.2. Leitfähigkeit

Die Leitfähigkeit einer Substanz ist definiert als die Fähigkeit Elektrizität, Wärme oder Schall zu übertragen. Die elektrische Leitfähigkeit (auch Konduktivität genannt) ist eine physikalische Größe, die angibt, wie stark die Fähigkeit eines Stoffes ist, elektrischen Strom zu leiten. Sie wird meist in Siemens pro Meter (S/m), Millisiemens pro Zentimeter (mS/cm) oder Mikrosiemens pro Zentimeter (µS/cm) und einer Bezugstemperatur (meist 20 oder 25 °C) angegeben.

Die elektrische Leitfähigkeit ist eine wichtige Eigenschaft, aus der Rückschlüsse auf die Qualität des Wassers geschlossen werden können. Grundsätzlich ist destilliertes Wasser kaum leitfähig. Werden dem Wasser Salze, Säuren oder Basen hinzugefügt, die in wässriger Lösung freibewegliche Ionen freisetzen, steigt die Leitfähigkeit. Durch die Messung dieser Leitfähigkeit kann also auf die Menge der im Wasser gelösten Ionen geschlossen werden. Sie ist auch temperaturabhängig und steigt mit der Temperatur. Die elektrische Leitfähigkeit ist daher ein Indikator für die Menge der im Wasser insgesamt gelösten Feststoffe, ersetzt aber nicht die genaue chemische Analyse der darin jeweils gelösten Einzelstoffe.

Die elektrische Leitfähigkeit (EC) kann auch als Messung der Ionenaktivität einer Lösung in Bezug auf ihre Kapazität zur Leitung des elektrischen Stromes aufgefasst werden. Die Konzentration der gesamten gelösten Ionen im Wasser wird als Total Dissolved Solids (TDS) angegeben. In verdünnten Lösungen sind EC und TDS einigermaßen miteinander vergleichbar. Der TDS einer Wasserprobe basiert auf der Messung der Leitfähigkeit und kann mittels folgender Gleichung berechnet werden: TDS (mg/l) = 0,5 x EC (µS/cm). Wenn die Konzentration der Lösung jedoch einen TDS >1000 mg/l und eine EC >2000 mS/cm aufweist, so sinkt aufgrund der Nähe der Ionen zueinander deren Aktivität und als Folge dessen die Fähigkeit Strom zu leiten. Bei hohen TDS-Werten steigt daher der Quotient aus TDS/EC und das Verhältnis tendiert in Richtung TDS = 0,9 x EC (µS/cm). Für die Messung der elektrischen Leitfähigkeit gibt es digitale Messgeräte, die auch die Temperatur messen und Salinität sowie TDS berechnen.

Für die Produktion von Süßwasserfischen sollte die elektrische Leitfähigkeit mindestens 90 µS/cm betragen. Niedrigere Werte treten bei Schmelzwasser und höhere Werte treten im Salzwasser auf. Für die Produktion von Salzwasserfischen sollte die elektrische Leitfähigkeit höchstens 50.000 µS/cm betragen. Im Süßwasser kann die Leitfähigkeit, verursacht durch Kalk (Bikarbonate), auch vom Säure-Bindungs-Vermögen abgeleitet werden: SBV (mval/l) x 90 = µS/cm. Gelöste Salze (Sulfate, Chloride) bewirken aber eine sogenannte Restleitfähigkeit.

### 4.2.5. Kalkgehalt

Der Kalkgehalt des Wassers lässt sich auf verschiedene Weise angeben und hat Auswirkungen auf den pH-Wert, das Säurebindungsvermögen und den Härtegrad.

#### 4.2.5.1. Wasserstoffionen

Der pH-Wert (potentia Hydrogenii) ist das Maß für die Konzentration an Wasserstoffionen in einer Flüssigkeit und wird als pH angegeben ($-\log_{10} [H^+]$). Er hat einen wesentlichen Einfluss auf die Toxizität von Wasserinhaltsstoffen.

Die Skala geht von 0-14, wobei pH 0 sehr stark sauer ist, pH 7 dem Neutralpunkt entspricht und pH 14 sehr stark alkalisch ist. Ob eine wässrige Lösung sauer, neutral oder basisch reagiert, hängt vom Verhältnis der $H^+$ zu den $OH^-$ Ionen ab. Überwiegen die $H^+$ Ionen, ist die Lösung sauer, überwiegen die $OH^-$ Ionen, ist die Lösung alkalisch (basisch), befinden sich beide im Gleichgewicht, ist die Lösung neutral (Steinbach, 2018). Da die Skala logarithmisch ist, ist Wasser mit einem pH-Wert von 5 etwa 10 Mal saurer als Wasser mit einem pH-Wert von 6. Für die Messung des pH-Wertes gibt es heute digitale Messgeräte, die gegebenenfalls auch die Redoxspannung messen.

Zu hohe oder zu niedrige pH-Werte haben negative Auswirkungen auf Fische. Der pH-Wert beeinflusst Enzymaktivität und Funktion von Organen und Organellen wasserlebender Organismen ebenso, wie bei den Fischen den Übergang oder die Abgabe von Ammoniak ($NH_3$) und Kohlendioxid ($CO_2$) über die Kiemen ins Blut oder Wasser (Steinbach, 2018).

**Auswirkungen des pH-Werts**
auf heimische Fischarten:
(Nach: Steinbach, 2018)

| pH-Wert | Auswirkung |
|---|---|
| unter 4,0 | Tödlich für alle heimischen Fischarten |
| unter 4,5 | Gefährlich für Karpfen |
| unter 5,0 | Gefährlich für Jungfische aller heimischen Fischarten, sowie Forellen |
| unter 6,0 | Erträglich für viele heimischen Fischarten |
| 7,0-8,0 | Ideal für alle heimischen Fischarten |
| über 9,0 | Gefährlich für Forellen und Barsche |
| über 10,0 | Gefährlich für Jungfische aller heimischer Fischarten, sowie Plötzen |
| über 10,5 | Gefährlich für alle anderen heimischen Fischarten |
| über 11,0 | Tödlich für alle heimischen Fischarten |

Der pH-Wert eines Gewässers wird von der Versauerung aus der Luft und der Neutralisation aus dem Gestein beeinflusst. Regenwasser, das sich mit Kohlendioxyd ($CO_2$) der Atmosphäre im Gleichgewicht befindet, weist einen pH-Wert von 5,6 auf. In Einzugsgebieten mit hartem Gestein (Granit, Gneis, Quarz), wie in Ostkanada und Skandinavien sowie im Amazonas- und Kongo-Becken, sind die Gewässer arm an Kalk und reich an Huminsäuren (Beveridge, 1987).

Die Stoffwechseltätigkeit von Fischen (und anderen Organismen) kann den pH-Wert ebenfalls verändern. Bei der Dissimilation wird Sauerstoff ($O_2$) produziert und der pH-Wert steigt an. Bei der Assimilation wird Kohlendioxid ($CO_2$) produziert und der pH-Wert sinkt. Der Grad der Änderung des pH-Wertes ist von der Pufferkapazität des Wassers abhängig (Steinbach, 2018).

Meerwasser ist üblicherweise gut gepuffert, der pH-Wert liegt im leicht alkalischen Bereich und unterliegt keinen starken täglichen oder saisonalen Schwankungen. Süßwasser hingegen kann vom sauren Bereich (Skandinavien) bis zum alkalischen Bereich (Wüstengebiete) reichen, und täglichen oder saisonalen Schwankungen unterliegen. Aber auch die Nährstoffbelastungen und Fischausscheidungen der Gehegeproduktion können helfen, die Pufferkapazität etwas zu erhöhen.

Der pH-Wert lässt sich jedoch durch die Zugabe von Kalk, wie Gesteinskalk ($CaCO_3$), Branntkalk ($CaO$) oder Hydratkalk ($Ca[OH]_2$), erhöhen. In Skandinavien wurde beispielsweise in Seen mit gemahlenem (0,25-0,75 mm) Calciumkarbonat ($CaCO_3$) in einer Dosis von 10-30 g/m$^3$ der pH-Wert von 4-5 auf 6-7 erhöht (Beveridge, 1987).

### 4.2.5.2. Säurebindungsvermögen

Das Säurebindungsvermögen bzw. genauer das Salzsäure-Bindungs-Vermögen (SBV), auch Alkalinität genannt, hängt vom Kalkgehalt ab, denn je höher der Kalkgehalt des Wassers, desto mehr $H^+$ Ionen kann es abpuffern. Das SBV wird üblicherweise in mval/l angegeben.

Das Säurebindungsvermögen wird bestimmt, indem die Menge an 0,1 n Salzsäure gemessen wird, die einen Farbumschlag der mit einer Indikatorlösung (Methylorgane) versehenen Wasserprobe bewirkt. Mit anderen Worten, ein gut gepuffertes Wasser kann ohne stärkere pH-Änderung eine bestimmte begrenzte Menge Säure „vertragen“. Schlecht gepuffertes Wasser dagegen reagiert bei Säurezufuhr sofort mit einer unter Umständen erheblichen pH-Senkung (Steinbach, 2018).

Für die Fischzucht sollte, um schnelle und starke pH-Schwankungen nach unten (<7) zu vermeiden, das SBV >1 mval/l (bzw. 0,5 mmol/l) betragen.

#### 4.2.5.3. Härtegrade

Die Gesamthärte (GH) eines Wassers entspricht der Summe aller Ionen der Erdalkalimetalle von Calcium und Magnesium, sowie Strontium, Beryllium, Radium und Barium; wobei die letzten vier in der Regel so selten vorkommen, dass sie ohne Bedeutung sind. Die Karbonathärte (KH) wird fast ausschließlich durch die Summe der Salze der Kohlensäure mit den Erdalkalimetallen gebildet. Es entstehen dann Calciumhydrogencarbonat $Ca(HCO_3)_2$ und/oder Magnesiumhydrogencarbonat $Mg(HCO_3)_2$. Mit den Alkalimetallen wird vor allem Natron oder Natriumhydrogencarbonat ($NaHCO_3$) gebildet. Die Nichtkarbonathärte (NKH) wird durch die Summe der Salze der Erdalkalimetalle mit anderen Säuren wie z. B. Schwefelsäure ($H_2SO_4$) und Calcium gebildet, wobei Calciumsulfat ($CaSO_4$) oder Gips entsteht. Die Karbonathärte oder auch temporäre Härte wird durch Kochen verringert, dabei fällt Kesselstein (vor allem Calcium und Magnesiumcarbonat) aus. Die Nichtkarbonathärte oder permanente Härte bleibt auch beim Kochen erhalten (Steinbach, 2018).

Der Kalkgehalt eines Wassers wird in Härtegraden (H°) angegeben. Die Karbonathärte entspricht dabei den deutschen Härtegraden (1 °d bzw. auch 1 °dH). 1 Grad deutscher Härte entspricht: 10,00 mg/l Calciumoxid (CaO) = 17,86 mg/l Calciumcarbonat ($CaCO_3$) = 7,14 mg/l Calcium (Ca) oder 7,19 mg Magnesiumoxid (MgO) = 15,00 mg Magnesiumcarbonat ($MgCO_3$). Die Karbonathärte kann auch vom Säure-Bindungs-Vermögen berrechnet werden: SBV (mval/l) x 2,8 = °dH (Karbonathärte).

Wasser mit einem Härtegrad von 8,4-14,0 °dH bzw. 1,5-2,5 mmol $CaCO_3$/l gilt dabei (in Deutschland) als mittel, darunter als weich und darüber als hart. Für die Fischzucht sollte der Härtegrad >5,6 °dH bzw. 1 mmol $CaCO_3$/l betragen (1 °dH = 0,1783 mmol $CaCO_3$/l).

Es gibt aber auch noch von der deutschen Berechnung abweichende englische, französische, russische und amerikanische Härtegrade. So entsprechen einem deutschen Härtegrad = 1,25 englische Härtegrade = 1,78 französische Härtegrade = 7,12 russischen Härtegrade und = 17,80 amerikanischen Härtegrade (Steinbach, 2018).

### 4.2.6. Stickstoff

Stickstoff (N) gelangt, neben der Belüftung, vor allem als Produkt der

Proteinverdauung von Fischen in Form von Ammoniak (ca. 90 %) oder Harnstoff (ca. 10 %) ins Wasser. Weitere Stickstoffquellen sind z. B. Algen und Futterreste. Nitrifizierende Bakterien im Gewässer oxidieren dabei, unter sauerstoffreichen (anaeroben) Bedingungen, fischgiftiges Ammoniak/ Ammonium ($NH_3$/$NH_4$) über Nitrit ($NO_2$) zum relativ ungiftigen Nitrat ($NO_3$) als Zwischenprodukt. Denitrifizierende Bakterien im Gewässer reduzieren dann, unter sauerstofflosen (anoxischen) Bedingungen, Nitrat ($NO_3$) über mehrere Schritte zu gasförmigen Stickstoff ($N_2$) als Endprodukt.

Ammoniak/Ammonium ($NH_3$/$NH_4$), Nitrit ($NO_2$) und Nitrat ($NO_3$) werden in mg/l gemessen und angegeben. In einigen Veröffentlichungen ist es üblich, den ermittelten Wert auf den Stickstoffanteil der jeweiligen Verbindung zu beziehen. Bei ungenauem Lesen kann das zu einigen Missverständnissen über die tatsächliche Belastung führen. Es heißt dann z. B. 1 mg/l $NO_2$-N (lies/sprich Nitrit-Stickstoff). Diese Schreibweise wird häufig von Behörden gewählt und daher auch Anlagenbetreibern für die Meldungen vorgeschrieben, wenn es um die Bilanzierung von Frachten (z. B. Abwasserbelastung) geht. Sie lässt sich leichter in Gesamt-Stickstoff umrechnen, der wichtig ist für die Bestimmung der Fracht an Stickstoff, die einem Gewässer zugemutet werden kann oder darf (Steinbach, 2018).

1 mg $NH_4$-N (lies/sprich: Ammonium-Stickstoff) entspricht 1,288 mg $NH_4^+$
1 mg $NO_2$-N (lies/sprich: Nitrit-Stickstoff) entspricht 3,280 mg $NO_2^-$
1 mg $NO_3$-N (lies/sprich: Nitrat-Stickstoff) entspricht 4,427 mg $NO_3^-$

Für die Messung von Ammonium und Nitrat gibt es heute auch digitale Messgeräte, die jedoch nur für Süßwasser geeignet sind. Ansonsten kann man diese Parameter auch mit Reagenzien und einem Photometer oder mit Farbkarten bestimmen.

#### 4.2.6.1. Ammoniak

Der Anteil an fischtoxischem, freiem Ammoniak ($NH_3$) an der Ammoniumkonzentration ($NH_4$) hängt neben der Temperatur und Salinität des Wassers wesentlich vom pH-Wert ab (siehe nachfolgende Tabelle).

Normale Ausscheidung (Exkretion) des beim Eiweißabbau entstehenden Ammoniumstickstoff über die Kiemen ist möglich, wenn der pH-Wert des Wassers gleich oder kleiner als der des Blutes (pH 7,3-7,5) ist. Unter diesen Bedingungen diffundiert Ammonium ungehindert aus dem Blut ins Wasser, selbst gegen höhere Ammoniumgehalte. Ist aber der pH-Wert der Wassers höher als der des Blutes, wird mit steigendem pH-Wert die Diffusion des Ammoniums aus dem Blut bis zur vollständigen Blockade (pH 10,5) vermindert. Ist der pH-Wert im Wasser höher als der des Blutes und tritt gleichzeitig auch Ammonium im Wasser auf, so nimmt mit steigendem pH-Wert auch der Anteil des giftigen Ammoniaks zu. Die Ammoniumausscheidung aus den Kiemen ist dabei zunehmend nicht mehr möglich und es diffundiert Ammoniak aus dem Wasser über die Kiemen ins Blut. In beiden Fällen erfolgt eine Akkumulation im Fisch und es kann zu einer Kiemennekrose und schließlich zu einer Ammoniakvergiftung kommen.

**Prozentualer Anteil von Ammoniak an Ammoniumkonzentrationen,**
in Abhängigkeit von Temperatur und pH-Wert:
(Nach: Emerson in Steffens, 1981)

| °C | pH-Wert | | | | | | | | |
|---|---|---|---|---|---|---|---|---|---|
| | 6,0 | 6,5 | 7,0 | 7,5 | 8,0 | 8,5 | 9,0 | 9,5 | 10,0 |
| 0 | 0,0083 | 0,0261 | 0,083 | 0,261 | 0,82 | 2,55 | 7,64 | 20,7 | 45,3 |
| 1 | 0,0090 | 0,0284 | 0,090 | 0,284 | 0,89 | 2,77 | 8,25 | 22,1 | 47,3 |
| 2 | 0,0098 | 0,0309 | 0,098 | 0,308 | 0,97 | 3,00 | 8,90 | 23,6 | 49,4 |
| 3 | 0,0106 | 0,0336 | 0,106 | 0,335 | 1,05 | 3,25 | 9,60 | 25,1 | 51,5 |
| 4 | 0,0115 | 0,0364 | 0,115 | 0,363 | 1,14 | 3,52 | 10,3 | 26,7 | 53,5 |
| 5 | 0,0125 | 0,0395 | 0,125 | 0,394 | 1,23 | 3,80 | 11,1 | 28,3 | 55,6 |
| 6 | 0,0136 | 0,0429 | 0,135 | 0,427 | 1,34 | 4,11 | 11,9 | 30,0 | 57,6 |
| 7 | 0,0147 | 0,0464 | 0,147 | 0,462 | 1,45 | 4,44 | 12,8 | 31,7 | 59,5 |
| 8 | 0,0159 | 0,0503 | 0,159 | 0,501 | 1,57 | 4,79 | 13,7 | 33,5 | 61,4 |
| 9 | 0,0172 | 0,0544 | 0,172 | 0,542 | 1,69 | 5,16 | 14,7 | 35,3 | 63,3 |
| 10 | 0,0186 | 0,0589 | 0,186 | 0,586 | 1,83 | 5,56 | 15,7 | 27,1 | 65,1 |
| 11 | 0,0201 | 0,0637 | 0,201 | 0,633 | 1,97 | 5,99 | 16,8 | 38,9 | 66,8 |
| 12 | 0,0218 | 0,0688 | 0,217 | 0,684 | 2,13 | 6,44 | 17,9 | 40,8 | 68,5 |
| 13 | 0,0235 | 0,0743 | 0,235 | 0,738 | 2,30 | 6,92 | 19,0 | 42,6 | 70,2 |
| 14 | 0,0254 | 0,0802 | 0,253 | 0,796 | 2,48 | 7,43 | 20,2 | 44,5 | 71,7 |
| 15 | 0,0274 | 0,0865 | 0,273 | 0,859 | 2,67 | 7,97 | 21,5 | 46,4 | 73,3 |
| 16 | 0,0295 | 0,0933 | 0,294 | 0,925 | 2,87 | 8,54 | 22,8 | 48,3 | 74,7 |
| 17 | 0,0318 | 0,101 | 0,317 | 0,996 | 3,08 | 9,14 | 24,1 | 50,2 | 76,1 |
| 18 | 0,0343 | 0,108 | 0,342 | 1,07 | 3,31 | 9,78 | 25,5 | 52,0 | 77,4 |
| 19 | 0,0369 | 0,117 | 0,368 | 1,15 | 3,56 | 10,5 | 27,0 | 53,9 | 78,7 |
| 20 | 0,0397 | 0,125 | 0,396 | 1,24 | 3,82 | 11,2 | 28,4 | 55,7 | 79,9 |
| 21 | 0,0427 | 0,135 | 0,425 | 1,33 | 4,10 | 11,9 | 29,9 | 57,5 | 81,0 |
| 22 | 0,0459 | 0,145 | 0,457 | 1,43 | 4,39 | 12,7 | 31,5 | 59,2 | 82,1 |
| 23 | 0,0493 | 0,156 | 0,491 | 1,54 | 4,70 | 13,5 | 33,0 | 60,9 | 83,2 |
| 24 | 0,0530 | 0,167 | 0,527 | 1,65 | 5,03 | 14,4 | 34,6 | 62,6 | 84,1 |
| 25 | 0,0569 | 0,180 | 0,566 | 1,77 | 5,38 | 15,3 | 36,3 | 64,3 | 85,1 |
| 26 | 0,0610 | 0,193 | 0,607 | 1,89 | 5,75 | 16,2 | 37,9 | 65,9 | 85,9 |
| 27 | 0,0654 | 0,207 | 0,651 | 2,03 | 6,15 | 17,2 | 39,6 | 67,4 | 86,8 |
| 28 | 0,0701 | 0,221 | 0,697 | 2,17 | 6,56 | 18,2 | 41,2 | 68,9 | 87,5 |
| 29 | 0,0752 | 0,237 | 0,747 | 2,32 | 7,00 | 19,2 | 42,9 | 70,4 | 88,3 |
| 30 | 0,0805 | 0,254 | 0,799 | 2,48 | 7,46 | 20,3 | 44,6 | 71,8 | 89,0 |

Der Ammoniakgehalt ($NH_3$) sollte für Kaltwasserfische (wie Lachse und Barsche) nicht über 0,01 mg/l und für Warmwasserfische (wie Karpfen und Welse) nicht über 0,02 mg/l liegen. Natriumionen können die Giftwirkung von

Ammoniak abmildern. In einem derartigen Fall scheiden Fische Ammonium ($NH_4$) über das Kiemenepithel aus. Dies geschieht im Austausch für Natriumionen ($Na^+$) aus dem Umgebungswasser. Da Ammoniak sich physikalisch wie ein in Wasser gelöstes Gas verhält, wirken sich auch Druck und Salzgehalt auf das Dissoziationsgleichgewicht aus. Im Meerwasser ist Ammoniak daher um etwa 30 % weniger toxisch als im Süßwasser.

#### 4.2.6.2. Nitrit

Ähnlich wie zwischen Ammonium ($NH_4$) und Ammoniak ($NH_3$) besteht zwischen Nitrit ($NO_2$) und Salpetriger Säure ($HNO_2$) ein von pH-Wert und Temperatur abhängiges Gleichgewicht (siehe nachfolgende Tab.). Allerdings gilt anders als bei Ammoniak: je niedriger (saurer) der pH-Wert, desto höher ist der Anteil an salpetriger Säure und damit die Gefahr für die Fische.

Nitritvergiftungen führen durch Anlagerung von $NO_2^-$ an die roten Blutkörperchen zu einer Braunfärbung des Blutes. Dabei entsteht aus dem Blutfarbstoff Hämoglobin Methämoglobin. Ein Gehalt von mehr als 10 % Methämoglobin im Blut deutet auf eine $NO_2/HNO_2$ Vergiftung hin. Die roten Blutkörperchen sind dann nicht mehr in der Lage, weiterhin Sauerstoff anzulagern und zu transportieren; der Fisch stirbt an Sauerstoffmangel, obwohl genügend Sauerstoff im Wasser vorhanden ist. Weitere Anzeichen sind eine Schwellung sowie Braun- beziehungsweise Violettfärbung der Kiemen. Ähnlich wie bei erhöhten Ammoniakwerten ist auch eine Verringerung der Energiereserven zu beobachten (Steinbach, 2018).

Als Grenzwerte gelten für Kaltwasserfische (wie Lachse und Barsche) etwa 0,2 µg/l und für Warmwasserfische (wie Karpfen und Welse) etwa 0,4 µg/l $HNO_2$. Chloridionen aus Kochsalz (NaCl) oder Calciumchlorid ($CaCl_2$) können die Giftwirkung von Nitrit weitgehend aufheben. Sie sind ähnlich groß wie die Nitritionen und so in der Lage ersatzweise ein eigentlich nicht vorhandenes Konzentrationsgefälle des im Blut gelösten Nitritions gegenüber dem wässrigen Außenmedium zu erzeugen. Etwa 50 mg Chlorid heben die Wirkung von 1 mg $NO_2$-N (Nitrit-Stickstoff) oder 3,28 mg $NO_2$ (Nitrit) auf.

#### 4.2.6.3. Nitrat

Nitrat ($NO_3$) ist deutlich weniger schädlich für Fische als Ammonium/ Ammoniak oder Nitrit/Salpetrige Säure. Hohe Nitratgehalte stellen jedoch einen nicht unerheblichen Stressor für Fische dar und können verantwortlich sein für Hautgeschwüre, nachlassende Futteraufnahme und schleichende Verluste. Als Grenzwerte gelten für Lachse und Barsche etwa 200 mg/l, für Störe und Aale etwa 400 mg/l, für Karpfen und Welse etwa 600 mg/l $NO_3$.

**Prozentualer Anteil von Salpetriger Säure an Nitritkonzentrationen,**
in Abhängigkeit von Temperatur und pH-Wert:
(Nach: Wedemeyer & Schreckenbach in Bohl, 1999)

| °C | pH-Wert | | | | | | | | | |
|---|---|---|---|---|---|---|---|---|---|---|
| | 6,0 | 6,1 | 6,2 | 6,3 | 6,4 | 6,5 | 6,6 | 6,7 | 6,8 | 6,9 |
| 1 | 0,344 | 0,274 | 0,217 | 0,173 | 0,137 | 0,109 | 0,087 | 0,069 | 0,055 | 0,043 |
| 2 | 0,338 | 0,269 | 0,213 | 0,169 | 0,135 | 0,107 | 0,085 | 0,067 | 0,054 | 0,042 |
| 3 | 0,331 | 0,263 | 0,210 | 0,166 | 0,132 | 0,105 | 0,083 | 0,066 | 0,053 | 0,042 |
| 4 | 0,325 | 0,258 | 0,205 | 0,163 | 0,129 | 0,103 | 0,082 | 0,065 | 0,052 | 0,041 |
| 5 | 0,320 | 0,254 | 0,201 | 0,160 | 0,127 | 0,101 | 0,080 | 0,064 | 0,051 | 0,040 |
| 6 | 0,314 | 0,249 | 0,198 | 0,157 | 0,125 | 0,099 | 0,097 | 0,063 | 0,050 | 0,039 |
| 7 | 0,308 | 0,244 | 0,194 | 0,154 | 0,122 | 0,097 | 0,077 | 0,061 | 0,049 | 0,038 |
| 8 | 0,302 | 0,240 | 0,191 | 0,151 | 0,120 | 0,096 | 0,076 | 0,060 | 0,048 | 0,038 |
| 9 | 0,296 | 0,236 | 0,187 | 0,149 | 0,118 | 0,093 | 0,074 | 0,059 | 0,047 | 0,037 |
| 10 | 0,290 | 0,231 | 0,183 | 0,146 | 0,116 | 0,092 | 0,073 | 0,058 | 0,046 | 0,037 |
| 11 | 0,286 | 0,227 | 0,180 | 0,143 | 0,114 | 0,090 | 0,072 | 0,057 | 0,045 | 0,036 |
| 12 | 0,281 | 0,233 | 0,177 | 0,141 | 0,112 | 0,089 | 0,070 | 0,056 | 0,044 | 0,035 |
| 13 | 0,275 | 0,219 | 0,174 | 0,138 | 0,109 | 0,087 | 0,069 | 0,055 | 0,043 | 0,034 |
| 14 | 0,274 | 0,218 | 0,173 | 0,137 | 0,108 | 0,086 | 0,068 | 0,054 | 0,042 | 0,034 |
| 15 | 0,265 | 0,210 | 0,168 | 0,133 | 0,105 | 0,084 | 0,067 | 0,053 | 0,041 | 0,033 |
| 16 | 0,260 | 0,207 | 0,164 | 0,130 | 0,104 | 0,082 | 0,065 | 0,052 | 0,040 | 0,033 |
| 17 | 0,255 | 0,203 | 0,161 | 0,128 | 0,102 | 0,081 | 0,064 | 0,051 | 0,040 | 0,032 |
| 18 | 0,250 | 0,199 | 0,158 | 0,126 | 0,099 | 0,079 | 0,063 | 0,050 | 0,039 | 0,031 |
| 19 | 0,246 | 0,195 | 0,155 | 0,123 | 0,098 | 0,078 | 0,062 | 0,049 | 0,039 | 0,031 |
| 20 | 0,242 | 0,192 | 0,153 | 0,121 | 0,096 | 0,077 | 0,061 | 0,048 | 0,038 | 0,030 |
| 21 | 0,238 | 0,189 | 0,150 | 0,119 | 0,095 | 0,075 | 0,060 | 0,047 | 0,038 | 0,030 |
| 22 | 0,233 | 0,185 | 0,147 | 0,117 | 0,093 | 0,074 | 0,058 | 0,046 | 0,037 | 0,029 |
| 23 | 0,229 | 0,182 | 0,144 | 0,115 | 0,091 | 0,072 | 0,057 | 0,046 | 0,036 | 0,029 |
| 24 | 0,224 | 0,178 | 0,142 | 0,112 | 0,089 | 0,071 | 0,056 | 0,045 | 0,036 | 0,028 |
| 25 | 0,220 | 0,175 | 0,139 | 0,110 | 0,088 | 0,070 | 0,055 | 0,044 | 0,035 | 0,028 |

**Anmerkung:** Für andere pH-Werte Multiplikation mit folgenden Faktoren -
für pH 5,0-5,9: Tabellenwert x 10
für pH 7,0-7,9: Tabellenwert x $10^{-1}$
für pH 8,0-8,9: Tabellenwert x $10^{-2}$
für pH 9,0-9,9: Tabellenwert x $10^{-3}$

## 4.2.7. Oxidierbarkeit

Der Biologische Sauerstoff Bedarf (BSB) ist die Menge an gelöstem Sauerstoff, die zum völligen oxidativem biologischen Abbau organischer Stoffe, nicht aber Ammonium oder Nitrit, in einem Liter Wasser bei 20 °C benötigt wird. Die Maßangabe erfolgt in g/m³ oder mg/l. Der Abbau wird auf einen definierten Zeitraum bezogen, zumeist 2 oder 5 Tage. Die beigefügte tief gesetzte Zahl 2 oder 5 gibt die Anzahl der Tage an, die der Messung zugrunde gelegt wurde. Der $BSB_5$ gibt folglich die Sauerstoffmenge an, die von den kohlenstoffabbauenden (heterotrophen) Bakterien im Verlauf von 5 Tagen verbraucht wurde. Der BSB wird zur Beurteilung der organischen Verschmutzung eines Wassers und des Anteils an leicht abbaubaren organischen Substanzen verwendet (Steinbach, 2018). Die Umrechnung von $BSB_2$ in $BSB_5$ kann durch Multiplikation mit dem Faktor 1,85 erfolgen.

Im Wasser finden sich eine Reihe von organischen Schmutzstoffen, die sich mit der BSB Messung nicht erfassen lassen, da sie biologisch nicht oder nur sehr schwer, beziehungsweise langsam, abgebaut (oxidiert) werden können. Daher wurde früher der Kalium-Permanganat-Verbrauch (PV) gemessen. Die Wasserprobe wird dazu mit Kaliumpermanganat ($KMnO_4$) in saurem Milieu gekocht. Das dabei verbrauchte $KMnO_4$ wird als Maß für den Gehalt an Schmutzstoffen genommen und in mg/l angegeben. Aber auch diese Methode erfasst nicht alle oxidierbaren Stoffe, außerdem kann Chlorid die Messung stören, da es von $KMnO_4$ zu Chlor oxidiert wird, daher wird heute meist der CSB bestimmt.

Der Chemische Sauerstoff Bedarf (CSB) ist ein Indikator für die organische Verschmutzung, samt Ammonium und Nitrat. Die zu bestimmende Wasserprobe wird dabei mit Kalium-di-chromat ($K_2Cr_2O_7$) in schwefelsaurer Lösung bei 148 °C gekocht. Aus dem Chromat-Verbrauch (der Abnahme der Ausgangsmenge) wird der Sauerstoffverbrauch errechnet und der ermittelte Wert wird in mg/l angegeben (Steinbach, 2018).

Das Verhältnis von BSB zu CSB gibt Auskunft über die biologische Abbaubarkeit von Wasserinhaltstoffen. Ist das Verhältnis größer als 1:5, ist das Wasser in der Regel biologisch nicht, nicht mehr oder zumindest nicht mit vertretbarem Aufwand (Zeit mehrere Wochen oder Monate) zu reinigen, da die Wasserinhaltsstoffe nur von äußerst langsam wachsenden, hoch spezialisierten Mikroorganismen oder gar nicht angegriffen werden können. Generell sollte der $BSB_2$ 4 mg/l und der CSB 20 mg/l nicht übersteigen.

Die Anreicherung mit biologisch schwer abbaubaren Stoffen kann in Gewässern auch an der Wasserfärbung erkannt werden. Ein großer Teil dieser Inhaltsstoffe besteht aus Huminsäuren oder Huminstoffen, die dem Wasser eine braune, nicht filtrierbare Färbung geben. Sie haben in Wasser, in dem Fische gehalten werden, den Vorteil bakteriostatisch, antiparasitisch und antiviral zu wirken und darüber hinaus mit etwa vorhandenen Schwermetallen (wie Kupfer und Zink) Verbindungen (Chelate) einzugehen, die deren Giftwirkung aufheben oder stark vermindern. Auch die Giftwirkung von Ammoniak und Nitrit wird vermindert und die Auswirkung von Stress wird reduziert (Steinbach, 2018).

### 4.2.8. Redoxspannung

Die Redoxspannung (umgangssprachlich auch Redoxpotential genannt) ist ein Messwert, der Auskunft über das Oxidations- bzw. Reduktionsverhalten von Flüssigkeiten gibt. Die Messung erfolgt als elektrische Spannung einer Normal-Wasserstoffelektrode gegenüber der Flüssigkeit und wird in Volt (V) oder Millivolt (mV) angegeben.

Ist die Spannung negativ, überwiegen die Reduktionsmittel. Ist die Spannung positiv, überwiegen die Oxidationsmittel. Bei der Oxidation werden Elektronen abgegeben, also die elektrochemischen Wertigkeit erhöht. Bei der Reduktion werden Elektronen aufgenommen, also die elektrochemischen Wertigkeit erniedrigt (Steinbach, 2018).

Fischzucht wird ausschließlich im positiven Spannungsbereich betrieben, da im negativen kein freier (in Wasser gelöster) Sauerstoff vorkommen kann. Für die Fischzucht sollte der Wert 100-350 mV betragen. Niedrigere Redox-Werte deuten auf reduktive Vorgänge hin wie etwa Wasserverschmutzung, Schlammablagerungen, Fäulnis und Gärung. Höhere Redox-Werte kommen üblicherweise nur in Kreislaufanlagen vor, wie beim Einsatz einer falsch geregelten Ozonanlage, und schaden auf Dauer den Fischen (Steinbach, 2018).

### 4.2.9. Weitere Parameter

Neben den vorher angeführten Wasserinhaltsstoffen gibt es natürlich noch weitere Wasserparameter, die Fische bzw. deren Produktion beeinflussen können, allerdings meist nicht so gravierende Auswirkungen haben (wie Schwebstoffe und Sichttiefe) oder für Fische in Netzgehegen kaum von Bedeutung sind, wie etwa Kohlenstoff (C) und Phosphor (P). Es versteht sich aber von selbst, dass Pestizide (wie Herbizide) sowie Petroleumstoffe (wie Phenole) nichts in Gewässern zu suchen haben sollten.

## 4.3. Kriterien für Betrieb

Für den Betrieb sind vor allem einige Kriterien allgemeiner Art (Ausbildung, Genehmigungen, Verordnungen, Versicherungen, Wirtschaftlichkeit, Nachhaltigkeit etc.) von Bedeutung.

### 4.3.1. Ausbildungen

Für den erfolgreichen Betrieb einer Gehegeanlage bedarf es einer einschlägigen fachlichen Ausbildung. Rechtlich ist keine bestimmte Schulbildung vorgeschrieben, empfohlen ist aber zumindest ein Hauptschulabschluss. Ein Studium der Biologie hilft dabei sicherlich, ist aber nicht unbedingt nötig oder besonders vorteilhaft. In einigen Ländern gibt es regelmäßig einführende oder vorbereitende Kurse, die auch von Laien besucht werden können. Die Berufsausbildung erfolgt im dualen System (Lehrbetrieb und Berufsschule), wobei im Betrieb überwiegend der praktische Teil und in der Schule vornehmlich der theoretische Teil erfolgt. Nach der üblicherweise 3 Jahre dauernden Lehre kann eine Gesellenprüfung und nach insgesamt 7 Jahren eine Meisterprüfung abgelegt werden.

Im deutschen Sprachraum ist der Beruf durchaus regional sehr unterschiedlich als Fischfacharbeiter, Fischwirt, Fischmeister, Fischereimeister, Fischzuchtmeister, Fischwirtschaftsmeister oder Fischereiingenieur etc. bezeichnet. Entscheidend ist dabei nicht der Titel bzw. genauer die Berufsbezeichnung, sondern mit welchem Enthusiasmus der einzelne die Sache angeht, ohne dabei den Bezug zur Realität zu verlieren. Ein Quereinstiger, der einen neuen Betrieb gründet und mit Interesse an der Thematik arbeitet, ist daher oft erfolgreicher als ein Nachfolger, der einen existierenden Betrieb übernimmt, obwohl er es eigentlich gar nicht will.

### 4.3.2. Genehmigungen

Die gesetzlichen Anforderungen für eine Genehmigung von Netzgehegen sind in den verschiedenen Staaten bzw. Ländern durchaus sehr unterschiedlich und reichen von nur einer bis über zehn einzelnen Bewilligungen. In einigen Ländern ist es ohne Probleme schnell möglich, eine Genehmigung zu erlangen, in anderen trotz Erfüllung der Anforderungen fast unmöglich. Vor allem in reichen Ländern importiert man lieber zweifelhaft produzierte Fische aus dem Ausland als eine nachhaltige Inlandproduktion zu unterstützen.

Für die Errichtung und den Betrieb einer Gehegeanlage ist in vielen Ländern eine wasserrechtliche Bewilligung (Bescheid) von der zuständigen Behörde einzuholen, welche auch Belange der Fischerei, der Schifffahrt sowie des Natur- und Landschaftsschutzes entsprechend berücksichtigt. Einige Länder begrenzen damit Gehegegrößen, Standorte, Fischarten, Futtermengen oder Belastungen etc. Dabei kann man gegen einen negativen Bescheid durchaus auch Widerspruch einlegen (Berufung), sofern die Entscheidung aufgrund einer falschen fachlichen Bewertung bzw. Beurteilung ergangen ist.

Neben der generellen Genehmigung braucht es auch die Zustimmung Dritter, deren Eigentum oder Recht mit Errichtung und Betrieb einer Gehegeanlage tangiert oder benötigt wird, wie der Gewässergrund zur Verankerung oder Uferstreifen zur Versorgung. Häufig gehört der Bereich des Gewässerbodens unterhalb der Gezeitenzone im Meer dem Staat (bzw. der Krone) oder der Gewässergrund in einem See oder Fluss einem Staatsbetrieb. Somit muss für die Verankerung eines Geheges von der entsprechend zuständigen Abteilung der öffentlichen Verwaltung eine Bewilligung (Lizenz) dafür eingeholt werden. Der Uferbereich über der Hochwassermarke befindet sich in vielen Ländern in Privatbesitz. Die Zustimmung der Eigentümer (Vertrag) ist ebenfalls nötig, sofern der Uferbereich benutzt wird.

Für den Betrieb einer Gehegeanlage werden in der Regel auch Strukturen an Land wie Büro, Lager, Labor usw., eventuell auch Erbrütungs- oder Verarbeitungsräume benötigt, die, wenn nicht schon vorhanden, ebenfalls erst genehmigt und dann gebaut werden müssen.

### 4.3.3. Verordnungen

In den letzten Jahren und Jahrzehnten wurden zahlreiche Richtlinien und Verordnungen vom Parlament und Rat der Europäischen Union (EU) erlassen, die von den Mitgliedsstaaten in nationale Gesetze umgesetzt werden mussten. Für den Betrieb von Gehegeanlagen bzw. der Produktion von Fischen sind unter anderem folgende Gesetze bzw. Verordnungen von Bedeutung:

In jedem Fall ist für die Haltung von Tieren das Tierschutzgesetz bzw. die Tierhaltungsverordung zu beachten, beim Import von gebietsfremden Arten auch die Neozoenverordnung, bei der Fütterung weiteres das Futtermittelgesetz bzw. die Futtermittelverordnung, bei der Behandlung mit Medikamenten oder bei kranken Fischen auch das Arzneimittelgesetz sowie das Tierseuchen- und Tiergesundheitsgesetz bzw. die Fischseuchenverordnung, bei der Verwendung von Biozidprodukten (für die Netzimprägnierung) weiteres die Biozidverordnung, bei der Vergrämung oder dem Abschuss von Schädlingen das Naturschutz- und Jagdgesetz bzw. die Artenschutzverordnung, beim Transport von Fischen die Tierschutztransportverordnung, beim Schlachten weiteres die Tierschutzschlachtverordnung, beim Verkauf von Speisefischen auch das Produkthaftungs- und Lebensmittelgesetz bzw. die Lebensmittelhygiene- und -informationsverordnung, und beim Verpacken von Fischwaren schließlich das Fischettiketierungsgesetz bzw. die Lebensmittelkennzeichnungsverordnung.

Da sich Gesetze und Verordnungen sehr schnell ändern oder auch neue hinzukommen können, wird hier auf eine Zusammenfassung oder gar Wiedergabe dieser Texte verzichtet und es wird auf die Eigenverantwortung des Betreibers verwiesen, sich über die jeweils aktuell gültige Gesetzeslage in seinem Land zu informieren.

### 4.3.4. Versicherungen

Um sich gegen unvorhersehbare oder existenzbedrohende Ereignisse abzusichern, gibt es entsprechende Versicherungen. Ob und in welchem Umfang eine Versicherung abgeschlossen wird, muss jeder Betreiber für sich selbst entscheiden. Dabei sollte genau analysiert werden, was wirklich notwendig, nur wünschenswert oder auch erschwinglich ist. Während in Afrika und Asien meist keine Versicherungen abgeschlossen werden, gibt es in Europa und Amerika viele verschiedene Versicherungen. Die jährliche Versicherungsprämie beträgt meist 1-10 % der Versicherungssumme, je nach Risiken, Klauseln, Deckungen und Selbstbehalten.

In einigen Ländern sind zumindest Versicherungen für das Personal vorgeschrieben, wie Kranken- und Pensionsversicherung; weiteres gibt es Versicherungen gegen unvorhersehbare Forderungen Dritter, wie Unfall- und Haftpflichtversicherung, gegen extreme Umweltereignisse, wie Sturm eine Unwetterversicherung, gegen außergewöhnliche Verluste während des Transportes eine Transportversicherung, und gegen uneinbringliche Zahlungsausfälle von Kunden eine Forderungsausfallversicherung. In nord-europäischen und -amerikanischen Ländern wird oft auch der Fischbestand selbst gegen Verluste versichert, was im deutschsprachigen Raum zwar möglich doch eher unüblich ist.

### 4.3.5. Wirtschaftlichkeit

Die Wirtschaftlichkeit einer Gehegeanlage oder eines Betriebes hängt neben dem Bewirtschaftungsplan auch vom Vermarktungskonzept ab. So kann eine Kleinanlage die geringere Mengen an schwierigen oder speziellen Besatzfischen produziert, durchaus wirtschaftlicher sein als eine Großanlage die größere Mengen an einfachen oder billigen Speisefischen produziert. Einen wesentlichen Einfluss auf die Wirtschaftlichkeit haben auch die Verarbeitung und der Verkauf. So erzielt man mit einem Verkauf von verarbeiteten Fischen an Endverbraucher normalerweise höhere Preise und eine höhere Wertschöpfung als mit einem Verkauf von unverarbeiteten Fischen an Zwischenhändler.

Auswirkungen auf die Wirtschaftlichkeit haben auch die Investitionskosten, welche je nach Region und Gewässer sehr unterschiedlich sein können, wobei es auch Förderungen bis zu 50 % (in Ausnahmefällen auch bis zu 100 %) gibt. In der Europäischen Union werden Investitionen im Bereich der Fischproduktion aktuell über den Europäischen Meeres- und Fischereifonds (EMFF) gefördert. Er ist das Finanzierungsinstrument der gemeinsamen Fischereipolitik, in dessen Rahmen viele Länder ein Förderprogramm durchführen. Es handelt sich um eine von Europäische Union, Bund und Ländern kofinanzierte Förderung.

In Bezug auf die Wirtschaftlichkeit stehen an zweiter Stelle die Produktionskosten, welche je nach Land und Klima sehr unterschiedlich sein können. Futtermittel machen meist 40-60 % davon aus. Durch Verbesserungen und Einsparungen können die Produktionskosten verringert werden, so beispielsweise in Norwegen, wo die durchschnittlichen Produktionskosten (für Lachse und Forellen) von € 7,- im Jahr 1985 auf 2,- in Jahr 2000 gesenkt werden konnten (Halwart et al., 2007).

Auch eine bereits vorhandene Infrastruktur (Büro-, Lager-, Brut- oder Verarbeitungsraum usw.) hat selbstverständlich Auswirkungen auf die Wirtschaftlichkeit. Besonders wirtschaftlich sind daher kleinere Gehegeanlagen, wenn sie in einen bestehenden Betrieb zur Steigerung der Fischproduktion integriert werden können. Beispielsweise Gehege in einem großen Teich zur Produktion von Karpfen oder Welsen in einem Teichwirtschaftsbetrieb oder Gehege in einem See zur Produktion von Forellen oder Maränen in einem Seenfischereibetrieb.

### 4.3.6. Nachhaltigkeit

Die Fischproduktion in Netzgehegen ist nicht nur in wirtschaftlicher Hinsicht zu bewerten. Relevant sind auch die Auswirkungen auf die Verwendung und den Wert eines Gewässers. Nachhaltig ist eine Produktion, wenn sie die Produktionskapazität bei extensiver Produktion bzw. die Haltungskapazität bei intensiver Produktion nicht überschreitet. Es gilt, das Gewässer so zu bewirtschaften, dass eine nachteilige Veränderung des ökologischen und chemischen Zustandes vermieden wird (Verschlechterungsverbot).

#### 4.3.6.1. Extensive Produktion

Eine extensive Fischproduktion (ohne Zufütterung) gibt keine zusätzlichen Nährstoffe ins Wasser ab, da die Fischnahrung (Plankton, Nekton) aus dem Gewässer selbst stammt. Diese Produktionsform kann daher zwar die Produktivität etwas verringern, jedoch den Zustand des Gewässers sogar verbessern.

Diese Produktionsform ist ökologisch absolut unbedenklich in ihren Auswirkungen auf das jeweilige Gewässer, da weder gedüngt noch zugefüttert wird. Die Anlagentechnik kann so gebaut werden, dass keinerlei Fremdstoffe (Farbstoffe, Metallsalze) in das Gewässer abgegeben werden (Steiner & Hochleithner, 2016).

#### 4.3.6.1.1. Herbivore Fische

In Netzgehegen zur Produktion von herbivoren Fischen (Tilapia, Silberkarpfen) hängt die Produktionskapazität an Fischen in stehenden Gewässern von der Primärproduktion an Phytoplankton ab und beträgt etwa 1.000-3.000 kg/ha Gewässerfläche und Jahr (siehe nachfolgende Tabelle).

**Umsatzeffizienz der Fischproduktion***,
in Abhängigkeit von der Primärproduktion an Kohlenstoff (C):
(Nach: Beveridge, 1987)

| **Primärproduktion** | **Umsatzrate** | **Fischproduktion*** |
|---|---|---|
| C g/m²/a | % | g/m²/a |
| <1.000 | 1,0-1,2 | 100-120 |
| 1.000-1.500 | 1,2-1,5 | 120-150 |
| 1.500-2.000 | 1,5-2,1 | 150-210 |
| 2.000-2.500 | 2,1-3,2 | 210-320 |
| 2.500-3.000 | 3,2-2,1 | 320-210 |
| 3.000-3.500 | 2,1-1,5 | 210-150 |
| 3.500-4.000 | 1,5-1,2 | 150-120 |
| 4.000-4.500 | 1,2-1,0 | 120-100 |
| >4.500 | ≈1,0 | ≈100 |

* Bei einem angenommenen Kohlenstoffgehalt von 10 % im Frischfisch.

Auf der Erde nimmt die Primärproduktion von den Polen zum Äquator hin kontinuierlich zu. Diese Produktionsform eignet sich deshalb vor allem für tropische Zonen.

#### 4.3.6.1.2. Planktivore Fische

In Netzgehegen zur Aufzucht von Jungfischen, in denen Zooplankton durch Licht angelockt wird, hängt die Produktionskapazität an planktivoren Fischen in stehenden Gewässern von der Nährstofflage bzw. Trophie ab und beträgt (oligo-, meso- und eutroph) bis zu 1, 2 bzw. 3 kg/m³ Gehegevolumen und Jahr (Steiner & Hochleithner, 2016).

Der Planktonverbrauch beträgt wegen der verlustlosen Futterverwertung nur einen Teil der in herkömmlichen landgebundenen Aufzuchtanlagen verbrauchten Planktonmengen. Diese Produktionsform eignet sich auch für gemäßigte Zonen.

#### 4.3.6.1.3. Benthivore Fische

In Netzgehegen, die an allen Seiten aus einem Zaun aus Netzmaterial, auf einem natürlichen Boden bestehen (Umschließungen), und so auch Bodentiere (Insekten, Würmer etc.) als Naturnahrung für benthivore Fische (Karpfen) genutzt werden, hängt die Produktionskapazität an Fischen in stehenden Gewässern vom Kalk- und Nährstoffgehalt ab und beträgt etwa 100-300 kg/ha Gewässerfläche und Jahr.

Die Benthosnahrung wird manchmal auch durch Zufütterung mit Pflanzensamen ergänzt (halbintensive Produktion). Umschließungen können sehr groß sein (bis zu 1.000 ha), sind aber schwierig zu bewirtschaften, da man sie nicht vollständig abfischen oder entleeren kann (außer im Überschwemmungsbereich). Diese Produktionsform wird daher heute selten angewendet.

#### 4.3.6.1.4. Carnivore Fische

In Netzgehegen zur Laichtierhaltung von carnivoren Fischen (Lachse, Barsche), in denen minderwertige Futterfische (Stinte, Grundeln etc.) aus dem Gewässer gefangen und als Naturnahrung verfüttert werden, hängt die Produktionskapazität an Fischen vom Fangertrag an Futterfischen und deren Futterquotient (5-15) ab und beträgt etwa 10-30 kg/ha Gewässerfläche und Jahr.

Die Fischnahrung wird manchmal auch durch Zufütterung mit Trockenfutter (Pellets) ergänzt, wobei die Produktion dann, je nach Anteil des Trockenfutters, zumindest als halbintensiv, wenn nicht schon als intensiv gilt. Diese Produktionsform wird gelegentlich angewendet und eignet sich für alle Zonen.

### 4.3.6.2. Halbintensive Produktion

Eine halbintensive Fischproduktion (Zufütterung mit Pflanzensamen) gibt jedoch zusätzlich Nährstoffe ins Wasser ab, da Beifutter (Getreide, Hülsenfrüchte) dem Gewässer zugeführt wird. Diese Produktionsform kann die Produktivität kaum verringern und auch den Zustand des Gewässers selten verschlechtern.

Diese Produktionsform ist ökologisch kaum bedenklich, es sein denn, es wird zusätzlich noch mit organischen oder anorganischen Düngemitteln gedüngt. Die Produktions- bzw. Haltungskapazität errechnet sich nach der für die extensive Produktion bezüglich Naturnahrung (siehe oben) zuzüglich der für die intensive Produktion bezüglich Beifutter (siehe unten).

#### 4.3.6.3. Intensive Produktion

Eine intensive Fischproduktion (mit Zufütterung) gibt auch zusätzliche Nährstoffe ins Wasser ab, da das Fischfutter (Pellets) dem Gewässer zugeführt wird. Diese Produktionsform kann daher nicht nur die Produktivität erhöhen, sondern auch den Zustand des Gewässers verschlechtern. Diese Produktionsform ist dann ökologisch bedenklich, wenn die Haltungskapazität bzw. Selbstreinigungskraft des Gewässers überschritten wird und sich der Trophiegrad (Nährstofflage) bzw. Saprobiegrad (Nährstoffbelastung) des Gewässers erhöht.

**Trophiegrade**
stehender Gewässer:

| **Güteklasse** | **I.** | **II.** | **III.** | **IV.** |
|---|---|---|---|---|
| Trophiestufe | oligotroph | mesotroph | eutroph | polytroph |
| Sichttiefe (m) | >7 | 3-7 | 1-3 | <1 |
| Chlorophyllgehalt (mg/m³) | <3 | 3-7 | 7-11 | >11 |
| Phosphorgehalt (mg/m³) | <15 | 15-45 | 45-150 | >150 |
| Sauerstoffsättigung (%) | >70 | 30-70 | 10-30 | <10 |
| $BSB_2$ (mg/l) | <1 | 1-4 | 4-7 | >7 |
| CSB (mg/l) | <8 | 8-20 | 20-65 | >65 |
| Bakterienanzahl (St/ml) | <100 | 100-10.000 | 10.000-100.000 | >100.000 |

Generell gilt ein stehendes Gewässer als mesotroph, wenn der Gehalt an Gesamtphosphor (P) 15-45 mg und Chlorophyll (a) 3-7 mg pro Kubikmeter, die Sichttiefe 7-3 m und die Sauerstoffsättigung am Ende der Sommerstagnation 70-30 % beträgt, darunter gilt es als oligotroph, darüber als eutroph. Gelegentlich dienen auch noch weitere Werte (Sauerstoffbedarf und Bakterienanzahl) für die Einstufung. Zusätzlich gibt es noch Zwischenstufen (wie meso-eutroph) und gelegentlich wird auch noch eine Stufe davor (ultra-oligotroph) oder danach (hypertroph) verwendet. Polytrophe Gewässer sollten für die Fischproduktion nicht mehr verwendet werden (außer für eine extensive Produktion von Phytoplanktonfressern in den Tropen). Hypertrope Gewässer eignen sich für die Fischproduktion überhaupt nicht mehr.

Generell gilt ein fließendes Gewässer als mesosaprob, wenn der Gehalt an Ammoniumstickstoff 0,1-1,0 mg und der $BSB_5$ 1-10 mg pro Liter, sowie die Sauerstoffsättigung 90-10 % und der Saprobienindex 1,5-3,5 beträgt, darunter gilt es als oligosaprob, darüber als polysaprob. Üblicherweise dient aber nur der Saprobienindex als Wert für die Einstufung. Zusätzlich gibt es noch Zwischenstufen (wie β-mesosaprob bis α-mesosaprob) und gelegentlich wird auch noch eine Stufe davor (xenosaprob) oder danach (eusaprob) verwendet. Polysaprobe Gewässer eignen sich für die Fischproduktion jedoch nicht mehr.

**Saprobiegrade**
fließender Gewässer:

| Güteklasse | I. | II. | III. | IV. |
|---|---|---|---|---|
| Saprobiestufe | oligosaprob | β-mesosaprob | α-mesosaprob | polysaprob |
| Saprobienindex* | <1,5 | 1,5-2,5 | 2,5-3,5 | >3,5 |
| Ammoniumstickstoff (mg/l) | <0,1 | 0,1-0,5 | 0,5-1,0 | >1,0 |
| Sauerstoffsättigung (%) | >90 | 50-90 | 10-50 | <10 |
| BSB$_5$ (mg/l) | <1 | 1-5 | 5-10 | >10 |
| Zustand | gut | mäßig | unbefriedigend | schlecht |

* Nach Abundanz (Häufigkeit) der Bioindikatoren (Kleinlebewesen) im Benthos.

#### 4.3.6.3.1. Belastungsmenge

Bei einer Fischproduktion fallen die Elemente Stickstoff (N) und Phosphor (P) an. Ein Teil dieser Nährstoffe fällt in gelöster Form (Kiemenausscheidung und Urin), der andere Teil in fester Form (Futterreste, Kotpartikel) an.

**Nährstoffbilanz der Fischproduktion**
in Netzgehegen:
(Nach: Wallin & Hakanson in Schmid et al., 2003)

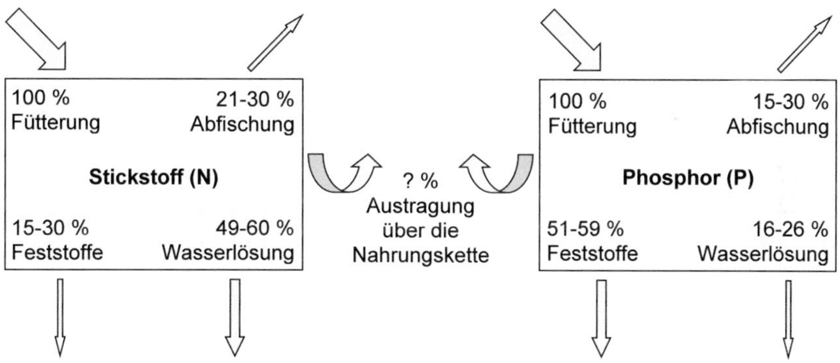


Stickstoff (N) ist Bestandteil des Protein (Eiweiß) und zu etwa 16 % darin enthalten. Er gilt nur im Meer als limitierend für die Produktion, wird jedoch aufgrund der sehr hohen Wasseraustauschraten in vielen Ländern gar nicht berücksichtigt. Alle Tiere benötigen jedoch Protein für Erhaltung und Wachstum. Dieses Protein muss mit der Nahrung zugeführt werden. Der Proteinbedarf, der von Fischart und -größe, aber auch von der Proteinwertigkeit und vom Energiegehalt des Futters abhängt, beträgt etwa 30-60 % des Trockenfutters. Als Produkt der Proteinverdauung wird somit Stickstoff ausgeschieden.

Die anteiligen Stoffe an den Ausscheidungen hängen vom Futter-Quotienten (FQ) ab. Mit modernem Hochenergiefutter (FQ = 1) wird vom Stickstoff (40 % Protein = 64 g N) je Kilogramm etwa 26-30 g im Fisch gespeichert, etwa 8-12 g wird in fester Form über den Darm als Kot und 24-28 g in gelöster Form über die Kiemen als Ammoniak (ca. 90 %) und die Nieren als Harnstoff (ca. 10 %) ins Umgebungswasser ausgeschieden.

Phosphor (P) ist Bestandteil von Protein und zu etwa 0,6 % darin enthalten. Er gilt in den meisten Gewässern als limitierend für die Primärproduktion (Pflanzenproduktion), außer in lichtlimitierten Flachseen, daher wird in vielen Ländern die Belastung mit Nährstoffen anhand von Phosphor bewertet. Alle Fische benötigen jedoch Phosphor für Versorgung und Wachstum. Dieser Phosphor muss mit der Nahrung zugeführt werden. Der Phosphorbedarf, der von Fischart und -größe abhängt, beträgt (bei Aalen, Lachsen, Karpfen, Welsen, Tilapien) etwa 0,3-0,9 % des Trockenfutters. Die meisten Futtermittel beinhalten jedoch wesentlich mehr Phosphor oder in einer Form, die für die Fische teilweise nicht verfügbar ist. Der überschüssige Phosphor wird somit ausgeschieden.

Die anteiligen Stoffe an den Ausscheidungen hängen vom Futter-Quotienten (FQ) ab. Mit modernem Hochenergiefutter (FQ = 1) wird vom Phosphor (1 % = 10 g P) je Kilogramm etwa 3-6 g im Fisch gespeichert, etwa 3-5 g wird in fester Form über den Darm als Kot und 1-2 g in gelöster Form über die Nieren als Harn ins Umgebungswasser ausgeschieden.

Die gesamten Futterverluste (Futterstaub und Futterreste) betrugen früher 10-30 % und auch der Futterquotient (1-3) war in Gehegeanlagen um etwa 20 % höher als in Teichanlagen (Beveridge, 1987). Die Futterverluste werden jedoch heute in Anbetracht der Möglichkeit einer kontrollierten Fütterung, des Einsatzes geeigneter extrudierter Hochenergiefuttermittel und der Futtermittelpreise in der heutigen Zeit als minimal eingeschätzt (Rümmler, 2010-2011).

Die einfache Massebilanz (Nährstoffe durch das Futter zugeführt - Nährstoffe im Fisch gebunden = Nährstoffe ins Wasser abgeführt) erfasst neben den Ausscheidungen der Fische auch die Futterverluste (Rümmler et al., 2003). Die gesamte Phosphorbelastung an organischem und anorganischem sowie gelöstem und gebundenem P kann daher über den Phosphorgehalt im Futter (1-2 %) und den Phosphorgehalt im Fisch (0,3-0,6 %) relativ einfach berechnet werden. Die Fischproduktion in Netzgehegen kann auf diese Weise recht gut über die Begrenzung der jährlichen Futtermenge reguliert werden.

Die Sinkgeschwindigkeit für extrudiertes bzw. pelletiertes Trockenfutter (3-6 mm Ø) beträgt etwa 8-10 bzw. 12-14 cm/s, wobei kleinere Pellets meist langsamer sinken als größere. Die Sinkgeschwindigkeit der ausgeschiedenen Kotpartikel beträgt etwa 0,5-1,5 cm/s. Die meisten Futterreste lagern sich üblicherweise im Umkreis von 5-50 m und die meisten Kotpartikel im Umkreis von 50-500 m um die Gehegeanlage ab. Je nach Strömungsgeschwindigkeit und Wassertiefe können diese Feststoffe aber auch bis 1 km von der Gehegeanlage verdriftet werden.

**Driftdistanzen von Futterpartikeln,**
in Abhängigkeit von Wassertiefe und Strömung:
(Nach: Willoughby, 1999)

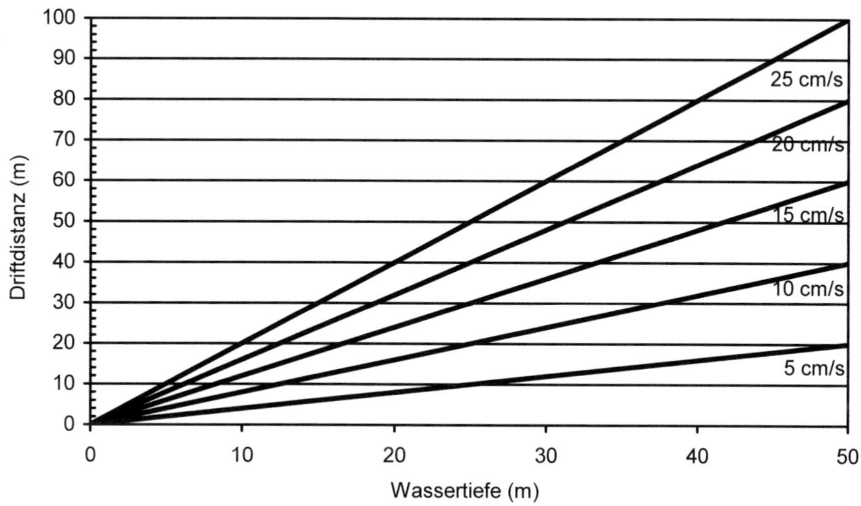


Mit der Sedimentation eines Teils der Ausscheidungsprodukte und Futterreste unter den Netzgehegen wird auch der darin partikulär gebundene Phosphor dem Nährstoffkreislauf des Gewässers weitgehend entzogen. Zudem fressen freilebende Wildfische einen nicht unerheblichen oder sogar den überwiegenden Anteil der absinkenden Feststoffe. Deren Phosphorausscheidungen werden zu unterschiedlichen Anteilen im Wasser gelöst, sedimentieren und werden Teil des Nahrungsnetzes (Aufnahme durch Bakterien, Plankton und Bodentiere). Diese Vorgänge führen dazu, dass die organische Substanz der Netzgehegproduktion über einen größeren Bereich des Gewässergrundes verteilt wird. Die Wildfische sind ebenfalls Teil des natürlichen Nahrungsnetzes. Letztendlich führt die Sedimentation sowie die Inkorporation des Kots und der Futterreste ins

Nahrungsnetz dazu, dass ein bedeutender Anteil des Phosphors, der durch die Netzgehegeproduktion ins Gewässer eingetragen wird, nicht zur Erhöhung der Phosphorkonzentration im See beiträgt und damit auch nicht für die Primärproduktion zur Verfügung steht. Zur größenordnungsmäßigen Abschätzung dieses Einflusses wird ein „unwirksamer" Phosphoranteil der partikulären Ausscheidungen von 75 % angesetzt (30 % der Phosphoreinträge der Gehegeproduktion). In mehreren schwedischen Seen führten diese Effekte dazu, dass die infolge der Netzkäfigproduktion erwartete bzw. berechnete Erhöhung der Phosphorkonzentration im Gewässer nicht aufgetreten ist (Rümmler et al., 2003).

Die zulässige Phosphorkonzentration in einem Gewässer hängt vom Verwendungszweck (z. B. Trinkwasser, Fischwasser, Brauchwasser) ab. Als maximal verträglicher Gehalt an Gesamt-Phosphor für eine Fischproduktion in Netzgehegen in stehenden Gewässern gilt für Kaltwasserfische (wie Forellen) 60 $mg/m^3$ und für Warmwasserfische (wie Karpfen) 150 $mg/m^3$ in gemäßigten und 250 $mg/m^3$ in tropischen Zonen. Die errechneten Werte lassen eine Jahresproduktion an Fischen von bis zu 1-2 t/ha zu (Beveridge, 1987).

In Westdeutschland galt früher, dass eine jährliche Fischproduktion von 0,60 t/ha Seefläche die Selbstreinigungskraft von Baggerseen (auch nach 7-jährigem betreiben) nicht überfordert (Kieckhäfer, 1983). In Ostdeutschland (ehemalige DDR) wurde früher eine jährliche Produktionsintensität von maximal 1 t Fischproduktion/10 ha Seenfläche (0,10 t/ha) als Richtwert zur Verhinderung einer nachhaltigen Verschlechterung des Gewässergütezustandes durch die Netzkäfigproduktion angegeben, der aber häufig nicht eingehalten wurde (Rümmler et al., 2003).

Zur Vermeidung einer Nährstoffüberlastung des genutzten Gewässers können aber als Orientierung für mesotrophe stehende Gewässer 10-20 ha Gewässerfläche pro Tonne Fische (oder anders ausgedrückt 0,05-0,10 t/ha) als jährliche Höchstproduktion für Netzgehege angesetzt werden. Dabei sollte, je nach Produktion (Satz-, Speise-, Laichfische), Futter eingesetzt werden, dass einen Energiegehalt von >17-20 MJ/kg (oder Bruttoenergie/ Proteinverhältnis >0,35-0,45), sowie einen Gesamtphosphorgehalt von <1,2-1,4 % aufweist (Schmid et al., 2003).

#### 4.3.6.3.2. Belastungsminimierung

Die Belastung durch Nährstoffe, die bei einer Fischproduktion anfallen, kann durch Verfahren und Techniken wesentlich verringert werden. Auch wenn einige dieser Maßnahmen oder Methoden kurzfristig teuer erscheinen, können sie dennoch langfristig ökonomisch sein.

**Möglichkeiten einer Nährstoffreduktion (P),**
bei der Fischproduktion in Netzgehegen:
(Modifiziert nach: Beveridge, 1987)

| Maßnahme | Methode | Kosten* | Reduktion |
|---|---|---|---|
| Minimierung des Staubanteils | Extrudierung des Futters | ++ | 1-3 % |
| | Siebung des Futters | + | |
| Reduzierung der Futterverluste | Verwendung von Futterautomaten | +++ | 10-30 % |
| | Anpassung des Fütterungsregimes | + | |
| | Verwendung von Schwimmfutter | ++ | |
| Reduzierung der Nährstoffausscheidung | Verringerung des Phosphorgehalts | ++ | 30-60 % |
| | Verwendung von Hochenergiefutter | + | |
| Entfernung des Nährstoffüberschusses | Entfernung der Fischverluste | + | 1-5 % |
| | Verwendung von Auffangtrichtern | +++ | 15-45 % |
| | Produktion in Kombinationskultur | ++ | ? % |

* Kosten: + gering, ++ mäßig, +++ hoch.

In den letzten Jahrzehnten ist vor allem durch neue Entwicklungen auf dem Futtermittelsektor eine wesentliche Verringerung der Umweltbelastung durch die Fischproduktion erreicht worden. Die Einführung des Extrusionsverfahrens ermöglichte es, neben der Verbesserung der Stärkeverdaulichkeit einen bedeutend höheren Fettanteil in den Futtermitteln unterzubringen. Dadurch wurde der Nichtproteinenergieanteil wesentlich gesteigert und es ließ sich ein ausgewogenes Protein-Energie-Verhältnis bei geringerem Proteinanteil erzeugen. Diese hochenergetischen und hochverdaulichen Futtermittel führten zu einer wesentlichen Verbesserung der Proteinverwertung im Fisch und zu einer bedeutenden Verringerung des Futteraufwandes. Damit wurden gleichzeitig auch die umweltrelevanten Ausscheidungen der Tiere deutlich reduziert. Durch den Einsatz von Eiweißträgern, die neben einer hohen Proteinwertigkeit niedrige Phosphorgehalte aufweisen, wurde dieser für die Gewässereutrophierung entscheidende Substanzanteil im Futter von über 2 % auf unter 1 % verringert. Gleichzeitig besitzen extrudierte Futtermittel eine lange Wasserstabilität, einen geringen Abriebanteil und sind schwimmfähig oder langsam sinkend, was zu geringeren Futterverlusten führt (Rümmler et al., 2003).

Abgesehen von den Maßnahmen bzw. Methoden, die heute (zumindest in der EU) ohnedies schon umgesetzt (wie extrudierte und gesiebte Futtermittel) oder üblich sind (wie Entfernung der toten Fische), aber relativ wenig zur Phosphorreduktion beitragen, besteht das höchste Reduktionspotential in der Verwendung eines hochverdaulichen Energiefutters mit geringem Phosphor- aber hohem Fettgehalt. Ein weiteres Reduktionspotential besteht in der Anpassung der Fütterung (Größe, Menge) sowie der Verwendung von entsprechend geeignete Futterautomaten (Intervalle, Verteilung).

Auch die Verwendung von Schwimmfutter (Karpfen, Tilapia) oder Futtertischen (Störe) bzw. eines Gehegeboden dessen Maschenweite geringer ist als der Pelletdurchmesser, kann die Phosphorbelastung deutlich reduzieren, eignet sich jedoch nicht für alle Fischarten, da nicht alle von der Oberfläche oder vom Boden Trockenfutter aufnehmen. Schließlich besteht noch die Möglichkeit zur Sammlung, Ableitung und Entsorgung der Feststoffe (Futterreste, Kotpartikel) durch Auffangtrichter, die sich jedoch nicht für jedes Gewässer (Strömung) oder jeden Standort (Wellen) eignen.

In Deutschland wurde beispielsweise ein oligotropher Bergbaufolgesee (Wasserfläche 25,8 ha, Durchschnittstiefe 3,4 m, Wasservolumen 0,88 Mio. $m^3$), der einen Zustrom von Eisen und Sulfat aufweist, eine lange Wasseraufenthaltszeit (>6 Jahre) hat und versauert war, mit Kalk neutralisiert und anschließend zwei Gehegeanlagen mit je 6 Gehegen á 4,0 x 4,0 x 3,5 m darin errichtet. Einsömmerige Karpfen (mit einem Bruttoenergiegehalt von 3-6 MJ/kg) wurden teils in den Gehegen unter Eis verlustlos überwintert. Anschließend wurden sie von April bis Oktober mit Hochenergiefutter (40 % RP/24 % RF) gefüttert (Fütterungsrate 1-3 %/Tag, Fütterungsintervalle ca. 15 min.), das einen Phosphorgehalt von 1,2-1,5 % und einen Bruttoenergiegehalt von 22-23 MJ/kg hatte (siehe Tab.). Das Futter, verdauliches Protein zu Energie Verhältnis ca. 19,3 g/MJ (Optimum zwischen Wachstum und $NH_4$-Abgabe) wurde dabei auf 15 t/Jahr (0,58 t/ha) begrenzt. Die Abfischung der zweisömmerigen Karpfen erbrachte Ergebnisse von rund 13-14 t/Jahr (mit einem Bruttoenergiegehalt von 8-9 MJ/kg). Obwohl eine Sedimentation von Feststoffen unter den Gehegen (von täglich 26,3 $g/m^2$) stattfand und die Flächenbelastung an Gesamtphosphor (jährlich etwa 0,80 $g/m^2$) betrug, hat das bisherige Monitoring der Gewässergüte (Phosphor 6,3 µg/l, Chlorophyll (a) 1,8 µg/l, Sichttiefe 3,3 m) keine Veränderung der Trophie des Gewässers gezeigt (Rümmler et al., 2011-2016; Grüneberg et al., 2014).

**Aufzuchtergebnisse in Netzgehegen,**

bei der Produktion von zweisömmerigen Karpfen:

(Nach Rümmler et al., 2011-2016)

| **Aufzuchtjahr** | **2011** | **2012** | **2013** | **2014** | **Mittel** |
|---|---|---|---|---|---|
| Besatzstückmasse (g) | 68,60 | 50,00 | 36,00 | 48,40 | 49,90 |
| Abfischstückmasse (g) | 558 | 746 | 477 | 501 | 570 |
| Stückmassezuwachs (%/Tag) | 1,07 | 1,15 | 1,50 | 1,38 | 1,32 |
| Fütterungsdauer (Tage) | 195 | 200 | 152 | 172 | 190 |
| Gesamtverluste (%) | 0,69 | 0,96 | 0,04 | 0,06 | 0,50 |
| Endbestandsdichte ($kg/m^3$) | 20,90 | 21,30 | 18,90 | 19,60 | 20,00 |
| Futterquotient (kg/kg Zuwachs) | 1,17 | 1,16 | 1,04 | 1,01 | 1,09 |
| Besatzquotient (kg/kg Zuwachs) | 0,14 | 0,07 | 0,08 | 0,10 | 0,10 |

Netzgehegeanlagen für Karpfen in einem See (Deutschland). Foto: M. Hochleithner

In Deutschland wurde versuchsweise auch Trockenfutter mit (2-3 %) Korkpartikeln (0,5-1,0 mm) versetzt, das so schwimmenden Kot produziert, der zu etwa 80 % oberflächlich abgesammelt werden kann (Schäperclaus & Lukowicz, 2018). Dieses Verfahren eignet sich vor allem für Durchfluss- und Kreislaufanlagen. Für Gehegeanlagen wurde dafür bis jetzt noch kein praxistaugliches Konzept entwickelt, vielleicht aber in der Zukunft.

Um die anfallenden Feststoffe, die durch den Boden der Netzgehege durchfallen, so gut wie möglich aufzufangen, können Auffangtrichter aus Planen/Folien, die unter den Gehegen montiert sind, eingesetzt werden. Dabei ist für jedes Gehege ein eigener Auffangtrichter vorzusehen. Das Absaugen des anfallenden Schlamms sollte regelmäßig, täglich nach der Fütterung, erfolgen. Der anfallende flüssige Schlamm muss an Land entsorgt werden oder kann auch als Dünger verwendet werden. Bei den bisherigen Versuchen in Praxisanlagen wurden auf diese Weise 15-45 % der eingetragenen Phosphormasse aufgefangen und aus dem Wasserkörper entfernt (Rümmler et al., 2003).

In Polen konnten in einer Netzgehegeanlage für Regenbogenforellen bei wöchentlichen-monatlichen Abpumpintervallen, etwa 45 % der festen Abfallstoffe entfernt werden, allerdings lag die Reduktion der Belastung mit Stickstoff und Phosphor bei nur 15-20 % (Beveridge, 1987).

In Schweden konnte in einer Netzgehegeanlage für 20 t Regenbogenforellen (siehe Abb.) durch tägliches Abpumpen nach der Fütterung für mehrere Minuten 71 % des Phosphors welcher dem System in Form von Futter zugeführt wurde, zurückgehalten werden. Die Futterüberschüsse wurden wieder verwendet; die Einsparungen der Futterverluste resultierten in einer Reduktion der Futterkosten von 25-30 % (Beveridge, 1987).

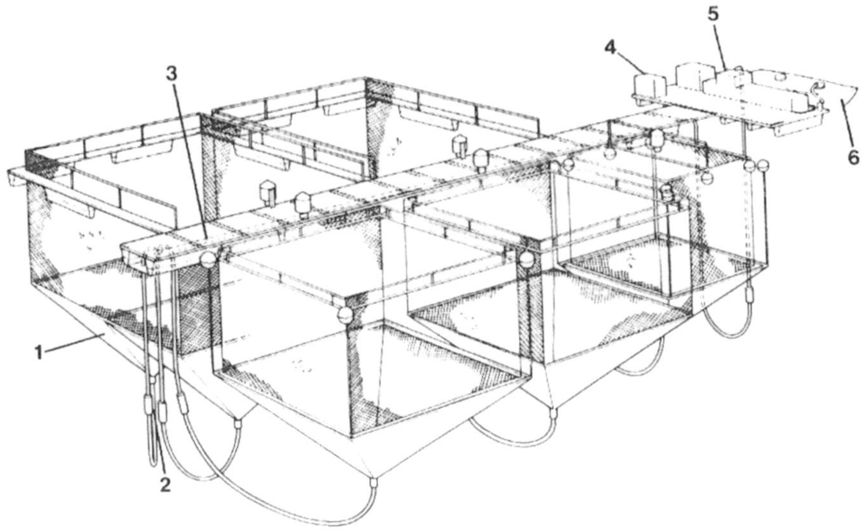


Netzgehege mit offenen Auffangtrichtern. Nach: Beveridge, 1987

**Legende:** 1 - Auffangtrichter, 2 - Höhenförderer, 3 - Sammelrinne, 4 - Arbeitscomputer, 5 - Filtereinheit, 6 - Schmutzbehälter;

In Kanada wurde eine Gehegeanlage mit runden Gehegen (Ø 15 m) für Lachse entwickelt, die einen berechneten Abscheidegrad von etwa 75 % der Feststoffe erlaubt. Dies wird durch das Hochziehen der Planen bis über die Wasseroberfläche und das Abpumpen des Schlamms erreicht. Dabei wird frisches Wasser, eventuell mit Sauerstoff angereichert, in die Gehege gepumpt und der überwiegende Teil des belasteten Wassers verlässt die Gehege/Planen im oberen Teil. Nur die im unteren Teil (Konus) abgelagerten Feststoffe werden abgepumpt, in einem Behälter konzentriert auf der Gehegeanlage zwischengelagert, und später (wöchentlich) mit einem Boot an Land gebracht und dort aufbereitet oder entsorgt (Boulet et al., 2010).

In der Schweiz wurde eine Gehegeanlage mit quadratischen Gehegen (5 x 5 x 5 m) für Seeforellen geplant, die einen theoretischen Abscheidegrad von rund 90 % aller Feststoffe ermöglicht (siehe Abb.). Auch dies konnte nur durch das Hochziehen der Planentrichter bis über die Wasseroberfläche und das Abpumpen des gesamten Wassers erreicht werden. Dies verursacht allerdings erhebliche zusätzlich Investitions- und Betriebskosten und hebt die ökonomischen Vorteile von Netzgehegen fast auf. Das gesamte Wasser mit den darin enthaltenen Feststoffen (Kotpartikel und Futterreste) wird abgepumpt und anschließend über einen nachgeschalteten Trommelfilter (Maschenweite 30-40 µm) an Land gereinigt. Durch jeweils eine Wasserzulauföffnung (50 cm Ø), die sich etwa 1 m unter der Wasseroberfläche in jeder Plane befindet, gelangt so mit dem kontinuierlichen Abpumpen auch automatisch frisches Oberflächenwasser wieder in die Gehege. Die Planen werden durch Metallrahmen in Form gehalten, als Notversorgung wurde jeweils ein Sauerstoff-Ausströmer und ein Sauerstoff-Messsensor zur Überwachung eingeplant (Hochleithner, 2011).

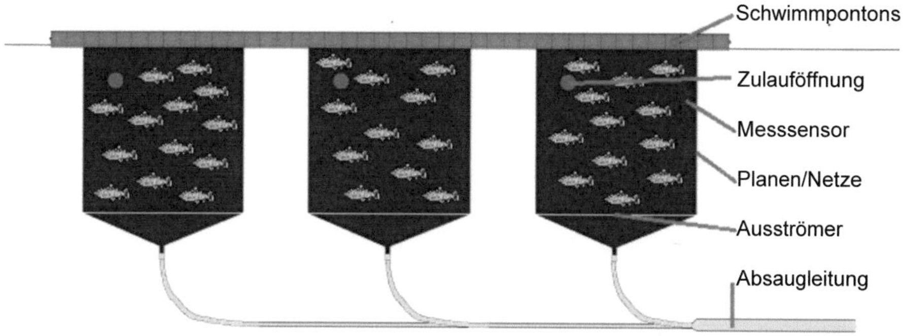


Netzgehege mit geschlossenen Auffangplanen. Nach: Hochleithner, 2011

Die zusätzliche extensive Produktion von planktonfressenden Tieren (Fischen, Muscheln) und/oder die Kultivierung/Ausfang von Wasserpflanzen (Algen, Tang) und/oder Zooplankton (Wasserflöhe, Hüpferlinge) sowie von Wildfischen, wäre eine weitere Alternative, den durch die Fischproduktion verursachten Nährstoffeintrag zu kompensieren. Die Phosphorentnahme durch die Ausübung der Seenfischerei liegt im Bereich von 4-10 g/kg Wildfische (Rümmler et al., 2003).

Eine kombinierte Kultivierung mehrerer Organismen mit verschiedener Ernährungsebene wird „Integrierte Multitropische Aquakultur" genannt; dies kann ökologisch und ökonomisch Vorteile bringen. Dabei werden die Abfallstoffe einer Art (z. B. Fische) als Nahrung für andere Arten verwendet (z. B. feste Nährstoffe von Muscheln und gelöste Nährstoffe von Tang). Organismen, die sich für eine Integrierte Multitropische Aquakultur zu einer Fischproduktion in Netzgehegen eignen, sind, neben Fischen, vor allem Wasserpflanzen (z. B. Tang, Kelp) und Weichtiere (z. B. Miesmuscheln, Austern), weniger gut eignen sich Krebstiere (z. B. Garnelen, Krabben) oder Stachelhäuter (z. B. Seeigel, Seegurken). Die jährliche Produktionskapazität wird bei Miesmuscheln auf bis zu 60 t/ha und bei Tang auf bis zu 160 t/ha geschätzt (Leonczek, 2013).

In Slowenien werden beispielsweise in einer Meeresbucht 50-100 t Wolfsbarsche (*Dicentrarchus labrax*) in Netzgehegen (8-12 m Ø) und das 2-5-fache an Miesmuscheln (*Mytilus* sp.) auf Leinen produziert, die sich in der Nähe (ca. 200 m) der Gehegeanlage befinden. Die Muscheln wachsen dabei nicht nur (bis zu 50 %) besser, sondern verringern auch die Dichte an Parasiten und Krankheitserregern. Um die Nährstoffeinträge durch die Gehegeproduktion komplett auszugleichen, wäre für Stickstoff und Phosphor die Entnahme der 4-8-fachen Menge der Fischproduktion an Miesmuscheln nötig. Aber auch für einige andere Organismen wird diese kombinierte/ integrierte Methode der Fischproduktion getestet, beispielsweise in Indien mit Gestreiften Buntbarschen (*Etroplus suratensis*) und Austern (*Crassostrea* sp.) oder Königsfischen (*Rachycentron canadum*) und Seetang (Viji et al., 2014; Shah et al., 2017), oder in Kanada mit Atlantischen Lachsen (*Salmo salar*), Miesmuscheln (*Mytilus* sp.) und Seetang (*Saccharina* sp., *Alaria* sp.) (Ridler et al., 2007).

In Ungarn wurden Netzgehegeanlagen mit jeweils 2-6 Gehegen (4-5 x 4-5 x 1-2 m) für Europäische Welse (*Silurus glanis*) in Naturteichen errichtet. Je Hektar Teichfläche wurde ein Gehege installiert, wobei im extensiv bewirtschafteten Teich selbst keine Düngung oder Zufütterung erfolgte. Nur die einjährigen Welse im intensiv bewirtschafteten Gehege wurden mit schwimmendem Trockenfutter (Pellets) gefüttert, wobei Fischmehl komplett durch Sojamehl ersetzt wurde, das zusätzlich mit mikrobiellem Protein angereichert wurde (FQ 1,95). Der Ertrag betrug rund 500 kg zweisömmerige Welse (á 1.350 g) je Gehege (ca. 20 kg/m$^3$) und zusätzlich 500 kg Karpfen und 200 kg Löffelstöre je Hektar Teich. Der Teich bzw. die Gehege wurden falls nötig bei Bedarf mit Schaufelrad- oder Propellerbelüftern belüftet, Krankheitsprobleme traten nicht auf; Gras- und Silberkarpfen trugen zur Verbesserung der Nährstoffverwertung bei (Varadi et al., 2015).

In Thailand wurden jeweils 1-2 Netzgehege (2 x 2 x 1 m) für Labyrinthwelse (*Clarias macrocephalus*) in kleinen (250 m$^2$) Teichen installiert. Der Teich wurde mit Tilapien (à 11-12 g) besetzt (1 Stück/m$^2$), wobei im extensiv bewirtschafteten Teich (Wassertemperatur 20-32 °C) selbst keine Düngung oder Zufütterung erfolgte. Nur die Welse (á 3-6 g) im intensiv bewirtschafteten Gehege (100-200 Stück/m$^3$) wurden mit schwimmendem Trockenfutter (Pellets) gefüttert (FQ 1,5-2,7). Die Ausbeute betrug nach 5 Monaten, bei einer Überlebensrate von 80-92 %, rund 37-83 kg Welse (á 100-130 g) je Gehege (9,3-20,7 kg/m$^3$) und zusätzlich 63-80 kg Tilapien (á 367-408 g) je Teich (Zuwachs 2,4-3,1 t/ha), bei einer Überlebensrate von 78-90 %. Dabei wurde 15 % vom Stickstoff und 21 % vom Phosphor der Welsproduktion von den Tilapien in Fischbiomasse umgewandelt (Lin et al., 1989).

Miesmuschelleinen vor einer Gehegeanlage im Meer (Slowenien). Foto: M. Hochleithner

Netzgehege für Welse in einem Teich (Ungarn). Foto: F. Lévai

Fang von Sardinen mit Ringwade und Hebenetz im Meer (Indien). Foto: M. Hochleithner

#### 4.3.6.3.3. Belastungsvermeidung

Eine komplette Vermeidung der Gewässerbelastung mit Nährstoffen ist nur bei einer Bewirtschaftung der Gehege möglich, die ohne Zufütterung auskommt oder bei der das Naturfutter aus dem Gewässer selbst stammt.

In Indien wurden beispielsweise im Meer schwimmende Netzgehege (6 m Ø) für Barramundi (*Lates calcarifer*) erprobt, wobei mit zerkleinerten frischen oder gefrosteten Ölsardinen (*Sardinella* sp.) gefüttert wurde, die vor Ort in großen Mengen gefangen werden. Bei einer Besatzdichte von 25 Stück/m$^3$, einer täglichen Fütterungsrate von 5 % und einer Überlebensrate von 69 % wuchsen die Seebarsche von 9 cm in 4 Monaten auf 33,6 cm und 528 g bzw. in 5 Monaten auf 41,2 cm und 1.025 g Körpergewicht und die Endbestandsdichte betrug durchschnittlich 17,64 kg/m$^3$ (Philipose, 2013). Aber auch in anderen Gewässern kann diese Methode der Fischproduktion mit gefangenen Wildfischen aus demselben Gewässer angewendet werden, vor allem für Raubfische (wie Welse oder Zander). Damit können Überbestände einzelner Arten (Brachsen, Rotaugen u.a.), die das ökologische Gleichgewicht durch Fraßdruck gefährden, zur Erzeugung nutzbarer Fischbiomasse herangezogen werden (Schmid et al., 2003).

In Nepal wurden in einem eutrophen See schwimmende Netzgehege (5 x 5 x 2 m) für Graskarpfen (*Ctenopharyngodon idella*) verwendet, wobei ausschließlich Wasserpflanzen (hauptsächlich *Hydrilla* sp. aber auch *Potamegeton* sp. und *Vallisneria* sp.) aus dem See verfüttert wurden. Bei einer Besatzdichte von 10 Stück/m$^3$, einer Wassertemperatur von 17-31 °C, einer Überlebensrate von 95 % und einer Produktionsdauer von rund 16 Monaten wuchsen die Karpfenfische von etwa 45 g auf 1.540 g Körpergewicht und die Endbestandsdichte betrug durchschnittlich 8,4 kg/m$^3$ (Prasad et al., 2012).

In Ägypten wurden in einem Stausee schwimmende Netzgehege (5 x 5 x 5 m) für Silberkarpfen (*Hypophthalmichthys molitrix*) getestet, wobei nicht zugefüttert wurde und sich die Fische von Phytoplankton ernährten. Bei einer Besatzdichte von 4-14 Stück/m$^3$, einer Überlebensrate von 56-67 % und einer Produktionsdauer von rund 15 Monaten wuchsen die Karpfenfische von etwa 28 g auf 1.230-2.020 g Körpergewicht und die Endbestandsdichte betrug durchschnittlich 7,8 (4,3-11,2) kg/m$^3$ (Shenoda & Naguib, 2000).

In den Philippinen wurden in Seen stationäre Netzgehege (5-10 x 10-20 x 3-5 m) für Niltilapien (*Oreochromis niloticus*) betrieben, wobei nicht zugefüttert wurde und sich die Fische von Phytoplankton und Aufwuchs ernährten. Bei einer Besatzdichte von 4-8 Stück/m$^3$ und einer Produktionsdauer von 4-5 Monaten wuchsen die Buntbarsche von etwa 20 g auf 100-200 g Körpergewicht und die Zuwachsrate betrug durchschnittlich 0,12-0,24 (0,05-0,40) kg/m$^3$ und Monat ohne Zufütterung und etwa das doppelte mit Zufütterung (meist Reiskleie) (Beveridge, 1987). Aber auch in einigen anderen Ländern (Türkei, Bangladesh, Sri-Lanka etc.) wird diese Methode der Fischproduktion mit Phytoplankton angewendet, wobei ähnliche Ergebnisse erzielt werden (Dikel et al., 2005).

Netzgehege für Tilapien in einem See (Philippinen). Foto: M. Hochleithner

Unterwassergehege für Forellen in einem See (Österreich). Foto: V. Steiner

In Österreich werden in Seen beispielsweise Gehegeanlagen mit 4-12 Unterwassergehegen (2 x 2 x 2 m) für Jungfische betrieben, wobei nicht zugefüttert wird und sich die Fischlarven nur von Zooplankton ernähren, das in der Nacht mit Licht angelockt wird. Abhängig von der Verfügbarkeit des Zooplanktons und der Fischart, können Besatzdichten von 2.000-8.000

Laven/m³ (bis zur Setzlingsgröße von 3-5 cm Länge) und Überlebensraten von 60-90 % erreicht werden (Steiner & Hochleithner, 2016). Aber auch in zahlreichen anderen Ländern wird diese Methode der Jungfischaufzucht mit Zooplankton praktiziert, wie die folgenden Beispiele zeigen.

**Produktionsergebnisse in Unterwassergehegen,**
bei der Aufzucht von Jungfischen:
(Nach: Steiner & Hochleithner, 2016)

| Fischart | Seeforellen | Seesaiblinge | Maränen | Hechte |
|---|---|---|---|---|
| Besatzgröße | 25 mm/0,11 g | 22 mm/0,08 g | 12 mm/0,01 g | 12 mm/0,01 g |
| Besatzmenge | 2.500 St./m³ | 3.125 St./m³ | 12.500 St./m³ | 6.250 St./m³ |
| Produktionsdauer | 77 Tage | 77 Tage | 52 Tage | 21 Tage |
| Abfischgröße | 45 mm/0,91 g | 42 mm/0,83 g | 25 mm/0,10 g | 25 mm/0,12 g |
| Abfischmenge | 1.875 St./m³ | 2.500 St./m³ | 8.750 St./m³ | 3.750 St./m³ |

In Polen wurden Rapfen (*Aspius aspius*) mit einer Besatzdichte von 735 Stück/m³ aufgezogen (Kujawa et al., 1998). Während der 7-wöchigen Aufzuchtdauer (Wassertemperatur 10,5-21,5 °C) wuchsen sie von 14,8 mm (25,9 mg) auf 40,8 mm (514,8 mg) heran; die Überlebensrate betrug 72 %. Die Anzahl an Nährtieren im Verdauungstrakt pro Individuum stieg von etwa 5 auf 200. Allerdings waren die Larven bereits vor dem Versuch für rund ein Monat angefüttert worden.

In Polen wurden auch Rutten (*Lota lota*) mit einer Besatzdichte von 1.250 Stück/m³ aufgezogen (Furgała-Selezniow et al., 2014). Während der 6-wöchigen Aufzuchtdauer (Wassertemperatur 4,5-17,0 °C) wuchsen sie von 15,2-22,4 mm (40,5-101,1 mg) auf 26,7-33,1 mm (156,7-272,6 mg) heran; die Überlebensrate betrug 64-77 %. Die Anzahl an Nährtieren im Verdauungstrakt pro Individuum stieg von etwa 40 auf 200, wobei Copepoden bevorzugt wurden. Allerdings waren die Larven bereits vor dem Versuch für 20 Tage mit Salinenkrebschen (*Artemia* sp.) angefüttert worden.

In Deutschland wurden Zander (*Sander lucioperca*) mit einer Besatzdichte von 1.875 Stück/m³ aufgezogen (Jäger et al., 1984). Während der 4-wöchigen Aufzuchtdauer (Wassertemperatur 20-21 °C) wuchsen sie von 4,5 mm (4 mg) auf 20,0 mm (100 mg). Die Überlebensrate betrug während der ersten 3 Wochen 72 %, nach der 4. Woche lag sie bei nur noch 44 %. Es traten verstärkt Probleme mit Krankheiten und Parasiten auf.

In Italien wurden Wolfsbarsche (*Dicentrarchus labrax*) mit einer Besatzdichte von 1.000 Stück/m³ im Salzwasser aufgezogen (Steiner & Hochleithner, 2016). Während der 6-wöchigen Aufzuchtdauer (Wassertemperatur 20-30 °C, Salinität 25-28 ‰) wuchsen sie von 0,10 g auf 2,70 g und die Überlebensrate betrug 93 %. Der Besatz erfolgte allerdings mit angefütterter Brut.

In den Philippinen wurden Seebarsche (*Lates calcarifer*) im Salzwasser (Wassertemperatur 28-30 °C, Salinität 30-35 ‰) aufgezogen (Fermin et al., 1994). In einem ersten 6-wöchigen Aufzuchtexperiment wurden die 5 Wochen alten Fische mit einer Größe von 19 mm besetzt. Die Besatzdichte (600 bzw. 1.200 Stück/m$^3$) hatte nur einen geringen Einfluss auf das Wachstum (täglich 6,8 zu 5,7 %) und die Endgröße (35 zu 30 mm bzw. 530 zu 305 mg), allerdings einen großen Einfluss auf die Überlebensrate (38 zu 20 %); Wachstum und Endgröße waren aber signifikant besser als in einem Kontrollgehege, in dem die Seebarsche mit faschierten Fischfleisch (anstatt mit Zooplankton) gefüttert wurden. In einem zweiten 4-wöchigen Aufzuchtexperiment wurden die 2-4 Wochen alten Fische bei einer Besatzdichte von 5.000-3.000 Stück/m$^3$ besetzt. Die Besatzgröße (ca. 7, 11, 19 mm) hatte nur einen geringen Einfluss auf Wachstum und Endgröße (20,6-21,9 mm bzw. 149-175 mg), allerdings einen signifikanten Einfluss auf die Überlebensrate (bei 7 mm 12 %, bei 11 mm 32 %, bei 19 mm 20 %), welche vor allem von Kannibalismus (von den 6-9 % Vorwüchsern) geprägt war.

Zahlreiche weitere Fischarten wurden schon erfolgreich in beleuchteten Unterwassergehegen ausschließlich auf der Basis von Zooplankton aus dem jeweiligen Gewässer aufgezogen. Es ist daher davon auszugehen, dass fast alle heimischen Fischarten mit dieser Methode aufgezogen werden können, allerdings nur Jungfische und keine Speisefische (Steiner & Hochleithner, 2016).

Anlage mit beleuchteten Unterwassergehegen in einem See (Österreich). Foto: M. Hochleithner

*Literatur:*

Balkhande & Kulkarni, 2017; Beveridge, 1987; Bohl, 1999; Boulet et al., 2010; Dikel et al., 2005; Fermin et al., 1994; Furgała-Selezniow et al., 2014; Grüneberg et al., 2014; Hochleithner, 2011; Jäger et al., 1984; Kieckhäfer, 1983; Kujawa et al., 1998; Leonczek, 2013; Lin et al., 1989; Philipose et al., 2013; Prasad et al., 2012; Pronorm, 2003; Ridler et al., 2007; Rümmler et al., 2003; Rümmler, 2010-2011; Rümmler et al., 2011-2016; Schäperclaus & Lukowicz, 2018; Schmid et al., 2003; Shah et al., 2017; Shenoda & Naguib, 2000; Steffens, 1981; Steinbach, 2018; Steiner & Hochleithner, 2016; Streble & Krauter, 1988; Varadi et al., 2015; Viji et al., 2014; Willoughby, 1999.

# 5. GEHEGEMANAGEMENT

Voraussetzung für eine erfolgreiche Fischproduktion in Netzgehegen sind Routinearbeiten wie: Besatz, Fütterung, Belüftung, Reinigung, Behandlung, Abfischung, Sortierung und Transport.

## 5.1. Gehegebesatz

Für den Besatz eines Geheges sind vor allem Fischart und Fischgröße sowie Besatztermin und Besatzdichte wesentlich.

### 5.1.1. Besatzfische

Als Besatzfische für Gehegeanlagen eignen sich vor allem Fischarten, die auch schon in anderen herkömmlichen Haltungssystemen (Teich-, Durchfluss-, Kreislaufanlage) produziert werden (siehe Unterkapitel 2.3. Fischarten für die Aquakultur). Generell sollten Fischarten verwendet werden, die in dem Land bzw. Gewässer auch natürlich vorkommen und an die klimatischen Bedingungen entsprechend angepasst sind.

Für die Produktion von Satzfischen zum Besatz in Naturgewässer, dürfen diese nicht genetisch/züchterisch verändert worden sein, damit eine möglichst große genetische Vielfalt erhalten bleibt. Für die Produktion von Speisefischen zum Verzehr, sollten diese auch züchterisch durch Selektion bearbeitet worden sein, damit eine gute Anpassung an die Produktionsbedingungen oder Kundenerwartungen gewährleistet werden kann.

In Europa häufig in Gehegeanlagen produzierte Fische sind, im Meerwasser vor allem Meerbrassen (Sparidae), Seebarsche (Moronidae), Umberfische (Sciaenidae), Thunfische (Scombridae) und Dorschfische (Gadidae), im Brackwasser vor allem Lachsfische (Salmonidae) und Störfische (Acipenseridae), und im Süßwasser vor allem Karpfenfische (Cyprinidae) und Welsfische (Siluridae). Verschiedene Fischarten haben aber oft unterschiedliche Bedürfnisse (Temperatur, Nahrung) und wachsen, selbst unter gleichen Bedingungen, meist unterschiedlich ab.

In Kenia wurden beispielsweise in einer Lagune schwimmende Netzgehege (gleichzeitig) mit verschiedenen wildgefangenen Fischarten in Monokultur getestet, wie Kaninchenfische (*Siganus vermiculatus*), Milchfische (*Chanos chanos*), Kupferschnapper (*Lutjanus argentimaculatus*), und Zackenbarsche (*Epinephelus fuscoguttatus*), wobei Trockenfutter (30 % RP) in einer täglichen Fütterungsrate von 6 % aufgeteilt auf 2 Fütterungen verfüttert wurde. Bei einer Besatzdichte von 50 Fische/Gehege und einer Produktionsdauer von 6 Monaten wuchsen die Wildfische von etwa 55-62 g auf 101-242 g Körpergewicht (siehe Tab.), wobei Wachstum, Futterquotient und Wirtschaftlichkeit bei den Zackenbarschen am besten war, allerdings wurde keine Gehegegröße angegeben (Muya & Manyala, 2015).

**Produktionsergebnisse in Netzgehegen,**
in Abhängigkeit von der Fischart:
(Nach: Muya & Manyala, 2015)

| Fischart | *Siganus* | *Chanos* | *Lutjanus* | *Epinephelus* |
|---|---|---|---|---|
| Besatzstückmasse (g) | 55 | 56 | 56 | 62 |
| Abfischstückmasse (g) | 101 | 150 | 125 | 242 |
| Stückmassezuwachs (%/Tag) | 0,53 | 0,65 | 0,33 | 0,89 |
| Überlebensrate (%) | 93 | 81 | 91 | 98 |
| Fütterungsdauer (Tage) | 180 | 180 | 180 | 180 |

Aber auch innerhalb einer Fischart gibt es oft Populationen, Stämme oder Linien, die besser an die jeweiligen Produktionsbedingungen angepasst sind oder sich bereits angepasst haben und deshalb besser wachsen.

In den Vereinigten Staaten von Amerika (USA) wurden beispielsweise in einem Baggerteich schwimmende Netzgehege (1,0 x 0,5 x 2,0 m) mit verschiedenen Zuchtstämmen von Regenbogenforellen (*Oncorhynchus mykiss*) getestet, wobei pelletiertes (3 mm) Trockenfutter (41 % RP) in einer täglichen Fütterungsrate von 4 % verfüttert wurde. Bei einer Besatzdichte von 50 Stück/m$^3$, einer Wassertemperatur von 13,5-21,0 °C und einer Produktionsdauer von 2 Monaten wuchsen die Fische von etwa 10-11 cm und 12-15 g auf 25-38 g Körpergewicht (siehe Tab.), allerdings zeigte ein Zuchtstamm ein wesentlich besseres Wachstum (Maher, 1987).

**Produktionsergebnisse von Regenbogenforellen,**
in Abhängigkeit vom Zuchtstamm:
(Nach: Maher, 1987)

| Herkunft (Stamm) | Kalifornien[1] | Wyoming[2] | Kanada[3] |
|---|---|---|---|
| Besatzstückmasse (g) | 14,6 | 12,2 | 14,6 |
| Abfischstückmasse (g) | 24,7 | 37,7 | 26,5 |
| Stückmassezuwachs (%/Tag) | 1,3 | 3,9 | 1,5 |
| Überlebensrate (%) | 88 | 99 | 97 |
| Fütterungsdauer (Tage) | 53 | 53 | 53 |
| Futterquotient (kg/kg Zuwachs) | 4,0 | 2,1 | 3,5 |

**Anmerkung:** [1] = Growth, [2] = Hildebrand, [3] = Kamloops.

Neben reinen Arten werden gelegentlich auch Hybriden aus zwei Arten oder sogar Gattungen erzeugt, von denen man sich Vorteile verspricht. Allerdings gibt es nur wenige Fischhybriden, die wirklich Vorteile gegenüber den

Ausgangsarten aufweisen. Meist liegen die Hybriden zwischen den beiden Elternarten, sowohl im Aussehen als auch in Lebensweise und Wachstum. Je näher die Elternarten miteinander verwandt sind, desto eher gelingt die Hybridisierung. Hybriden von Tieren genetisch sehr unterschiedlicher Arten oder Gattungen sind dagegen oft unfruchtbar oder überhaupt nicht lebensfähig.

In Thailand wurden beispielsweise mehrere Netzgehege (3,0 x 3,0 x 1,5 m) mit Haiwelsen (*Pangasianodon hypophthalmus* und *Pangasius bocourti*) sowie deren Hybriden besetzt, wobei pelletiertes Trockenfutter (30 % RP) 2-mal täglich bis zur Sättigung verfüttert wurde. Bei einer Besatzdichte von 45 Stück/m$^3$, einer Überlebensrate von 38-96 %, und einer Produktionsdauer von 10 Monaten wuchsen die Welsfische von etwa 14-23 auf 155-972 g Körpergewicht (siehe Tab.), allerdings zeigten die Hybriden das schlechteste Wachstum sowie die geringste Überlebensrate und Filetausbeute. Die Fleischfarbe lag zwischen den Ausgangsarten (Hatachote et al., 2015).

**Produktionsergebnisse von Haiwelsen,**
in Abhängigkeit von Fischart bzw. Kreuzung:
(Nach: Hatachote et al., 2015)

| Fischart bzw. Kreuzung | *P. hypophthalmus* | Hybride | *P. bocourti* |
|---|---|---|---|
| Besatzstückmasse (g) | 23,3 | 21,4 | 13,6 |
| Abfischstückmasse (g) | 972 | 155 | 520 |
| Stückmassezuwachs (%/Tag) | 1,23 | 0,60 | 1,20 |
| Überlebensrate (%) | 84 | 38 | 96 |
| Fütterungsdauer (Tage) | 303 | 303 | 303 |
| Futterquotient (kg/kg Zuwachs) | 1,72 | 2,07 | 1,26 |
| Filetausbeute ohne Haut (%) | 43,1 | 32,2 | 35,7 |

Hybriden von großer wirtschaftlicher Bedeutung sind z. B. Tilapiahybriden (*Oreochromis niloticus* x *Oreochromis aureus* oder *O. niloticus* x *O. mossambicus*), die einen hohen (bis 100 %) Anteil an Männchen aufweisen; diese wachsen besser als die Weibchen, sind wegen ihrer roten Farbe gefragter und erzielen einen höheren Preis. Bei den meisten anderen Hybriden sind die Effekte aber gering, manche (wie einige Streifenbarsch- und Zackenbarschhybriden) haben jedoch etwas höhere Überlebens- und Wachstumsraten oder (wie einige Karpfen- und Welshybriden) eine höhere Fleischausbeute; andere wiederum (wie einige Salmler- oder Saiblingshybriden) haben eine bessere Temperatur- oder Krankheitsresistenz als die Ausgangsarten. Bei einigen Hybriden sind die Effekte sogar negativ (wie Störhybriden), bei denen einige Hybriden unfruchtbar (steril) sind und damit nicht zur Kaviarproduktion verwendet werden können. Die Eigenschaften und das Wachstum von Hybriden hängt aber oft auch davon ab, von welcher Ausgangsart die Mutter und von welcher Ausgangsart der Vater ist.

In Italien wurden beispielsweise in einem Teich mehrere Netzgehege (4 x 2 x 1 m) mit zwei reziproken Störhybriden (*Acipenser naccarii* x *Acipenser baerii* und *Acipenser baerii* x *Acipenser naccarii*) besetzt, wobei pelletiertes (2 mm) Trockenfutter (48 % RP, 20 % RF) in einer täglichen Fütterungsrate von 2,5 % über Automaten verfüttert wurde. Bei einer Besatzdichte von 26 Stück/m$^3$, einer Wassertemperatur von 9,8-26,4 °C, einer Überlebensrate von 96-97 %, und einer Produktionsdauer von 7 Monaten wuchsen die Störhybriden von etwa 46-49 g auf 45-47 cm und 708-821 g Körpergewicht (siehe Tab.), allerdings hatte ein Hybride ein etwas besseres Wachstum (Vaccaro et al., 2004).

**Produktionsergebnisse von Störhybriden,**
in Abhängigkeit von der Hybridkreuzung:
(Nach: Vaccaro et al., 2004)

| **Hybridkreuzung (♀x♂)** | ***A. naccarii* x *A. baerii*** | ***A. baerii* x *A. naccarii*** |
|---|---|---|
| Besatzstückmasse (g) | 49,5 | 45,5 |
| Abfischstückmasse (g) | 821 | 708 |
| Stückmassezuwachs (%/Tag) | 1,39 | 1,24 |
| Überlebensrate (%) | 96 | 97 |
| Fütterungsdauer (Tage) | 210 | 210 |
| Endbestandsdichte (kg/m$^3$) | 21 | 18 |
| Futterquotient (kg/kg Zuwachs) | 1,69 | 1,55 |

Triploide (sterile) Fische sowie einige Hybriden sind unfruchtbar. Da sie keine oder nur kleine Gonaden entwickeln und kaum oder weniger Energie für die Entwicklung von Gonaden aufwenden müssen, wachsen diese Fische oft besser als diploide (fertile) Fische und der Fleischanteil ist wegen der fehlenden oder reduzierten Gonaden auch höher. Sterile Fische, die aus einer Anlage entkommen sollten, können sich auch nicht mit Wildfischen verpaaren.

Bei einigen Fischarten wächst das eine Geschlecht besser bzw. schneller als das andere Geschlecht oder wird größer bzw. später geschlechtsreif. Fischbestände, die nur aus Weibchen (z. B. Lachse) oder nur aus Männchen (z. B. Tilapia) bestehen, können so wesentliche Vorteile für die Produktion (Zeitersparnis, Futterreduktion) oder den Verkauf (Größe, Preis) bringen. Bei anderen Fischarten wird das Geschlecht jedoch von der Bestandsdichte (z. B. Süßwasseraale) beeinflusst oder im Laufe des Lebens von Weibchen zu Männchen (z. B. Sägebarsche) oder von Männchen zu Weibchen (z. B. Meerbrassen) gewechselt.

In Indien wurden beispielsweise in einem Teich stationäre Netzgehege (1 m$^3$) mit Niltilapien (*Oreochromis niloticus*) besetzt, wobei ein Teil der Jungfische vorher mit Methyltestosteron in reingeschlechtliche Männchen verwandelt.

Alle Fische wurden gleich mit Trockenfutter (30 % RP, 12,55 MJ/kg) und einer täglichen Fütterungsrate von 10-5 % aufgeteilt auf 4 Fütterungen gefüttert. Bei einer Wassertemperatur von 30,5-31,2 °C und einer Produktionsdauer von 4 Monaten wuchsen die einen Monat alten (gemischtgeschlechtlichen bzw. reingeschlechtlichen) Buntbarsche, abhängig von der Besatzdichte (10-100 St./m$^3$), von etwa 5,7 bzw. 12,5 g auf 35-70 bzw. 100-210 g Körpergewicht (siehe Abb.), wobei das Wachstum bei den reingeschlechtlichen Männchen wesentlich besser war, jedoch ebenso wie die Überlebensrate von der Besatzdichte abhing (Chakraborty & Banerjee, 2012).

**Produktionsergebnisse von Niltilapien,**
in Abhängigkeit von Geschlecht und Besatzdichte:
(Nach: Chakraborty & Banerjee, 2012)

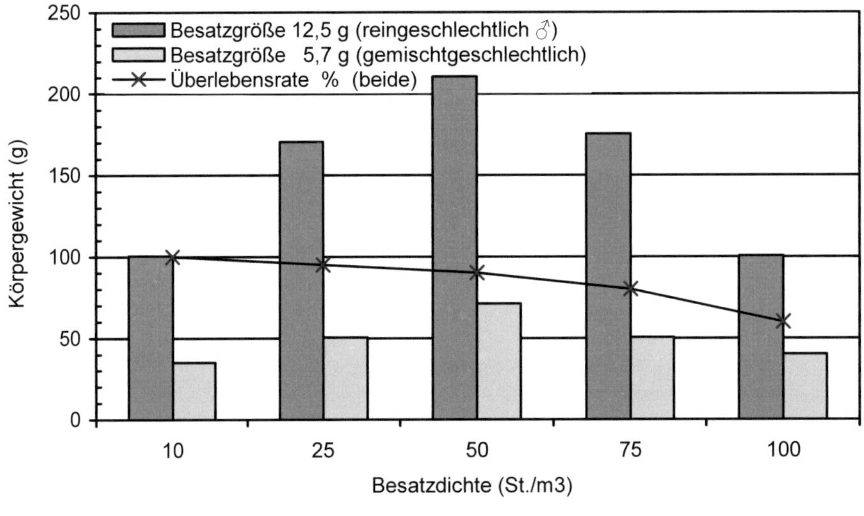


## 5.1.2. Besatzgröße

Die Besatzgröße hängt neben den natürlicherweise vorgegebenen Faktoren (Laichzeit) ganz wesentlich von der angestrebten Produktionsdauer und der gewünschten Abfischgröße (Zuwachs) ab. Die Besatzgröße der Fische hat auch Auswirkungen auf die zu verwendende Maschenweite der Netze. Als Faustregel gilt: Fischlänge (in cm) = Maschenweite (in mm).

Wenige Fischarten (wie einige Dorsche und Zackenbarsche) können in Netzgehegen auch zum Ablaichen gebracht werden, wobei kleine

Maschenweiten eingesetzt und die Eier dann abgefangen werden. Die Eier aller Fischarten werden jedoch, außer bei Maulbrütern (wie einigen Buntbarschen), in Brutanlagen an Land erbrütet und als entwickelte Fische in die Netzgehege gesetzt.

Bei Planktongehegen und Hapas werden die Fische üblicherweise schon als schwimm- und fressfähige Brut in die Gehege gesetzt. In allen anderen Gehegen werden die Fische meist zuerst einige Zeit in einer Aufzuchtanlage an Land angefüttert oder vorgestreckt und als Setzlinge in die Gehege gesetzt. Einige Arten werden auch aus Naturgewässern als wildgefangene Jungtiere (wie Thunfische) oder Laichtiere (wie Sägebarsche) in die Gehege gesetzt.

Gängige Besatzgrößen für viele Fischarten in Netzgehegen sind daher einsömmerige bis einjährige Fische mit einem Körpergewicht von 10-100 g oder einer Gesamtlänge von 10-20 cm. Ausnahmen bilden Thunfische, die als wildgefangene Fische meist mit einem Körpergewicht von 5-45 kg (oder noch größer) in die Gehege gesetzt werden.

Die Besatzgröße hängt aber auch von der möglichen Produktionsdauer und der gewünschten Abfischgröße ab, ja sogar das Geschlecht kann eine Rolle spielen (siehe nachfolgende Tabelle).

**Durchschnittliche Abfischgröße männlicher Tilapien,**
in Abhängigkeit von der Besatzgröße:
(Nach: McGinty & Rakocy, 1989)

| **Produktionsdauer** | **Besatzgröße (g)** | | |
|---|---|---|---|
| Monate | 30 | 60 | 100 |
| 3 | 200 g | 270 g | 350 g |
| 4 | 250 g | 340 g | 440 g |
| 5 | 310 g | 410 g | 520 g |
| 6 | 370 g | 480 g | 600 g |
| 7 | 420 g | 550 g | 690 g |

In der Türkei wurden beispielsweise im Meerwasser schwimmende Netzgehege (4,0 x 4,0 x 3,5 m) mit Regenbogenforellen (*Oncorhynchus mykiss*) besetzt und 3-mal täglich händisch mit Trockenfutter (46 % RP, 13 % RF) bis zur Sättigung gefüttert, wobei die Besatzdichte (2,1 kg/m$^3$) gleich, die Besatzgröße jedoch unterschiedlich war. Bei einer Wassertemperatur von 7,9-15,3 °C, einer Produktionsdauer von fast 7 Monaten, einer Überlebensrate von 89-95 %, und einem Futterquotienten von 1,4-1,7, wuchsen die Lachsfische von etwa 52-119 g auf 455-741 g Körpergewicht ab (siehe Tab.), wobei die Stückmasse und die Endbestandsdichte (12-18 kg/m$^3$) wesentlich von der Besatzgröße beeinflusst wurden (Akbulut, 2002).

**Produktionsergebnisse von Regenbogenforellen,**
in Abhängigkeit von der Besatzgröße:
(Nach: Akbulut, 2002)

| Besatzgröße ca. (g) | 50 | 80 | 120 |
|---|---|---|---|
| Besatzstückmasse (g) | 52 | 78 | 119 |
| Abfischstückmasse (g) | 455 | 548 | 741 |
| Stückmassezuwachs (%/Tag) | 1,11 | 1,02 | 1,02 |
| Fütterungsdauer (Tage) | 202 | 202 | 202 |
| Überlebensrate (%) | 95 | 93 | 89 |
| Endbestandsdichte (kg/m$^3$) | 17,8 | 13,9 | 12,1 |
| Futterquotient (kg/kg Zuwachs) | 1,37 | 1,70 | 1,65 |

### 5.1.3. Besatztermin

Der Besatztermin hängt neben den natürlicherweise vorgegebenen Faktoren (Fischgröße) auch wesentlich von der erwarteten Entwicklung der Wassertemperatur und -qualität (Planktonblüte) ab.

In gemäßigten Zonen fressen und wachsen die Fische (zumindest Warmwasserfische) nicht während des Winters, daher erfolgt der Besatz vorzugsweise im Frühjahr. Bei Planktongehegen sollte der Besatz zwischen März und Mai erfolgen, also nicht zu früh (Februar) aber auch nicht zu spät (Juni), denn sonst kann, abhängig von Trophiegrad und Gewässer, der Bestand an Zooplankton noch zu schwach oder der von Phytoplankton bereits zu stark sein.

In tropischen Zonen fressen und wachsen die Fische meist das ganze Jahr über, daher kann der Besatz auch zu jeder Jahreszeit erfolgen. Aber auch dort kann es saisonale Unterschiede geben welche die Produktion beeinflussen können (z. B. Regenzeit).

In Ägypten wurden beispielsweise in einem Flussarm schwimmende Netzgehege (9 x 6 x 4 m) mit Silberkarpfen (*Hypophthalmichthys molitrix*) besetzt, wobei nicht zugefüttert wurde und sich die Fische von Plankton ernährten. Verschiedene (flussabwärts liegende) Standorte mit jeweils unterschiedlicher Dichte von Phyto- und Zooplankton (1 = Mahmoudeya mit 1300 + 370 Ind./l, 2 = Fazurah mit 2400 + 900 Ind./l, 3 = Idfina mit 6600 + 1300 Ind./l) und verschiedenen Saisonen (Mitte Februar bis Mitte Juli und Mitte Juli bis Mitte Dezember) wurden getestet. Bei einer Besatzdichte von 4-12 Stück/m$^3$, einer Wassertemperatur von 26,5-27,4 °C, einer Produktionsdauer von rund 5 Monaten, und einer Überlebensrate von 69-93 %, wuchsen die Karpfenfische von etwa 10 g auf 600-1.848 g Körpergewicht, wobei Nahrungsangebot und Überlebensrate nur vom Standort, Wachstum und Produktion aber auch von der Saison abhingen (Shaker & Mahmoud, 2007).

**Endgewichte von Silberkarpfen,**
in Abhängigkeit von Standort und Saison:
(Nach: Shaker & Mahmoud, 2007)

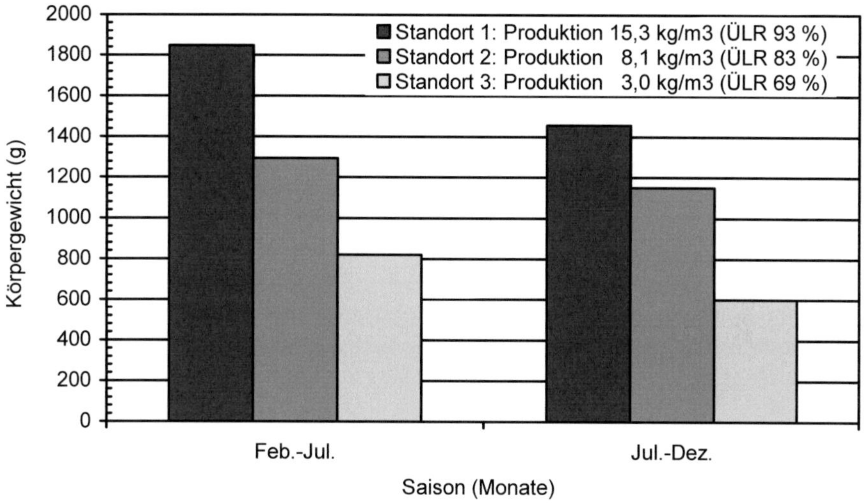


Einige Kaltwasserfische (wie z. B. Lachse) sollten nur im späten Frühjahr (Mai-Juni) im Smolt-Stadium in Netzgehege ins Meerwasser gesetzt werden, wobei die Wassertemperatur über 6-8 °C betragen sollte; andernfalls können die Verluste hoch sein. Einige Warmwasserfische (wie z. B. Karpfen) können bereits im Herbst (Oktober-November) als einsömmerige in die Netzgehege gesetzt und dort sehr gut gegen Wasservögel oder Raubtiere geschützt überwintert werden. Andere Warmwasserfische, vor allem solche aus den Tropen (wie z. B. Tilapien), vertragen jedoch keine Temperaturen unter 10-15 °C und wachsen erst bei Temperaturen über 20 °C.

Bei wildgefangenen Besatzfischen (wie z. B. Thunfischen) hängt man meist von der Verfügbarkeit bzw. Fangsaison ab, die wiederum von der Wanderung bzw. Laichzeit bestimmt wird. In der Mittelmeerregion werden diese Fische meist im Frühjahr (Mai-Juli) in die Gehege gesetzt und (3-9 Monate) bis zum Herbst (Oktober-Dezember) darin gemästet, wobei Besatz und Abfischung je nach Region oder Land unterschiedlich sind.

### 5.1.4. Besatzdichte

Die Besatzdichte hat einen wesentlichen Einfluss auf die Ökologie des Gewässers und die Ökonomie der Anlage und reicht, je nach Produktionsform und Gehegetyp sowie Fischart und -größe von unter 1 bis über 100 kg/m³ Gehegevolumen.

In extensiven Gehegen (ohne Zufütterung) wie Planktongehegen und Hapas hängt die Besatzdichte vom Nahrungsangebot (Plankton) ab. Sie ist daher meist gering und beträgt etwa 0,1-0,3 kg (bzw. 1.000-10.000 Stück Fischlarven) pro m³ zu Beginn und bis zu 1-3 kg/m³ zum Ende der Produktionssaison. Bei der Vermehrung von Maulbrütern (Tilapia) werden 4-6 Laichfische je Quadratmeter (im Verhältnis ♂:♀ von 1:2-3) in Gehege mit einer Maschenweite von 1-3 mm gesetzt. Um Kannibalismus der Laichfische an den Jungfischen zu vermeiden, ist es vorteilhaft, wenn das Gehege durch ein Netz (MW 25-30 mm) in zwei Hälften geteilt und die Laichfische nur in eine Hälfte gesetzt werden.

In intensiven Gehegen (mit Zufütterung) hängt die Besatzdichte vor allem vom Wasseraustausch (Sauerstoff) ab. Sie ist daher oft hoch und beträgt etwa 1-10 kg/m³ wenn die Fische ins Gehege „hineinwachsen“ sollen oder 10-100 kg/m³ wenn die Fische im Gehege regelmäßig „ausgedünnt“ werden.

In kleinen Gehegen (<5 m³) ist die Besatzdichte häufig (bis zu 10-mal) höher als in großen Gehegen (>100 m³), da dort der Wasseraustausch besser ist. Die Besatzdichte hängt aber auch von der möglichen Produktionsdauer und der erwarteten durchschnittlichen Abfischgröße ab, denn je höher die Besatzdichte, desto geringer ist das Wachstum (siehe nachfolgende Tabelle).

**Maximale Besatzdichte männlicher Tilapien,**

in Abhängigkeit von der erwarteten Abfischgröße:

(Nach: McGinty & Rakocy, 1989)

| Abfischgröße (g) | 250 | 500 | 750 |
|---|---|---|---|
| Besatzdichte (St./m³) | 600-800 | 300-400 | 150-200 |

Jüngere oder kleinere Fische werden je Kubikmeter Volumen generell in höherer Anzahl (Stück/m³), aber geringerer Masse (kg/m³), besetzt als ältere oder größere Fische. Bodenfische (wie z. B. Störe) üblicherweise in geringeren Dichten als Schwarmfische (wie z. B. Lachse). Die geringsten Besatzdichten haben dabei meist Störe, gefolgt von Barschen, Brassen, Lachsen, Dorschen, Karpfen, Tilapien und die höchsten Besatzdichten tolerieren Welse (vor allem solche Arten, die atmosphärische Luft zur Sauerstoffversorgung nutzen können).

Tilapiahybriden in einem dicht besetzten Netzgehege. Foto: M. Hochleithner

Wolfsbarsche in einem mäßig besetzten Netzgehege. Foto: B. Furlan (Fonda.si)

Störhybriden in einem schwach besetzten Netzgehege. Foto: M. Hochleithner

In der Elfenbeinküste wurden beispielsweise in einem Stausee schwimmende Netzgehege (1 m$^3$) mit Afrikanischen Kiemensackwelsen (*Heteropneustes longifilis*) besetzt. Pelletiertes Trockenfutter (35 % RP, 6 % RF) wurde mit einer täglichen Fütterungsrate von 10-5 % aufgeteilt auf 3 Fütterungen verfüttert. Bei einer Wassertemperatur von 23,0-31,4 °C und einer Produktionsdauer von 3 bzw. 9 Monaten wuchsen die, ein bzw. vier Monate alten Welsfische, abhängig von der Besatzdichte (1000-100 bzw. 100-12 St./m$^3$), etwa von 0,8 auf 13-14 g bzw. von 13,4 auf 104-400 g Körpergewicht (siehe Abb.), wobei das Wachstum und vor allem die Mortalitätsrate stark von der Besatzdichte abhing (Coulibaly et al., 2007).

**Mortalitätsraten von Kiemensackwelsen,**
in Abhängigkeit von Besatzdichte und -größe:
(Nach: Coulibaly et al., 2007)

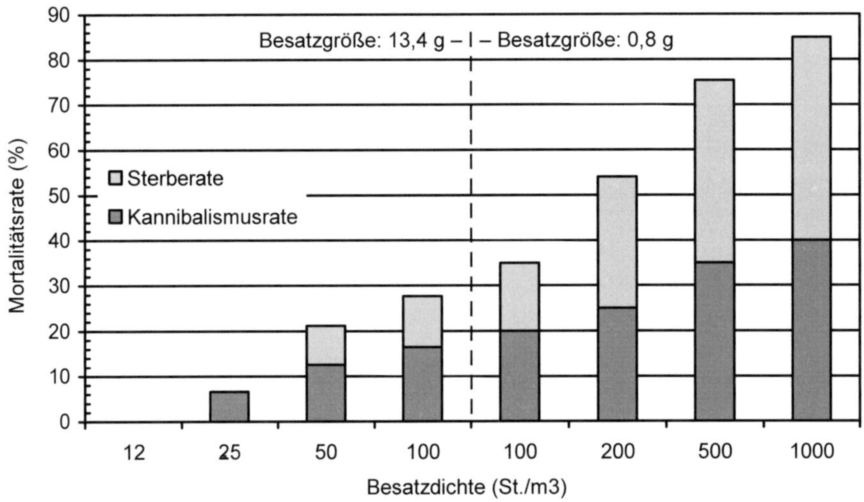


Auch wenn einige Fischarten hohe Besatzdichten vertragen, so kann sich dennoch die Krankheitsanfälligkeit erhöhen, der Futterquotient verschlechtern oder der Fleischanteil verringern, sodass bei ausreichender Wasser- und Futterversorgung generell als Besatz- bzw. Bestandsdichte maximal 25-50 kg/m$^3$ zu empfehlen sind.

In Indien wurden beispielsweise im Meer schwimmende Netzgehege (6 m Ø) mit Königsfischen (*Rachycentron canadum*) besetzt, wobei frische und zerkleinerte Ölsardinen (*Sardinella* sp.) aufgeteilt auf 2 Fütterungen (6 und 18 Uhr) verfüttert wurden. Die tägliche Fütterungsrate wurde von 6 % alle 3

Monate um 2 % verringert. Bei einer Besatzdichte von 3,5 und 14,0 Stück/m³, einer Wassertemperatur von 27-30 (28,3) °C, einer Produktionsdauer von 10 Monaten und einer Überlebensrate von 75-90 % wuchsen die 2 Monate alten Makrelenfische von etwa 20 cm und 15 g auf 3,7-10,5 kg Körpergewicht und die Endbestandsdichte betrug 33-39 kg/m³ (siehe Tab.), allerdings unterschieden sich die Überlebensrate und vor allem das Körpergewicht signifikant (Philipose et al., 2013).

**Produktionsergebnisse von Königsfischen,**
in Abhängigkeit von der Besatzdichte:
(Nach: Philipose et al., 2013)

| Besatzdichte (Stück/m³) | 3,5 | 14,1 |
|---|---|---|
| Besatzstückmasse (g) | 15 | 15 |
| Abfischstückmasse (g) | 10500 | 3680 |
| Stückmassezuwachs (%/Tag) | 2,20 | 1,90 |
| Fütterungsdauer (Tage) | 300 | 300 |
| Überlebensrate (%) | 90 | 75 |
| Endbestandsdichte (kg/m³) | 32,6 | 39,0 |
| Futterquotient (kg/kg Zuwachs) | 1,40 | 1,75 |

Die Bestandsdichte kann aber nicht nur Auswirkungen auf den Futterquotient, die Überlebensrate und das Wachstum, sondern auch auf den Konditionsfaktor, den Zustand und die Qualität der Fische haben.

In Norwegen wurden beispielsweise in einem Fjord schwimmende Netzgehege (12 x 12 x 14 m) mit Atlantischen Lachsen (*Salmo salar*) á 1,28 kg besetzt, wobei extrudiertes Trockenfutter (9 mm) verfüttert wurde. Bei verschiedenen Besatzdichten von 5,6 bzw. 15,7 kg/m³ und einer Wassertemperatur von 6-20 °C, betrug nach einer Produktionsdauer von 3 Monaten, der Futterquotient 0,98 bzw. 1,33 und die Endbestandsdichte 14,5 bzw. 32,1 kg/m³, allerdings hatten die Fische mit der höheren Bestandsdichte um 4 % mehr Hautläsionen, 27 % mehr Flossenerosionen und um 170 % mehr Augenkatarakte (Oppedal et al., 2011).

## 5.2. Fischfütterung

Das Fischfutter und die -fütterung haben einen wesentlichen Einfluss auf die Ökologie des Gewässers und die Ökonomie der Anlage. Futtermittel machen durchschnittlich 40-60 % der Produktionskosten aus, außerdem belasten sie die Gewässer. Deshalb sollte der Fütterung besondere Aufmerksamkeit geschenkt werden.

### 5.2.1. Futtertypen

Fischfutter lässt sich je nach Beschaffenheit in Naturfutter, wie Lebend- und Frostfutter, sowie Kunstfutter, wie Feucht- und Trockenfutter einteilen. Je nach Wassergehalt kann man Futtermittel in Nassfutter (>60 % Wasser), Feuchtfutter (25-50 % Wasser) und Trockenfutter (<15 % Wasser) einteilen.

#### 5.2.1.1. Lebendfutter

Lebendfutter wird üblicherweise nur für die Aufzucht von Fischlarven (Zooplankton) und bei der extensiven Produktion von Pflanzenfressern (Phytoplankton) verwendet.

Bei der Aufzucht von Jungfischen in Unterwassergehegen wird Zooplankton mit einer Unterwasserlampe, die sich im Zentrum der Gehege befindet, angelockt. Hauptsächlich Ruderfußkrebse (Copepoden) und Blattfußkrebse (Phyllopoden), aber auch eine Vielzahl anderer Nährtiere, reagieren positiv phototaktisch und werden in der Nacht durch die Lichtquelle ins Innere der Gehege gelockt (Steiner & Hochleithner, 2016). Dies führt bis zu einer 50-fachen Konzentration der Nährtiere im Gehege, die der Fischbrut dort als Futter dienen. Eine Zufütterung mit anderen Futtermitteln erfolgt dabei nicht. Der tägliche Bedarf an Nährtieren je Fischlarve beträgt z. B. bei Maränen in der ersten Woche etwa 40-60 Stück (zunächst Copepoden-Nauplien) und verdoppelt sich ungefähr jede Woche. Der Futterquotient beträgt je nach Nährtiere meist 3-7.

In Polen wurden beispielsweise in einem See in (24 h/Tag) beleuchteten Unterwassergehegen (2 x 2 x 2 m) Peledmaränen (*Coregonus peled*) aufgezogen, wobei nicht zugefüttert wurde und sich die Fische nur von Zooplankton ernährten. Bei einer Besatzdichte von 125 Stück/m$^3$ und einer Aufzuchtdauer von 15 Wochen, wuchsen die Jungfische von 26,9 mm und 0,13 g auf 123-127 mm und 17-19 g und die Überlebensrate betrug im Mittel 54 %. Allerdings hing die Überlebensrate und damit die erreichte Fischbiomasse stark vom Gehegestandort ab (Litoral – 59,1 %: 9,0 m Gewässertiefe, 50 m entfernt vom Ufer; Zentral – 23,3 %: 14,5 m Gewässertiefe, 100 m vom Ufer; Pelagial – 79,6 %: 13,0 m Gewässertiefe, 280 m vom Ufer). Das weitere Aufziehen über den Winter brachte keinen Erfolg (siehe Abb.) und reduzierte die Biomasse stark durch Verluste (Mamcarz, 1989).

## **Fischbiomasse von Peledmaränen,**
in Abhängigkeit vom Gehegestandort:
(Nach: Mamcarz, 1989)

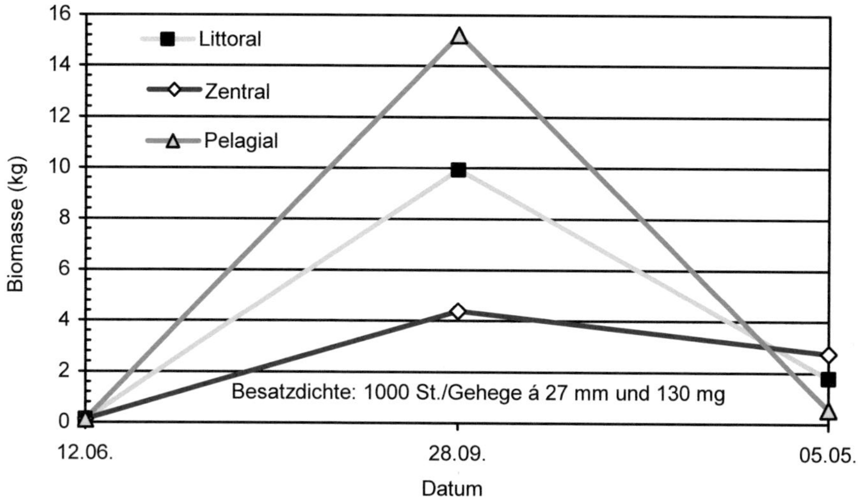


## **Biochemische Zusammensetzung von Zooplankton***
aus österreichischen Seen[x]:
(Nach: Steiner & Hochleithner, 2016)

| Komponenten+ | Prozent | Aminosäuren | Prozent |
|---|---|---|---|
| Roh-Protein# | 60,00 | Asparagin | 4,60 |
| Roh-Fett | 15,70 | Threonin | 3,00 |
| Roh-Asche | 11,85 | Serin | 2,67 |
| Roh-Faser | 7,50 | Glutamin | 7,88 |
| Kalzium (Ca) | 2,67 | Prolin | 3,05 |
| Phosphor (P) | 1,38 | Glycin | 2,99 |
| Eisen (Fe) | 1,02 | Alanin | 3,97 |
| Kalium (K) | 0,70 | Valin | 3,32 |
| Magnesium (Mg) | 0,16 | Isoleucin | 2,75 |
| Zink (Zn) | 0,10 | Leucin | 4,61 |
| Mangan (Mn) | 0,05 | Tyrosin | 2,57 |
| Quecksilber (Hg) | 0,04 | Phenylalanin | 3,90 |
| Kupfer (Cu) | 0,02 | Lysin | 4,96 |
| Blei (Pb) | n.n. | Histidin | 1,39 |
| Kobalt (Co) | n.n. | Arginin | 4,05 |
| Molybdän (Mo) | n.n. | Methionin | 0,65 |
| Jod (I) | n.n. | Cystein | - |

**Anmerkungen:** * Organismen (*Daphnia* sp., *Bosmina* sp., *Eudiaptomus* sp., *Cyclops* sp.);
+ = in Trockensubstanz (7,85 % vom Nassgewicht); # = Verdauliches Protein 56,65 %;
x = Mittelwert von Bodensee und Heiterwangersee; n.n. = nicht nachweisbar.

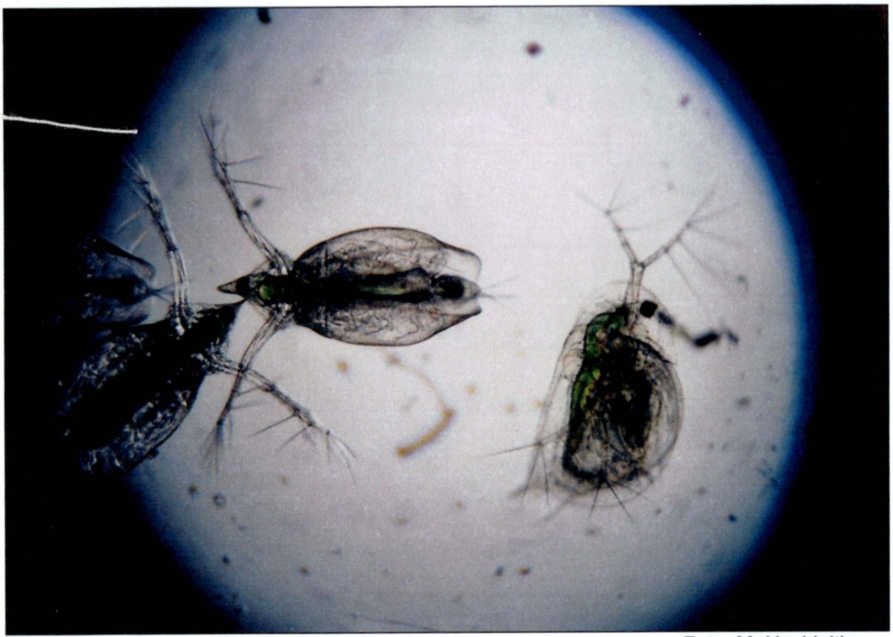
Zooplankton - Phyllopoden *(Daphnia* sp.). Foto: M. Hochleithner

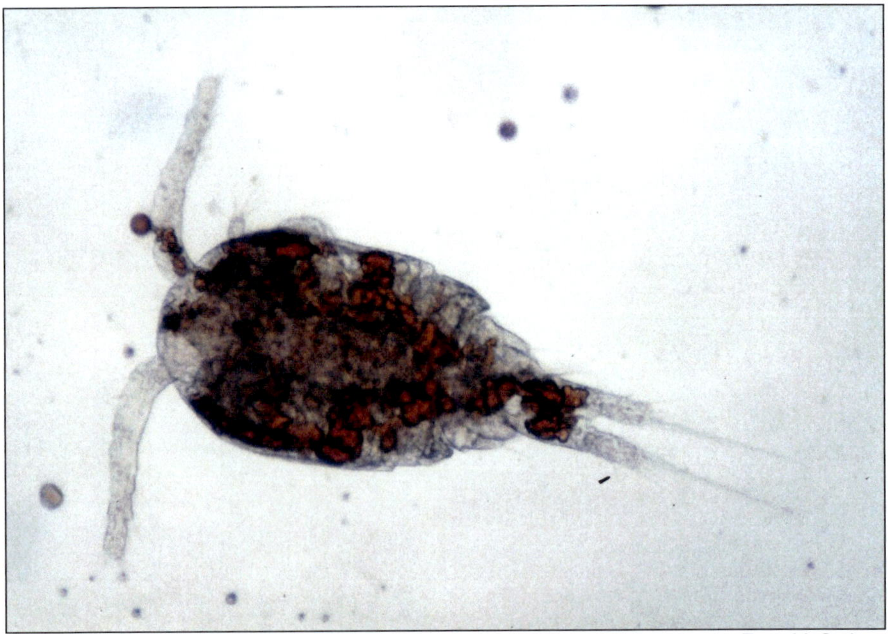
Zooplankton - Copepoden *(Cyclops* sp.). Foto: V. Steiner

Bei der Produktion von pflanzenfressenden Fischen ernähren sich die Fische vom Phytoplankton, das in die Gehege natürlicherweise eingeschwemmt wird, da es sich mit Licht nicht anlocken lässt. Oft erfolgt aber auch noch eine Zufütterung mit anderen (meist pflanzlichen) Futtermitteln. Der Futterquotient beträgt je nach Algenart meist 10-20.

In Indien wurden beispielsweise in einem Reservoir stationäre Netzgehege (1,8 x 1,2 x 1,2 m) mit Catlabarben (*Catla catla*) besetzt, wobei nicht zugefüttert wurde und sich die Fische von Phytoplankton und Detritus ernährten. Bei einer Besatzdichte von 50 Stück/m$^3$, einer Produktionsdauer von 6 Monaten und einer Überlebensrate (ÜLR) von 71 bzw. 78 % wuchsen die Karpfenfische von etwa 2 cm auf 23 bzw. 26 cm Gesamtlänge und die Produktionsergebnisse betrugen 3,9 kg/m$^3$ ohne Zufütterung und 10,2 kg/m$^3$ mit Zufütterung von täglich 5 % Trockenfutter (Balkhande & Kulkarni, 2017).

**Wachstum von Catlabarben,**
in Abhängigkeit von der Zufütterung:
(Nach: Balkhande & Kulkarni, 2017)

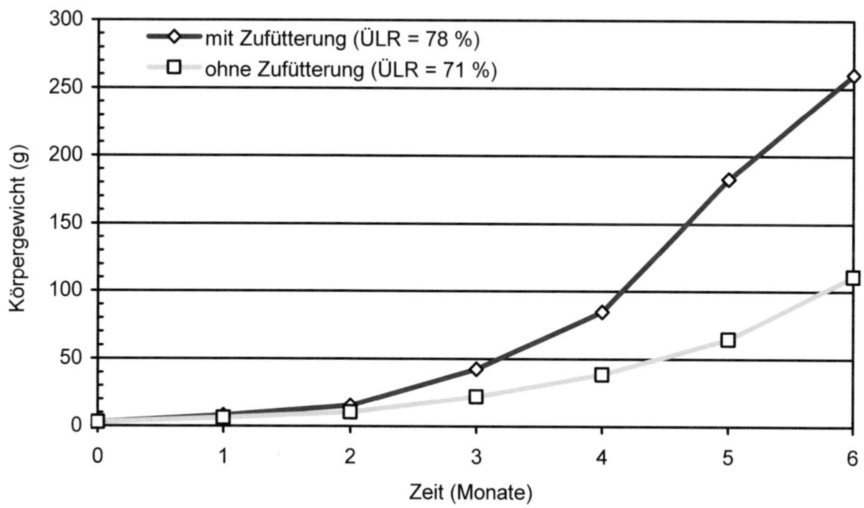


## 5.2.1.2. Frostfutter

Frostfutter wird heute eher selten eingesetzt und wenn, dann meist für wildgefangene Raubfische (Thunfische, Sägebarsche), die schlecht bis gar nicht mehr an Trockenfutter zu gewöhnen sind. Dazu werden üblicherweise preisgünstige Futterfische (Makrelen, Heringe, Sardinen, Stinte, Sandaale) verwendet, die vor der Verfütterung in der Regel aufgetaut und eventuell gewaschen werden. Da die Futterfische oft einen unterschiedlichen Nährstoffgehalt haben (siehe Tab.), werden manchmal auch 2-3 verschiedene Fischarten gleichzeitig verfüttert.

**Nährstoffgehalt verschiedener Futterfische,**
in Abhängigkeit von der Fischart:
(Nach: Orban et al., 2008)

| Nährstoffe | Fischart | | |
|---|---|---|---|
| % | *Sardinella aurita* | *Sardina pilchardus* | *Scomber scombrus* |
| Wasser | 64,38 | 73,06 | 75,09 |
| Roh-Protein | 18,80 | 20,63 | 18,15 |
| Roh-Fett | 15,24 | 6,00 | 6,10 |
| Roh-Asche | 1,30 | 1,97 | 1,30 |
| Roh-Faser | 0,46 | 0,49 | 0,47 |

Für kleinere Fische werden die Futterfische auch zerkleinert (gehackt, gecuttert), wobei jedoch die Keim- und Wasserbelastung steigen kann, weshalb die Verfütterung manchmal auch als gefrosteter Block erfolgt, der dann langsam auftaut. Für die Aufzucht von Jungfischen (an Land) wird manchmal auch gefrostetes Zooplankton als Startfutter verwendet. Die Verfütterung von Frostfutter kann nur händisch, bei Zooplankton auch automatisch, erfolgen. Eine Zufütterung mit anderen Futtermittel erfolgt dabei normalerweise nicht. Der Futterquotient beträgt je nach Fischart meist 5-10.

**Produktionsergebnisse von Wolfsbarschen,**
in Abhängigkeit vom Futtermittel:
(Nach: El-Hammady et al., 2014)

| Futtermittel | Trockenfutter | Futterfische |
|---|---|---|
| Besatzstückmasse (g) | 22,6 | 21,8 |
| Abfischstückmasse (g) | 116 | 109 |
| Stückmassezuwachs (%/Tag) | 1,17 | 1,15 |
| Fütterungsdauer (Tage) | 140 | 140 |
| Überlebensrate (%) | 90 | 83 |

In Ägypten wurden beispielsweise in einer Lagune mehrere Netzgehege (4 m Ø) mit Wolfsbarschen (*Dicentrarchus labrax*) im Salzwasser (Temperatur 25,3-31,9 °C, Salinität 14,5-22,1 ‰) besetzt, wobei faschierte und gefrostete Futterfische (62 % RP, 17 % RF, 21,8 MJ/kg) und parallel dazu pelletiertes Trockenfutter (49 % RP, 12 % RF, 19,1 MJ/kg), aufgeteilt auf 2 Fütterungen (9 und 14 Uhr) verfüttert wurde. Die tägliche Fütterungsrate betrug bei Futterfischen 8,6 % und bei Trockenfutter 2,2 %. Bei einer Besatzdichte von 40 Fischen/Gehege, einer Produktionsdauer von 20 Wochen und einer

Überlebensrate von 83-90 % wuchsen die Seebarsche von etwa 22-23 g auf 109-116 g Körpergewicht (siehe Tab.). Allerdings wurde der Futterquotient nicht ermittelt (El-Hammady et al., 2014).

### 5.2.1.3. Feuchtfutter

Feuchtfutter wird heute ebenfalls nur noch selten eingesetzt und wenn dann nur für Jungfische zur Umstellung von Natur- auf Trockenfutter oder für Raubfische, die Trockenfutter schlecht aufnehmen. Bei einigen Fischarten (Forellen) kann Feuchtfutter (im Winter) jedoch auch den osmotischen Stress im kalten Meerwasser verringern. Für die Herstellung von Feuchtfutter werden Fischmehl (60-70 %) und (10-30 %) Bindemittel (z. B. Kartoffelstärke, Bananenmehl), eine Vitamin- und Mineralmischung (1-5 %) sowie eventuell (5-10 %) Öl, mit etwa gleich viel Wasser zu einem Teig vermischt, der vor der Verfütterung zu feuchten Klumpen und Bällen geformt oder durch eine Faschiermaschine (Fleischwolf) zu halbfeuchten Pellets verarbeitet wird. Dabei können jedoch Nährstoffe (Vitamine) im Wasser schnell ausgelaugt werden.

Zur Umstellung von Jungfischen auf Trockenfutter wird dieser Teig anstatt aus Fischmehl und Wasser aus Naturfutter (z. B. Fischfarce, Fischsilage) hergestellt oder mit Naturnahrung (z. B. Zuckmückenlarven, Schlammröhrenwürmern) ergänzt, wobei (innerhalb von 1-4 Wochen) deren Anteil kontinuierlich verringert und der Anteil an Trockenfutter (Granulat) gleichzeitig erhöht wird. Wird frisches Naturfutter verwendet, dann kann man es vorher kurz abkochen oder besser einfrieren, damit Bakterien oder Parasiten abgetötet werden. Die Verfütterung von Feuchtfutter kann händisch, eventuell auch automatisch, erfolgen. Eine Zufütterung mit anderen Futtermitteln (Granulat) erfolgt nur bei der Umstellung der Jungfische. Der Futterquotient beträgt je nach Zusammensetzung meist 2-5.

### 5.2.1.4. Trockenfutter

Trockenfutter wird heute fast ausschließlich eingesetzt, vor allem dann, wenn es sich um gezüchtet bzw. domestiziert Fische handelt. Dazu werden Futtermehle tierischen (z. B. Fisch-, Shrimpmehl) und pflanzlichen (z. B. Soja-, Weizenmehl) Ursprungs vermischt, Öle tierischen oder pflanzlichen Ursprungs zugesetzt, mit Vitamin- und Mineralmischungen versehen und industriell zu Granulat oder Pellets gepresst.

Schwimmender Futterautomat für Maränen in einem See (Finnland). Foto: N. Schotzko

Schwimmende Futterlager für Welse in einem Fluss (Vietnam). Foto: M. Hochleithner

Schwimmender Futterponton für Barsche im Meer (Kroatien). Foto: N. Schotzko

Je nach Verfahren unterscheidet man Trockenfutter das (bei 60-70 °C) expandiert oder (bei 120-130 °C) extrudiert wurde, wobei heute (zumindest in der EU) fast ausschließlich letztere verwendet werden. Es gibt schwimmende oder sinkende Futterpellets, wobei erstere nicht für alle Fische geeignet sind, allerdings können dabei die Futteraufnahme und -verluste besser kontrolliert werden. Die Verfütterung von Trockenfutter kann händisch, besser jedoch automatisch, erfolgen. Der Futterquotient beträgt je nach Nährstoffgehalt meist 1-2.

### 5.2.2. Futterlagerung

Da Fischfutter meist nur in größeren Mengen günstig oder überhaupt lieferbar ist, muss es bis zur Verabreichung richtig gelagert werden. Dabei kann zwischen Gefrier- und Trockenlagerung unterschieden werden.

#### 5.2.2.1. Gefrierlagerung

Frostfutter muss dabei natürlich auch gefrostet (bei ca. -20 °C) in Tiefkühlzellen oder Gefrierhäusern gelagert werden. Dabei gilt: je höher der Fettgehalt und je geringer die Lagertemperatur, desto kürzer die Lagerzeit, die generell nicht mehr als 9-12 Monate betragen sollte. Um Gefrierschäden (Gefrierbrand) zu reduzieren, sollten die Futtertiere gut in Kunststoffsäcken oder -kisten verpackt sein.

Steht keine Frostmöglichkeit zur Verfügung, wird (vor allem in Asien) aus Fischen oder Fischabfällen gelegentlich auch eine Fischsilage hergestellt, die dann in Kunststofffässern oder -tanks auch länger (6-9 Monate) ungekühlt haltbar ist. Dazu werden die Futterfische zerkleinert und mit 1,5 % Schwefelsäure und 1,5 % Ameisensäure der pH-Wert auf unter 4 gesenkt. Anschließend wird manchmal noch ein Antioxidationsmittel (250 ppm Ethoxyquin) dazu gefügt.

#### 5.2.2.2. Trockenlagerung

Trockenfutter sollte wiederum auch trocken, sowie wärme- und lichtgeschützt, aber auch sicher vor Ungeziefer (wie Insekten und Nagern) gelagert werden. Verunreinigungen jeder Art sind jedenfalls zu vermeiden. Durch Kot oder Urin von Nagern (Mäusen, Ratten) oder Vögeln (Möwen, Tauben) verunreinigtes Futter kann mit Bakterien (Salmonellen) kontaminiert sein. Durch eine feuchte oder längere Lagerung nahe des Wassers kann das Futter verklumpen und verpilzen, wobei das von Schimmelpilzen befallene Futter Mykotoxine enthalten kann, die Lebertumore (Hepatome) und Blutungen (Hämorrhagien) bei den Fischen verursachen können. Aber auch bei normaler Lagerung nehmen Vitaminabbau und Fettoxidation mit der Zeit zu. Die Lagerzeit sollte daher nicht mehr als 3-6 Monate betragen.

Kleinere Futtermengen an Trockenfutter, die üblicherweise verpackt in Säcken erhältlich sind, können entweder direkt in größeren Futterautomaten/ Futterbehältern oder in einem Futterlager an den Gehegen oder an Land gelagert werden. Größere Futtermengen an Trockenfutter, die normalerweise unverpackt in Silos geliefert werden, können entweder direkt in größeren Futterpontons/Futterschiffen bei den Gehegen oder in Futtersilos an Land gelagert werden.

### 5.2.3. Futterverabreichung

Die Verabreichung des Trockenfutters an die Fische kann sowohl händisch mit einer Futterschaufel, als auch automatisch mit einem Futterautomaten erfolgen (siehe auch Punkt 3.5.4.1. Futterautomaten).

Bei händischer Fütterung kann man schnell auf ein verändertes Verhalten der Fische (Appetitlosigkeit) reagieren; oft überfüttert man die Fische aber, was zwar zu besserem Wachstum, aber schlechterem Futterquotienten führt und zudem auch die Wasserbelastung erhöht. Deshalb wird bei händischer Fütterung meist nur bis zu 80 % Sättigung gefüttert. Bei automatischer Fütterung kann man die Fische über einen ausgedehnteren Zeitraum mit Futter versorgen, was Arbeitszeit spart, allerdings hat man einen schlechteren Überblick, wie es den Fischen geht oder wieviel sie tatsächlich fressen. Eine gute Alternative ist aber einen kleineren Teil des Futters (20-30 %) täglich einmal händisch zu verfüttern und dabei die Fische auch zu beobachten und den größeren Teil (70-80 %) kontinuierlich automatisch zu verfüttern. Die Futterautomaten sollten regelmäßig kalibriert werden, zumindest, wenn die Futtersorte gewechselt wird, damit auch die vorgesehene Menge an Futter je Zeiteinheit abgegeben und es nicht zu Überfütterung kommt. Füttert man ausschließlich händisch, dann sollte das Futter, je nach Fischart und -größe, zumindest auf mehrere Portionen über den Tag verteilt (aber stets zur gleichen Tageszeit) verabreicht werden.

In Ägypten wurden beispielsweise mehrere Netzgehege (1 x 2 x 1 m) mit Tilapiahybriden (*O. niloticus* x *O. aureus*) besetzt, wobei pelletiertes Feuchtfutter (39 % Trockensubstanz, 15,45 MJ/kg) mit einer täglichen Fütterungsrate von 4 %, aufgeteilt auf 4 Handfütterungen, sowie parallel dazu in anderen Gehegen dieselbe Futtermenge über Pendelautomaten verfüttert wurde, welche täglich 8 h (8-16 Uhr) bedienbar waren. Bei einer Besatzdichte von 150 Stück/m$^3$, einer Wassertemperatur von 21-31 °C, einer Produktionsdauer von über 3 Monaten und einer Überlebensrate von 86-89

%, wuchsen die Buntbarsche von etwa 9 cm und 15 g auf 139-148 g Körpergewicht (siehe Tab.), dabei waren die Produktionsergebnisse bei der Fütterung mittels Automaten etwas besser (Essa, 2000).

**Produktionsergebnisse von Tilapiahybriden,**
in Abhängigkeit von der Fütterungsmethode:
(Nach: Essa. 2000)

| Fütterungsmethode | Händisch 4 x/Tag | Automatisch 8 h/Tag |
|---|---|---|
| Besatzstückmasse (g) | 14,9 | 15,5 |
| Abfischstückmasse (g) | 139 | 148 |
| Fütterungsdauer (Tage) | 95 | 95 |
| Überlebensrate (%) | 86 | 89 |
| Endbestandsdichte (kg/m$^3$) | 18 | 20 |
| Futterquotient (kg/kg Zuwachs) | 2,0 | 1,8 |

### 5.2.3.1. Partikelgrößen

Die Partikelgröße und -form der Futterpellets hat einen entscheidenden Einfluss auf Akzeptanz, Aufnahme und Verdauung. Bei Feuchtfutter werden generell größere Partikel akzeptiert, als bei Trockenfutter. Expandierte Pellets sind eher zylinderförmig (Höhe entspricht etwa dem doppelten Durchmesser) und extrudierte Pellets sind eher kugelförmig (Höhe entspricht etwa dem Durchmesser), wobei letztere besser akzeptiert werden.

Die optimale Pelletgröße bei Raubfischen (z. B. Lachsen) entspricht etwa der Hälfte der Maulbreite bzw. 1,5-2,5 % der Fischlänge. Bei Friedfischen (z. B. Karpfen) ist die optimale Pelletgröße wesentlich kleiner als bei Raubfischen (siehe Tab.). Beim Übergang von einer zur nächsten Pelletgröße oder bei stark auseinander gewachsenem Fischbestand werden manchmal über einige Tage bis Wochen auch zwei Pelletgrößen gemischt verfüttert.

**Partikelgrößen extrudierten Trockenfutters,**
in Abhängigkeit von Fischart und -größe:
(Nach: Hochleithner, 2014)

| Pelletgröße (mm) | 2-3 | 3-4 | 4-5 | 5-7 | 7-9 | 9-12 |
|---|---|---|---|---|---|---|
| Lachsfische (g) | 10-100 | 100-200 | 200-500 | 500-1000 | 1000-2000 | >2000 |
| Karpfenfische (g) | 20-200 | 200-2000 | >2000 | X | X | X |

Damit das Trockenfutter in den Verdauungstrakt gelangt und verdaulich wird, muss der Fisch rund 70-75 % Wasser aufnehmen, was in etwa zur Hälfte mit der Futteraufnahme geschieht. Bei gleicher Fischgröße ist der Futterquotient bei der Verfütterung kleinerer Pellets besser als bei größeren. Dies wird auf die größere Oberfläche und die höhere Anzahl der Pellets zurückgeführt.

Fütterung von Wolfsbarschen mittels Handschaufel (Slowenien). Foto: M. Hochleithner

Fütterung von Karpfen mittels Automaten (Deutschland). Foto: M. Hochleithner

Fütterung von Königsfischen mit der Hand (Malaysia). Foto: C. Guldberg-Petersen

Fütterung von Schnappern mittels Gebläse (Costa Rica). Foto: C. Guldberg-Petersen

**Eigenschaften extrudierter Futterpellets,**
in Abhängigkeit von der Pelletgröße:
(Nach: Talbot in Willoughby, 1999)

| Pelletgröße (mm) | 1,8 | 2,5 | 3,0 | 4,0 | 6,0 | 9,0 | 12,0 |
|---|---|---|---|---|---|---|---|
| Pelletgewicht (g) | 0,011 | 0,028 | 0,037 | 0,087 | 0,293 | 0,988 | 2,341 |
| Pelletanzahl (St./kg) ca. | 95.000 | 35.000 | 27.000 | 11.500 | 3.400 | 1.000 | 430 |

### 5.2.3.2. Futtermengen

Die tägliche Futtermenge hängt neben der Fischart und -größe, vor allem vom Nährstoffgehalt des Futters, aber auch von der Temperatur und dem Sauerstoffgehalt des Wassers ab. Am besten hält man sich diesbezüglich an die Futtertabellen des Futterherstellers. Ein leichtes Unterschreiten kann nicht schaden, da die Hersteller wohl auch den Verkauf im Auge haben.

Schwimmendes Futter kann in Schwimmrahmen (aus Holz oder Kunststoff) angeboten werden, oder der obere Gehegerand wird aus Netzmaterial hergestellt, dessen Maschenweite kleiner ist als der Durchmesser der Pellets, sodass ein Ausschwemmen des Futters aus dem Gehege vermieden wird. Sinkendes Futter kann über Futtertische (aus Holz oder Kunststoff) verfüttert werden, oder der gesamte Gehegeboden wird aus Netzmaterial hergestellt, dessen Maschenweite kleiner ist als der Durchmesser der Pellets, sodass ein Austragen des Futters aus dem Gehege verringert wird. Für einige Fische (Tilapia) können Futtertische ein Laichsubstrat darstellen und das erfolgreiche Ablaichen ermöglichen, was aber unerwünscht und in Netzgehegen sonst nicht möglich ist.

Um eine Überfütterung zu vermeiden, gibt es auch Unterwasserkameras oder -sensoren, die im unteren Bereich des Geheges installiert werden und überschüssiges Futter registrieren oder Sammeltrichter, die das Futter mit Druckluft (HP-Förderer) über einen Schlauch hochfördern. Damit nicht zu viel Futter auf einmal verfüttert wird, gilt als Faustregel: max. 1 Pellet/Fisch/ Minute. Pendelautomaten sollten stets nur mit so viel Futter befüllt werden, wie an einem Tag verfüttert werden soll.

Die tägliche Fütterungsrate (in Prozent vom Körpergewicht) von Trockenfutter reicht von über 10 % bei Jungfischen bis unter 1 % bei Laichfischen. Generell nimmt mit steigender Fütterungsrate zwar das Wachstum bis zu einem gewissen Sättigungswert zu, jedoch auch der Futterquotient und damit die Umweltbelastung.

In Indonesien wurden beispielsweise in einem See mehrere Netzgehege (2,0 x 2,0 x 1,5 m) mit Riesenguramis (*Osphronemus goramy*) besetzt, wobei sinkendes und granuliertes (1 mm) Trockenfutter (30 % RP, 7 % RF, 14 MJ/kg) in verschiedenen täglichen Fütterungsraten (2-6 %) aufgeteilt auf 3 Fütterungen verfüttert wurde. Bei einer Besatzdichte von 50 Stück/m$^3$, einer Wassertemperatur von 27-31 °C, einer Produktionsdauer von 4 Monaten und einer Überlebensrate von 91-92 % wuchsen die Labyrinthfische von etwa 10 cm und 14 g auf 203-310 g Körpergewicht (siehe Tab.), allerdings unterschied sich der Futterquotient (0,6-2,4) zwischen den Fütterungsraten erheblich (Aryani et al., 2017).

**Produktionsergebnisse von Riesenguramis,**
in Abhängigkeit von der Fütterungsrate:
(Nach: Aryani et al., 2017)

| Fütterungsrate (%/Tag) | 2 | 4 | 6 |
|---|---|---|---|
| Besatzstückmasse (g) | 14,37 | 14,17 | 14,23 |
| Abfischstückmasse (g) | 202,5 | 261,7 | 310,4 |
| Stückmassezuwachs (%/Tag) | 2,20 | 2,43 | 2,57 |
| Fütterungsdauer (Tage) | 120 | 120 | 120 |
| Überlebensrate (%) | 91,55 | 90,88 | 92,54 |
| Futterquotient (kg/kg Zuwachs) | 0,75 | 1,34 | 1,78 |

### 5.2.3.3. Futterintervalle

Einige Fische (Friedfische) nehmen stets nur kleinere Mengen an Futter auf, da sie nur einen kleinen Magen (wie Tilapien) oder gar keinen Magen (wie Karpfen) haben, der als Zwischendepot dienen könnte; deshalb sollte bei diesen Fischen die tägliche Futtermenge aufgeteilt in mehrere Raten erfolgen. Aber auch bei vielen anderen Fischen sollte die tägliche Futtermenge auf mehrere Raten aufgeteilt werden, da die Futterverwertung so oft besser ist. Manche Fische (Raubfische) haben jedoch einen dehnbaren Magen, der auch als Zwischendepot dienen kann und kommen auch mit einer Fütterung pro Tag aus.

Die Futterintervalle reichen von 15 Minuten (48-mal/Tag) bei jüngeren Fischen bis zu 24 Stunden (1-mal/Tag) bei älteren Fischen. Grundsätzlich gilt: je jünger/kleiner die Fische, desto öfter muss täglich gefüttert werden. Wird nur wenige Male pro Tag gefüttert, dann sollte die Fütterung jeweils zu den Aktivitätsspitzen der Fische erfolgen; diese sind oft bei Dämmerlicht am Morgen und am Abend. Bei Dauerlicht zeigen einige Fische (Forellen) bei optimalen Temperaturen aber auch alle 6 Stunden deutliche Aktivitätsspitzen. Die Futterintervalle hängen jedoch auch von der Wasserqualität ab; generell gilt bei optimalen Bedingungen min. 4 Rationen, bei guten Bedingungen ca. 3 Rationen, bei ausreichenden Bedingungen ca. 2 Rationen, und bei schlechten Bedingungen max. 1 Ration oder auch einmal einen Tag gar kein Futter (viele Fische vertragen das einmal pro Woche).

In Indien wurden beispielsweise im Meer mehrere Netzgehege (1,5 x 1,5 x 1,5 m) mit Gelbflossenbrassen (*Acanthopagrus arabicus*) besetzt, wobei pelletiertes Trockenfutter (42 % RP, 13 % RF) in einer täglichen Fütterungsrate von 7 % aufgeteilt auf (2-6) verschiedene Fütterungen (zwischen 8 und 18 Uhr) verfüttert wurde. Bei einer Besatzdichte von 9 Stück/m$^3$, einer Wassertemperatur von 22,32 (± 0,54) °C und einer Produktionsdauer von 45 Tagen wuchsen die Meerbrassen von etwa 18 cm und 50 g auf 106-130 g Körpergewicht (siehe Tab.). Das beste Wachstum zeigten die Fische bei 4 Fütterungen pro Tag, allerdings wurde der Futterquotient und die Überlebensrate nicht erfasst (Ahmad et al., 2018).

**Produktionsergebnisse von Gelbflossenbrassen,**
in Abhängigkeit von der Fütterungsfrequenz:
(Nach: Ahmad et al., 2018)

| **Fütterungsfrequenz (Anzahl/Tag)** | **2** | **3** | **4** | **6** |
|---|---|---|---|---|
| Besatzstückmasse (g) | 50,1 | 49,5 | 49,8 | 49,4 |
| Abfischstückmasse (g) | 106 | 113 | 130 | 129 |
| Stückmassezuwachs (%/Tag) | 0,99 | 1,09 | 1,30 | 1,30 |
| Fütterungsdauer (Tage) | 45 | 45 | 45 | 45 |

### 5.2.4. Futterzusammensetzung

Fischfutter setzt sich aus verschiedenen Nähr- und Zusatzstoffen zusammen, die wesentlich den Energiegehalt und die Verdaulichkeit beeinflussen.

#### 5.2.4.1. Nährstoffe

Nährstoffe werden von Lebewesen für ihre Lebenstätigkeit benötigt, sind aber bei Tieren und Pflanzen unterschiedlich. Sie dienen als Bausteine der organischen Substanz (Aufbau und Erhalt des Körpers) oder für spezielle Prozesse (z. B. Energietransport, Nervenreizleitung). Wesentliche Nährstoffe für Tiere sind Proteine, Fette, Kohlenhydrate, Mineralstoffe und Vitamine.

##### 5.2.4.1.1. Eiweiße

Eiweiße (Proteine) sind wohl der wichtigste Nährstoff für die Ernährung von Tieren, da sie das entscheidende Bauelement des wachsenden tierischen Organismus sind. Eiweiß besteht aus verschiedenen miteinander verbundenen Aminosäuren. Der tierische Organismus ist nicht in der Lage, größere Mengen Aminosäuren zu speichern; daher ist er auf eine ständige Zufuhr von außen angewiesen. Fehlt diese Zufuhr, werden die Aminosäuren aus der Muskelmasse abgebaut, um die Lebensvorgänge aufrecht zu erhalten (Steinbach, 2018).

Im Verdauungssystem werden Proteine mit Hilfe von Enzymen (Proteasen) in Aminosäuren aufgespalten und in den Körper aufgenommen. Diese Aminosäuren können anschließend im Tier zum Wachstum verwendet werden oder aber durch weitergehende Abbauvorgänge zur Energiegewinnung im Kohlenhydratstoffwechsel und/oder Fettstoffwechsel Verwendung finden. Aufgrund der beschränkten Verfügbarkeit von Protein, der im Stoffwechsel bei der Verdauung entstehenden Abbauprodukte (Ammoniak/Ammonium und Harnstoff) und des hohen Preises ist Eiweiß möglichst nur zum Wachstum der Tiere, nicht aber zur Energiegewinnung einzusetzen. Zur Energieversorgung von Fischen ist Fett billiger und damit besser geeignet (Steinbach, 2018).

Aus den durch die Verdauung zur Verfügung gestellten Aminosäuren kann der Körper unter Energieverbrauch Eiweiß (Fleisch) aufbauen. Jeder tierische Organismus ist in der Lage, im Zwischenstoffwechsel eine Reihe von Aminosäuren selbst herzustellen. Für deren Aufbau ist er von der Zufuhr über die Nahrung unabhängig. Derartige Aminosäuren werden daher als nicht essentielle oder entbehrliche bezeichnet. Essentielle Aminosäuren oder unentbehrliche müssen dem Körper von außen über die Nahrung zugeführt werden, da der Organismus sie benötigt, aber selbst nicht herstellen kann. Eine Zwischenstufe stellen halbessentielle Aminosäuren dar. Sie müssen nur unter bestimmten Bedingungen zugeführt werden. Ihr Vorhandensein in der Nahrung bewirkt im Organismus eine Einsparung bestimmter essentieller Aminosäuren, da sie diese zumindest teilweise ersetzen (Steinbach, 2018).

**Aminosäuren**

die für Fische unentbehrlich oder entbehrlich sind:

(Nach: Steinbach, 2018)

| Essentielle Aminosäuren | Nichtessentielle Aminosäuren |
|---|---|
| Arginin (Arg) | Alanin (Ala) |
| Histidin (His) | Asparaginsäure (Asp) |
| Isoleucin (Ile) | Glutaminsäure (Glu) |
| Leucin (Leu) | Glycin (Gly) |
| Lysin (Lys) | Hydroxyprolin (Hyp) |
| Methionin (Met) | Ornithin (Orn) |
| Phenylalanin (Phe) | Prolin (Pro) |
| Threonin (Thr) | Serin (Ser) |
| Tryptophan (Trp) | Tyrosin (Tyr)* |
| Valin (Val) | Cystin (Cys)* |

* = halbessentiell.

Um einen Fisch optimal mit Eiweiß zu versorgen, müssen die Aminosäuren der Nahrung in einem bestimmten, ausgewogenen Verhältnis zueinander stehen. Sind einige oder auch nur einzelne zu viel, kann es zu Stoffwechselstörungen oder sogar zu Vergiftungserscheinungen kommen.

Zum Eiweißaufbau kann ein tierischer Organismus nur sogenannte L-Aminosäuren verwenden. Synthetische (künstliche) Aminosäuren liegen aber oft als D/L-Gemisch vor. Der Wert dieser Mischung ist begrenzt, da der Organismus die D-Form der Aminosäure vor ihrer Verwendung im Körper in die L-Form überführen muss, was Energie kostet. Eine L-Aminosäure wird so bezeichnet, weil ihr Kohlenstoffgerüst bei Bestrahlung mit polarisiertem Licht eine Linksdrehung, also gegen den Uhrzeigersinn, aufweist. D-Aminosäuren drehen im polarisierten Licht rechts, also im Urzeigersinn. D bedeutet Dexter = rechts. Die biologische Wertigkeit der D-Form ist bei chemisch völlig gleicher Zusammensetzung wegen des nötigen Umbaus in die L-Form schlechter (Steinbach, 2018).

Hohe Temperaturen bei der Futterherstellung verursachen in der Regel eine Abnahme der Verfügbarkeit oder Verdaulichkeit von Eiweiß, eine leichte (kurze) Erhitzung kann allerdings die Verdaulichkeit von pflanzlichem Protein verbessern. Bei Hülsenfrüchten (wie Erbsen, Bohnen, Lupinen oder Soja) ist dies zur Aufhebung oder Verminderung von enthaltenen Hemmstoffen (z. B. Inhibitoren, Antivitaminen) nötig. Fisch-, Feder- und Blutmehle, die bei hohen Temperaturen getrocknet wurden, sind wegen der Denaturierung des Eiweißes schlechter für die Verwendung im Fischfutter geeignet als solche, die bei niedrigen Temperaturen getrocknet wurden. Die Farbe des Mehls kann als Indiz für die Temperatur bei der Herstellung dienen. Je dunkler das Produkt, desto höher war die Temperatur. Hochwertige Fischmehle werden heutzutage als LT (Low Temperature) Mehle bezeichnet (Steinbach, 2018).

Der für schnelles Wachstum nötige Proteinbedarf hängt in hohem Maße vom Energiegehalt des Futters ab. Bei niedrigen Energiegehalten wird ein Teil des Proteins zur Energieversorgung herangezogen statt für den Zuwachs. Für in der Aquakultur gehaltene Fische ist je nach Alter und Spezies in den meisten Fällen ein Rohproteingehalt (RP) von 35-45 % nötig und bei Futtermitteln mit genügend Fett als Energielieferant auch ausreichend. Sehr junge Fische (Brut) benötigen mehr Protein (50-60 %), da zum teilweise sehr schnellen Aufbau von Körpermasse (Muskelfleisch) vor allem Eiweiß nötig ist (Steinbach, 2018).

#### 5.2.4.1.2. Fette

Fette (Lipide) sind wohl der wichtigste Energielieferant für die Ernährung von Tieren, da sie relativ preiswert und doch hochwirksam sind. Neutralfette sind Verbindungen von Glycerol (ein dreiwertiger Alkohol) mit drei verschiedenen oder in seltenen Fällen drei gleichen Fettsäuren (Steinbach, 2018).

Im Darmkanal werden die Fette mit Hilfe von Enzymen (Lipasen) in Glycerol und Fettsäuren zerlegt. Der Neuaufbau von Neutralfetten aus diesen Bestandteilen kann dann bereits in der Darmwand beginnen. Diese Bestandteile werden durch die Blutbahn zu den Gewebezellen transportiert und dort gespeichert. Aus diesem Depot erfolgt in Abhängigkeit vom Bedarf entweder eine energetische Nutzung, ein Auf- und Abbau, oder eine Neubildung oder Resynthese (Steinbach, 2018).

Man unterscheidet gesättigte und ungesättigte Fettsäuren. Bei einer gesättigten Fettsäure sind alle C-Atome in der Fettsäurekette durch Einzelbindungen (C-C) miteinander verknüpft. Bei ungesättigten Fettsäuren sind einige C-Atome durch Doppelbindungen (C=C) miteinander verknüpft. Diese Doppelbindungen erniedrigen den Schmelzpunkt. Ungesättigte (kurzkettige) Fettsäuren besitzen somit einen niedrigeren Schmelzpunkt als gesättigte (langkettige) Fettsäuren. Je mehr Doppelbindungen eine Fettsäure aufweist, desto eher sind die sie enthaltenen Fette flüssig.

Fettsäuren werden als Lipidnamen dargestellt, z. B. 18:3ω3. Dabei steht die erste Zahl (18) für die Anzahl der Kohlenstoff (C) Atome; Der Doppelpunkt (:) steht als Trennung zur nächsten Zahl; Die folgende Zahl (3) steht für die Anzahl der Doppelbindungen (in diesem Fall eine mehrfach ungesättigte Fettsäure); ω3 gibt an, wo die erste Doppelbindung angesiedelt ist, hier also an dem dritten C-Atom. ω (Omega) wird in neuer Schreibweise auch einfach als n bezeichnet, 18:3ω3 entspricht dann 18:3n3. Eine Null nach dem Doppelpunkt kennzeichnet eine gesättigte Fettsäure (Steinbach, 2018).

Bestimmte Fettsäuren haben für Fische essentiellen Charakter, müssen also im Futter in ausreichender Menge vorhanden sein. Hierzu zählen vor allem ω3-Fettsäuren (z. B. Linolsäure und Docosahexaensäure). Den höchsten Bedarf dieser Fettsäuren haben Salzwasserfische, gefolgt von Kaltwasserfischen und den geringsten Bedarf weisen Warmwasserfische auf.

Die Fettverdaulichkeit ist abhängig vom Schmelzpunkt (harte/feste Fette sind schlechter verdaulich als weiche/flüssige Öle), der Temperatur (wärmer = bessere Verdaulichkeit) und der Menge (viel Futter = schlechtere Verdaulichkeit durch Fettverlust mit dem Kot). Ist das Fettangebot im Futter niedrig, wird die Fettzusammensetzung des Fischkörpers ausschließlich genetisch bestimmt. Ist das Fettangebot im Futter hoch, werden auch aus dem Futter stammende Fette, die nicht der genetischen Disposition entsprechen eingelagert. Bei Fischen aus der Aquakultur die vor allem pflanzliche Fette mit ihrer Nahrung erhalten kann sich das Verhältnis von (ω3 zu ω6) Fettsäuren erheblich in einen für die menschliche Ernährung ungünstigen Bereich verschieben (Steinbach, 2018).

Für Fische charakteristisch ist eine erhebliche Menge an mehrfach oder hoch ungesättigten Fettsäuren (HUFS) der ω3- und ω6-Reihe. Bei Wildfischen beträgt das Verhältnis von ω3 zu ω6 in Süßwasserfischen 0,37, in Salzwasserfischen 0,16. Süßwasserfische weisen also fast 3-mal, Salzwasserfische mehr als 6-mal so viele ω3 wie ω6 Fettsäuren auf. Außer durch den Salzgehalt des Wassers wird das Verhältnis von ω3 zu ω6 auch durch die Temperatur beeinflusst (Steinbach, 2018).

Für in der Aquakultur gehaltene Fische ist je nach Alter und Spezies in den meisten Fällen ein Rohfettgehalt (RF) von 10-15 % ausreichend. Einige Fischarten (wie Lachse) vertragen auch Fettanteile von 20-25 % und mehr im Futter, ohne zu viel unerwünschtes Depotfett in der Bauchhöhle abzulagern. Derartige, hoch energiehaltige Futtermittel müssen in ihrer Nährstoffzusammensetzung exakt ausbalanciert sein, um die übermäßige Bildung von Depotfett in der Bauchhöhle, unter der Haut und zwischen Muskelsegmenten zu verhindern (Steinbach, 2018).

#### 5.2.4.1.3. Kohlenhydrate

Kohlenhydrate (Saccharide) können in der Ernährung von Tieren für den Aufbau des Kohlenstoffgerüstes nicht essentieller Aminosäuren, die Fettsynthese und die Energiegewinnung genutzt werden (Steinbach, 2018).

Im Verdauungssystem werden langkettige Kohlenhydrate mit Hilfe von Enzymen (Carbohydrasen) soweit wie möglich bis zu Monosacchariden (Einfachzucker) abgebaut. Einfache Monosaccharide können dann vom Darm zur Leber transportiert und zur Energiegewinnung genutzt werden.

Die Fähigkeit zur Verdauung von Kohlenhydraten ist bei den verschiedenen Fischarten sehr unterschiedlich. Raubfische können sie nur in geringem Maße verdauen. Für alle Fischarten verbessert sich die Verdaulichkeit des Futters, wenn langkettige Verbindungen (z. B. Stärke) thermisch aufgeschlossen (erhitzt) werden. Ebenfalls einen starken Einfluss auf die Verdaulichkeit haben die Herkunft (Hülsenfrüchte sind schlechter verdaulich als Getreide) und der Gehalt (viel Stärke bedeutet schlechte Verdaulichkeit).

Für in der Aquakultur gehaltene Fische sollte je nach Alter und Spezies der Kohlenhydratgehalt (bzw. Stärke) im Futter 15-25 % nicht überschreiten, bei jungen Fischen oder kaltem Wasser gilt der niedrigere Wert. Die in vielen Futtermitteln vorhandenen Kohlenhydrate befinden sich dort aus fertigungstechnischen Gründen. Es ist einfacher und billiger sie in dem Futter zu belassen, als sie zu ersetzen oder zu entfernen. Kohlenhydrate können die Herstellung und Wasserstabilität der Pellets verbessern (Steinbach, 2018).

#### 5.2.4.1.4. Ballaststoffe

Ballaststoffe sind eine Reihe verschiedener Verbindungen die entweder wasserlöslich, wie Alginate (Elemente der Zellwände von Algen) oder wasserunlöslich, wie Chitin (Gerüstsubstanz von Gliederfüßern) und vor allem Cellulose (Baustoff der Zellwände von Pflanzen) sind.

Rohfaser besteht fast ausschließlich aus Cellulose, einem Polysaccharid (Vielfachzucker). Der Ballaststoffgehalt übersteigt somit in jedem Falle den Rohfasergehalt (oft um das 2-6-fache).

Da Ballaststoffe für Fische praktisch unverdaulich sind, sinkt mit steigendem Anteil im Futtermittel die Verdaulichkeit der Futterration. Geringe Mengen (3-5 %) an Rohfaser dagegen verlängern die Verweilzeit des Nahrungsbreis im Darm. Dadurch kann die Verdaulichkeit des Futtermittels steigen, weil die Enzyme länger auf die Nährstoffe einwirken können. Darüber hinaus kann sie auch die Darmgesundheit positiv beeinflussen (Steinbach, 2018).

#### 5.2.4.1.5. Mineralstoffe

Mineralstoffe sind anorganische Verbindungen unterschiedlicher chemischer Elemente, welche der Organismus nicht als Energieträger, sondern für andere lebenswichtige Funktionen benötigt. Da sie der Körper höherer Tiere nicht selbst herstellen kann, müssen sie meist mit der Nahrung zugeführt werden.

Die Kenntnisse über den Mineralstoffbedarf von Fischen sind noch sehr ungenau. Im Gegensatz zu landlebenden Tieren können Fische offensichtlich ihren Bedarf teilweise auch aus dem sie umgebenden Wasser decken. Mineralstoffe lassen sich in zwei Gruppen einteilen, Mengenelemente und Spurenelemente.

##### 5.2.4.1.5.1. Mengenelemente

Mengenelemente (oder Makroelemente) werden in einer Menge von mehr als 100 mg/kg Futter vom tierischen Organismus benötigt. Zu ihnen zählen vor allem: Calcium (Ca), Phosphor (P), Magnesium (Mg), Kalium (K), Natrium (Na), Chlor (Cl) und Schwefel (S).

Calcium (Ca) ist ein wichtiger Bestandteil des Skeletts, also der Gräten. Fische speichern Calcium in der Haut und den Schuppen und nutzen es von dort bei Bedarf für den Ca-Austausch. Darüber hinaus ist es wichtig für die Nieren- und Muskeltätigkeit, die Blutgerinnung, den Vitamin D-Stoffwechsel und die Durchlässigkeit biologischer Membranen (Osmose Regulierung). Der Ca-Haushalt wird über Hormone gesteuert. Ist Calcium sowohl im Wasser als auch in der Nahrung verfügbar, erfolgt die Aufnahme etwa zu gleichen Teilen aus beiden Medien. Der Bedarf an Ca im Futter liegt in Abhängigkeit vom Ca-Gehalt im Umgebungswasser bei etwa 2-15 g/kg Futter. Der Phosphorgehalt des Futters hat einen Einfluss auf die Calcium-Aufnahme der Fische. Im Futter sollte Calcium zu Phosphor je nach Herkunft und Bindung im Verhältnis von 1:1-2 enthalten sein (Steinbach, 2018).

Phosphor (P) ist ebenso wie Calcium ein wichtiger Bestandteil der Knochen (Gräten). Er wird außerdem für eine Reihe wichtiger Stoffwechselvorgänge und Produkte benötigt, wie etwa den Energietransport im Körper (ADP/ATP), den Aufbau von Nucleinsäuren und vielen Enzymen. Phosphor kann aus dem Wasser aufgenommen werden, aber die weitaus größte Menge muss mit dem Futter geliefert werden. Überschüssiger Phosphor wird vor allem über den Kot abgegeben. Mischfuttermittel sollten je nach Herkunft und Verdaulichkeit des Phosphors einen P-Gehalt von 1,2-1,5 g/kg Futter haben. Phosphor pflanzlichen Ursprungs – das Phytin-P – ist für Fische kaum bis schwer verdaulich und bindet zusätzlich Ca, Mg, und Zn. Fische mit Magen (z. B. Forellen) können schwer lösliches P besser verdauen, als solche ohne Magen (z. B. Karpfen). Primäre anorganische Phosphate [$Ca(H_2PO_4)_2$] werden sowohl von Fischarten mit, als auch ohne Magen recht gut verdaut, während sekundäre und tertiäre Ca-Phosphate, z. B. $CaHPO_4$ oder $Ca_3(PO_4)_2$, von Forellen deutlich besser genutzt werden können, als von Karpfen (Steinbach, 2018).

Magnesium (Mg) trägt zur Erhöhung der Stoffwechselintensität in der Leber bei, ist in einigen Enzymen enthalten und steht in enger Beziehung zu Calcium und Phosphor. Ein Mangel an Magnesium führt zu Wirbelsäulenverkrümmungen, schlechter Futteraufnahme, schlechtem Zuwachs und verringerter Aktivität. Im Meerwasser ist deutlich mehr Mg enthalten, als im Süßwasser, sodass Meerwasserfische ihren Bedarf wohl aus dem sie umgebenden Wasser decken können. Süßwasserfische benötigen eine Zufuhr von 400-500 mg/kg Futter (Steinbach, 2018).

Kalium (K) hat überragende Bedeutung für die Osmose-Regulation, sowie für die Nervenreizleitung. Bei Mangel werden z. B. Aale apathisch, kringeln sich und sammeln sich dann beim Ablauf. Da auch erhebliche Mengen aus dem umgebenden Wasser aufgenommen werden können, reicht ein Zusatz von etwa 1,6 g/kg Futter (Steinbach, 2018).

Natrium (Na) ist in seiner Wirkungsweise etwa dem Kalium vergleichbar und in der Nervenreizleitung unverzichtbarer Partner (Kalium-Natrium-Ionen-

Pumpe). Na ist eigentlich immer in ausreichender Menge im Wasser gelöst. Zuviel Natrium im Futter muss von den Fischen unter Energieeinsatz ins umgebende Wasser ausgeschieden werden, was insbesondere noch in der Entwicklung befindliche Jung- bzw. Larvenstadien überfordert. Eine Dosierung von 2,2 g/kg Futter wird als ausreichend angesehen. Brutfutter sollte nicht mehr als 10 g Na/kg Futter enthalten (Steinbach, 2018).

Chlor (Cl) als Chlorid kommt im Organismus eine große Bedeutung bei der Osmose-Regulierung zu. Es kann unter Energieeinsatz über die Kiemen in erheblichen Mengen abgegeben und aufgenommen werden. Ein Gehalt von 1 % Kochsalz (NaCl) im Wasser wirkt stimulierend auf Forellen und Aale. Im Futter verschlechtert es die Futterverwertung, wenn mehr als 4 % enthalten sind, da es aktiv meist unter Energieaufwand ausgeschieden werden muss. Die schon in den Grundstoffen enthaltene Kochsalzmenge wird als ausreichend angesehen. Eine zusätzliche Dosierung zum Futter ist nicht erforderlich (Steinbach, 2018).

Schwefel (S) ist vor allem in den Aminosäuren Methionin (essentiell) und Cystin (halbessentiell) enthalten. Schwefel kann auch aus dem Umgebungswasser aufgenommen werden. Eine Temperaturerhöhung steigert die Sulfataufnahme ($SO_4$) aus dem Wasser. Die größere Menge allerdings wird durch die Nahrung geliefert. Eine zusätzliche Dosierung zum Futter ist deshalb nicht erforderlich (Steinbach, 2018).

### 5.2.4.1.5.2. Spurenelemente

Spurenelemente (oder Mikroelemente) werden in einer Menge von weniger als 100 mg/kg Futter vom tierischen Organismus benötigt. Zu ihnen zählen vor allem: Eisen (Fe), Kupfer (Cu), Mangan (Mn), Zink (Zn), Kobalt (Co), Molybdän (Mo), Chrom (Cr), Selen (Se), Fluor (F), Jod (J) und Nickel (Ni).

Eisen (Fe) ist Bestandteil des roten Blutfarbstoffs (Hämoglobin) und ermöglicht den Transport von Sauerstoff durch das Blut. Ebenfalls ist es in Atmungsenzymen enthalten. Eisen kann über die Kiemen aus dem Wasser aufgenommen werden. Wirksam ist dabei vor allem die zweiwertige Form. Dreiwertiges Eisen (Rost) ist praktisch nicht nutzbar. Aus der Nahrung wird Eisenchlorid von den Fischen besser aufgenommen als Eisencitrat. 40-50 mg Fe/kg Futter werden als unterste Grenze angesehen (Steinbach, 2018).

Mangan (Mn) ist in Enzymen enthalten. Es ist für ungestörtes Wachstum unentbehrlich. 15-20 mg Mn/kg Futter gelten als ausreichend (Steinbach, 2018).

Zink (Zn) ist ebenfalls Bestandteil vieler Enzyme. Mangelerscheinungen sind Linsentrübung (Auge), Körperverkürzung und verringerter Zuwachs durch nachlassende Fresslust. 30-50 mg Zn/kg Futter werden als ausreichend angesehen. 400 mg/kg Futter führen bei Abwesenheit von Calcium (Ca) durch Anreicherung im Fisch zu Schäden (Wachstumshemmung). In Anwesenheit von Ca treten die Schäden erst bei 700 mg/kg Futter auf, da Ca die Aufnahme von Zn verringert (Steinbach, 2018).

Kobalt (Co) wird für die Synthese von Vitamin $B_{12}$ (Cobalamin) und den Stoffwechsel des Hämoglobins benötigt. Der Bedarf liegt bei 0,05 mg Co/kg Futter. 0,1-0,5 g Co/kg Futter wirken für Forellen bereits toxisch (Steinbach, 2018).

Selen (Se) ist am Fettstoffwechsel beteiligt und wirkt dort im Zusammenspiel mit Vitamin E. Bei Mangelsymptomen wie Fressunlust, Lethargie und steigenden Verlusten ist der Einsatz von Vitamin C zusätzlich zu erhöhter Selengabe hilfreich. 0,1-0,3 mg Se/kg Futter gelten als ausreichend (Steinbach, 2018).

Jod (J) wird für die Synthese der Schilddrüsenhormone benötigt; außerdem beeinflusst es die Geschlechtsfunktion. Das Fehlen von Jod verursacht nicht nur bei Menschen, sondern auch bei Fischen einen Kropf. Für Süßwasserfische soll der Mindestbedarf 1-2 mg J/kg Futter betragen. Salzwasserfische benötigen keine Nahrungsergänzung, da im Meerwasser genügend Jod vorhanden ist (Steinbach, 2018).

Kupfer (Cu) ist neben Eisen zur Synthese von Hämoglobin nötig. Ein Mangel äußert sich in schlechtem Zuwachs. Forellen und Karpfen benötigen etwa 3-4 mg Cu/kg Futter, Katzenwelse 5-6 mg Cu/kg Futter. Ab 16 mg Cu/kg Futter können Schäden auftreten (Steinbach, 2018).

Für die übrigen Spurenelemente Chrom (Cr), Molybdän (Mo), Fluor (F) und Nickel (Ni) liegen keine gesicherten Erkenntnisse über Bedarfszahlen von Fischen vor (Steinbach, 2018).

#### 5.2.4.1.6. Vitamine

Vitamine sind organische Verbindungen unterschiedlicher chemischer Struktur, welche der Organismus nicht als Energieträger, sondern für andere lebensnotwendige Funktionen benötigt. Da sie im Körper höherer Tiere nicht oder nicht ausreichend gebildet werden können, müssen sie meist mit der Nahrung zugeführt werden.

Der Vitaminbedarf ist je nach Tierart, Lebensalter und Lebensumständen verschieden. Bestimmte Vitamine können z. B. im Darm der Tiere von Mikroorganismen gebildet werden. Einige Vitamine können auch im Körper aus einem Provitamin in das eigentliche Vitamin umgewandelt werden. Die Zufuhr des Provitamins an Stelle des Vitamins ist daher in diesen Fällen ausreichend. Ein Provitamin ist die Vorstufe eines bestimmten Vitamins. Es fehlen noch bestimmte Eigenschaften, die das „fertige" Vitamin kennzeichnen. Carotin ist beispielsweise das Provitamin zu Vitamin A (Steinbach, 2018).

Fehlen einzelne Vitamine oder sind sie nicht in ausreichender Menge vorhanden, kommt es zu erhöhter Krankheitsanfälligkeit, schlechter Wundheilung, schlechtem Zuwachs und nachlassender Vitalität. Fehlen mehrere Vitamine, kann es auch zu schweren Störungen des Organismus kommen. Es gibt auch Antivitamine oder Hemmstoffe, die beispielsweise in Hülsenfrüchten (Bohnen) und Kreuzblütlern (Raps), aber auch in einigen Süßwasserfischen enthalten sein können. Dies sind Stoffe, welche die Wirkung von Vitaminen aufheben oder zumindest verringern oder aber den Vitaminbedarf erheblich erhöhen. Sie können jedoch auch direkt oder indirekt den Stoffwechsel belasten und Zuwachs sowie Überleben der Tiere beeinträchtigen (Steinbach, 2018).

Vitamine lassen sich in fettlösliche und wasserlösliche einteilen. Ihr Bedarf oder die dem Futter zugesetzte Menge wird in mg/kg oder IE/kg angegeben. IE sind Internationale Einheiten, die nicht auf der Basis von Gewichtseinheit pro kg Futter angegeben oder ermittelt werden, sondern nach ihrer Wirkung, die international nach einheitlichen und anerkannten Standards festgelegt wurden (Steinbach, 2018).

#### 5.2.4.1.6.1. Fettlösliche Vitamine

Fettlösliche (lipophile) Vitamine können im Körper meist gut gespeichert werden (außer Vitamin K), daher kann es auch zur Überdosierung kommen.

Vitamin A kommt nur im Tierreich (Lebertran) vor. Carotin mit Vitamin A-Provitamin Funktion kommt auch in Grünpflanzen sowie z. B. Kürbis, Möhren, Tomaten und Paprika vor. Ein Molekül β-Carotin wird im Körper unter Wasseraufnahme in 2 Moleküle Vitamin A umgesetzt. Vitamin A besitzt eine Haut- und Schleimhautschutzfunktion und ist wichtig für das Nachtsehen, die Fettverdauung, die Blutkörperchen, die Knochenbildung, die Fruchtbarkeit und die Erhöhung der Kälteresistenz. Eine Überdosierung ist nicht leicht möglich, selbst die 4-6-fache Menge führt nicht zu Schäden. Sehr hohe Dosierungen können die Gerinnungsfähigkeit des Blutes vermindern. Forellen besitzen einen höheren Bedarf (5.000 IE/kg Futter) als Karpfen (1.000-2.000 IE/kg Futter). 1 IE = 0,3 µg Vitamin $A_1$ (Steinbach, 2018).

Vitamin D entsteht im tierischen und pflanzlichen Organismus durch Einfluss von Sonnenlicht (UV-Strahlen) aus den Provitaminen Ergosterol und Cholesterol. Vitamin $D_2$ kommt vor allem in sonnengetrockneten Grünpflanzen vor, Vitamin $D_3$ vor allem im Fett und der Leber von Fischen (Lebertran). Durch Vitamin D wird die Knochenfestigkeit gefördert. Zu hohe Mengen Vitamin D im Futter verschlechtern das Wachstum. Wegen der besseren Verfügbarkeit ist der Einsatz von $D_3$ in der Fischfütterung höher zu bewerten als $D_2$. 1.000-2.000 IE $D_3$/kg Futter werden im Allgemeinen als ausreichend für die Fütterung von allen Fischen angesehen. 1 IE = 0,025 µg Vitamin $D_3$ (Steinbach, 2018).

Vitamin E kommt in nennenswerten Mengen in Grünmehl und Pflanzenölen (Soja-, Mais-, Weizenkeimöl) vor. Es soll bei der Kohlenhydratverdauung und dem Fettstoffwechsel sowie im Mineralien- und Wasserhaushalt nötig sein. Außerdem verhindert es die Oxidation von Fetten und fördert die Resorption und Speicherung von Vitamin A. Schlechtes Wachstum, starke Anämie (Blutarmut), Hemmung der Blutgerinnung, verringerte Fruchtbarkeit und vermehrte Sterblichkeit sind bei Vitamin E-Mangel beobachtet worden. Bisher wurde angenommen, dass α-Tocopherol (synthetisch hergestellt) den höchsten biologischen Effekt hat. Neuere Veröffentlichungen belegen aber eine deutlich bessere Wirkung von Mischungen natürlicher α-, β-, γ-, δ-Tocopherole/Tocotrineole. Eine Überdosierung ist offensichtlich in weiten Bereichen ungefährlich. Sehr hohe Dosierungen sollen die Gerinnungsfähigkeit des Blutes vermindern. Für Forellen sollte etwa 100-150 mg α-Tocopherol/kg Futter enthalten sein. Sind im Futter leicht verderbliche Fette enthalten, kann eine Erhöhung bis auf 500 mg/kg Futter sinnvoll sein. 1 IE = 0,91 g DL-α-Tocopherol-acetat (Steinbach, 2018).

Vitamin K ist entscheidend für die Aufrechterhaltung der Gerinnungsfähigkeit des Blutes. Vitamin $K_1$ (α-Phyllochinon) ist in Grünmehl reichlich vorhanden. Vitamin $K_2$ (Menachinon) wird im Darm der Tiere durch Bakterien (wie *Escherichia coli*) gebildet, wodurch der Bedarf zum größten Teil gedeckt werden kann. Vitamin $K_3$ (Menadion) wird synthetisch erzeugt. Vitamin $K_1$ und $K_2$ lassen sich nicht überdosieren, Vitamin $K_3$ kann aber Schäden verursachen. Eine Dosierung von 10-40 mg $K_3$/kg Futter entspricht der allgemeinen Empfehlung (Steinbach, 2018).

**Fettlösliche Vitamine**
und deren Eigenschaften:
(Nach: Steinbach, 2018)

| Vitamin | Bezeichnung | Eigenschaften |
|---|---|---|
| Vitamin A | Axerophthol ($A_1$)<br>Dehydroretinol ($A_2$) | licht- und sauerstoffempfindlich,<br>aber wärmebeständig |
| Vitamin D | Ergocalciferol ($D_2$)<br>Cholecaliferol ($D_3$) | licht-, sauerstoff-, alkali- und säureempfindlich,<br>aber hitzebeständig |
| Vitamin E | Tocopherol (E) | licht-, sauerstoff- und oxidationsempfindlich,<br>aber hitzebeständig |
| Vitamin K | Phyllochinon ($K_1$)<br>Menadion ($K_3$) | licht-, sauerstoff-, alkali- und hitzeempfindlich |

### 5.2.4.1.6.2. Wasserlösliche Vitamine

Wasserlösliche (hydrophile) Vitamine können im Körper meist nicht gespeichert werden (außer Vitamin $B_{12}$), daher kann es kaum zur Überdosierung kommen.

Vitamin $B_1$ (Thiamin oder Aneurin) kommt vor allem in Hülsenfrüchten, Grünpflanzen, Getreide und Hefe vor. Thiamin wird durch die vor allem in den Eingeweiden vieler Süßwasserfische und von Heringen enthaltenen Thiaminasen (Enzyme) inaktiviert. Sollen derartige Inhaltsstoffe, z. B. Heringsmehl, verfüttert werden, ist eine 10-15 min. Erhitzung anzustreben, um die Antivitaminwirkung der Thiaminase aufzuheben. Hohe Temperaturen, Stress und vermehrte Anteile von Kohlenhydraten in der Nahrung führen zu einem erhöhten Thiaminbedarf ($B_1$). Ein Mangel führt zu geringer Fresslust, schlechtem Zuwachs, Störungen im Nervensystem, der Herzmuskeltätigkeit der Magen- und Darmfunktion, Muskeldegeneration, Gleichgewichtsverlust und hoher Sterblichkeit. Eine Dosierung von 10-20 mg $B_1$/kg Futter reicht normalerweise zur bedarfsgerechten Versorgung aus (Steinbach, 2018).

Vitamin $B_2$ (Riboflavin oder Lactoflavin) findet sich in größeren Mengen in Hefe und Milchpulver, in geringeren Mengen aber auch in Fischmehl und Grünpflanzen. Vitamin $B_2$ kommt eine zentrale Stellung im Stoffwechsel zu, vor allem beim Umsatz von Eiweiß und Kohlenhydraten. Ein Mangel äußert sich in Hautschäden, verschlechtertem Sehvermögen und Leberverfettung. 20-40 mg $B_2$/kg Futter sind in der Regel ausreichend. Bei Salmoniden können Mengen, die 100 mg/kg Futter überschreiten, zu Schäden führen, wie z. B. schlechtere Futterverwertung (Steinbach, 2018).

Vitamin $B_3$ (Niacin oder Nicotinsäureamid) findet sich in Trockenhefen, sowie Erdnuss-, Reis- und Fischmehl. Ein Mangel äußert sich in schlechter Futteraufnahme, schlechtem Zuwachs, Kiemenschwellung, Muskelkrämpfen,

Glotzaugen, Ödemen im Magen/Darmtrakt, Blutungen in der Haut und unnormalen Schwimmbewegungen. Ein Zusatz von 500-1.000 mg/kg $B_3$ zum Futter reicht sicher aus. Die Dosierung von 10.000 mg $B_3$/kg Futter verschlechtert die Futterverwertung und führt zur Verfettung (Steinbach, 2018).

Vitamin $B_4$ (Cholin oder Bilineurin) kommt in tierischen und pflanzlichen Zellen in freier Form oder an Lecithine gebunden vor. Fischmehl, Leber, Hefe, Raps und Soja sind besonders reich an diesem Vitamin. Ein Mangel an Cholin äußert sich in schlechtem Zuwachs, Verfettung der Leber, Blutungen in Nieren und Darm, Auftreiben der Leibeshöhle, Aufhellung der Körperfärbung und erhöhter Sterblichkeit. Cholinchlorid (50 % Cholin) oder Cholindihydrogencitrat (41 % Cholin) werden in der Regel dem Futter beigegeben. Je schlechter die Qualität des im Futter enthaltenen Eiweißes ist und je mehr Fett darin enthalten ist, desto höher ist der Bedarf der Tiere an Cholin. 500-1.000 mg $B_4$/kg Futter werden als minimale Dosis, 1.000-2.000 mg $B_4$/kg Futter als optimale Dosis angesehen (Steinbach, 2018).

Vitamin $B_5$ (Pantothensäure) findet sich vor allem in Hefe, Getreide, Milchpulver, Erdnuss-, Luzernemehl und Grünpflanzen, aber in gebundener Form auch in der Leber. Ein Mangel verursacht Stoffwechselstörungen, Schleimhautschäden, Leberveränderungen, Kiemenverklebungen, Kiemenschwellungen, Hautverfärbungen und Hautblutungen. Biologisch wirksam ist ausschließlich D-Pantothensäure. Wird es als Salz (Pantothenat) eingesetzt, muss der Wirkstoffgehalt umgerechnet werden. Ca-Pantothenat hat einen Anteil von 45 % Wirkstoff. In der Regel werden dem Futter 20-500 mg/kg Ca-Pantothenat zugegeben. Unter den Bedingungen der Intensivhaltung von Fischen ist der höhere Wert im Futter anzustreben, da diese Dosierung ebenfalls die Stressanfälligkeit reduziert (Steinbach, 2018).

Vitamin $B_6$ (Pyritoxin oder Pyridoxamin), früher auch Adermin genannt, findet sich vor allem in Hefe, Pflanzen und Fischmehl. Ein Mangel führt zu Störungen beim Zelleiweißstoffwechsel (Auf- und Umbau), zum Verlust der Fähigkeit Entfernungen abzuschätzen und Schädigungen von Leber, Niere, Verdauungstrakt, Bauchspeicheldrüse und Thymusdrüse. Der Bedarf an $B_6$ ist im Frühjahr und Sommer deutlich höher als in Herbst und Winter. Mit 4-12 mg $B_6$/kg Futter dürfte der Bedarf soweit gedeckt sein. Einige Fischarten wie Katzenwelse zeigen bei 20 mg $B_6$/kg Futter bereits erste Schäden durch Überdosierung, andere wie Karpfen hingegen zeigen bei 40 mg $B_6$/kg Futter noch keine sichtbaren Schädigungen (Steinbach, 2018).

Vitamin $B_7$ (Biotin oder Vitamin H) kommt natürlicherweise in den meisten pflanzlichen und tierischen Substanzen, die zu Ernährungszwecken verwendet werden, in geringen Mengen vor. Besonders reichlich ist es in Hefe und Leber vorhanden. Seine Bedeutung liegt im Fettstoffwechsel und der Verdauung von Aminosäuren. Bei Mangel treten schlechter Zuwachs, Fressunlust, abnorme Schwimmbewegung und Dunkelfärbung der Haut auf. Wegen seines Einflusses auf den Fettstoffwechsel ist der Bedarf bei fettreichem Futter höher als bei fettarmem. Er liegt bei etwa 1 mg $B_7$/kg Futter, so dass eine üblicherweise beigemischte Menge von 5 mg/kg Futter für alle Fälle ausreichend ist (Steinbach, 2018).

Vitamin $B_9$ (Folsäure oder Vitamin M) kommt sowohl frei als auch gebunden in den meisten Futtermitteln, vor allem in Leber und Hefe vor. Ein Mangel führt zu Blutarmut (Anämie), die durch einen Mangel an anderen B-Vitaminen weiter verschärft wir. Außerdem kann es zu verschlechtertem Zuwachs, Lebervergrößerung, Flossenverlust, schwerfälligen Schwimmbewegungen und erhöhter Sterblichkeit kommen. 5 mg $B_9$/kg Futter werden in den meisten Fällen ausreichend sein (Steinbach, 2018).

Vitamin $B_{12}$ (Cobalamin oder Erythrotin) findet sich vor allem in der Leber von Säugetieren, Fischmehl und Milch. Ein Mangel äußert sich in geringer Futteraufnahme und schlechtem Zuwachs. Vor allem Brut benötigt $B_{12}$ im Futter. Einige Fischarten (wie Karpfen) können Vitamin $B_{12}$ im Darm synthetisieren. Eine Zugabe von 0,05 mg $B_{12}$/kg Futter dürfte in den meisten Fällen ausreichen (Steinbach, 2018).

Inosit (Cyclohexanhexol) wurde früher manchmal zu den B-Vitaminen gerechnet, heute ist der Vitamincharakter aber umstritten. Es findet sich in recht großen Mengen in Pflanzen und Tieren. Inosit greift in den Kohlenhydratstoffwechsel der Tiere ein, fördert die Fettverdauung und soll die Synthese von Vitamin $B_7$ im Körper fördern. Inosit ist im Stoffwechsel nur als Myoinosit oder Mesoinosit wirksam. Ein Mangel äußert sich in schlechter Futterverwertung, brüchigen Flossen, Leberverfettung, Hautschäden und erhöhter Sterblichkeit. Junge Fische sind anfälliger als ältere. Zugaben von 300-500 mg Myoinosit/kg Futter werden als ausreichend angesehen. Je nach Gegebenheit können dem Futter auch 2.000-5.000 mg/kg Futter beigemischt werden, wenn das Futter z. B. in Bezug auf das Verhältnis von Kohlenhydrate, Protein und Fett zueinander schlecht ausbalanciert ist, und Leberschäden zu erwarten oder bereits aufgetreten sind (Steinbach, 2018).

Vitamin C (Ascorbinsäure) kommt in allen grünen Pflanzen und frischen Früchten vor. Aus Kohlenhydraten in der Leber können die meisten Tiere – nicht aber Menschen, Affen, und viele Fischarten – Vitamin C aufbauen. Bei Stoffwechselerkrankungen, Infektionen, Verletzungen und Stress erhöht sich der Bedarf an Vitamin C. Reichliche Zufuhr kann etwaig auftretende

Schäden in solchen Fällen erheblich mildern. Ein Mangel äußert sich in Blutungen (Hämorrhagien) in Haut, Leber, Niere, Darm und Muskulatur, Schuppenausfall, verschlechterter Wundheilung, Verformung der Kiemendeckel und Wirbelsäule. Der Bedarf an Vitamin C ist eigentlich mit 100-150 mg/kg Futter gedeckt. Herstellung (Hitze) und Lagerung (Zeit) verursachen allerdings sehr hohe Verluste. Bei Raumtemperatur (ca. 20 °C) können die Lagerverluste in 6 Wochen über 90 % betragen. Stabilisiertes Vitamin C besitzt eine bessere Haltbarkeit. Aber auch dies wird soweit vermindert, dass nach 3 Monaten nur noch etwa die Hälfte der eingesetzten Menge verfügbar ist. Für Fische unter schlechten Haltungsbedingungen kann eine Zufuhr von bis zu 1.000 mg/kg Futter positive Auswirkung auf den Zuwachs haben und etwaige Verluste verringern (Steinbach, 2018).

**Wasserlösliche Vitamine**
und deren Eigenschaften:
(Nach: Steinbach, 2018)

| Vitamin | Bezeichnung | Eigenschaften |
|---|---|---|
| Vitamin $B_1$ | Thiamin (Aneurin) | feuchthitze-, licht-, eisen- u. kupfer-empfindlich, aber trockenhitzebeständig |
| Vitamin $B_2$ | Riboflavin (Laktoflavin) | licht- und schwermetallsalzempfindlich, aber hitzebeständig |
| Vitamin $B_3$ | Niacin (Nicotinsäure) | hitze-, oxidations- und lagerungsbeständig |
| Vitamin $B_4$ | Cholin (Bilineurin) | sehr hygroskopisch (feuchtigkeitsanreichernd) |
| Vitamin $B_5$ | Pantothensäure | hitze-, alkali- und säureempfindlich |
| Vitamin $B_6$ | Pyritoxin (Pyridoxamin) | lichtempfindlich, aber hitzebeständig |
| Vitamin $B_7$ | Biotin (Vitamin H) | licht- und fettoxidationsempfindlich, aber hitzebeständig |
| Vitamin $B_9$ | Folsäure (Vitamin M) | lichtempfindlich und lagerungsunbeständig |
| Vitamin $B_{12}$ | Cobalamin (Erythrotin) | licht-, alkali- und säureempfindlich |
| Vitamin C | Ascorbinsäure | sauerstoff- und hitzeempfindlich |

### 5.2.4.1.1. Hilfsstoffe

Zu den Zusatzstoffen zählen neben Mineralstoffen und Vitaminen vor allem Hilfsstoffe, die dem Futter in geringen Mengen zugesetzt werden, um bestimmte Eigenschaften zu erreichen oder zu verbessern, wie technologische (z. B. Konservierungsstoffe), sensorische (z. B. Farbstoffe, Aromastoffe) und zootechnische (z. B. Probiotika, Präbiotika, Synbiotika) Hilfsstoffe.

Technologische Hilfsstoffe wie Ethoxyquin (EQ), Butylhydroxytoluol (BHT) oder Butylhydroxyanisol (BHA) werden Futtermitteln im Allgemeinen zum Schutz vor Verderb beigemischt. Diese synthetischen Antioxidantien werden in Mengen von 100-200 mg/kg Trockenfutter zugesetzt. Ethoxyquin oder zumindest seine Abbauprodukte und darin vorkommende Verunreinigungen stehen jedoch im Verdacht krebserregend zu sein. Ihr Einsatz sollte zumindest längerfristig untersucht und überdacht werden, um Schäden an Mensch und Tier auszuschließen. Zu den natürlichen Antioxidantien zählen Zitronensäure und Vitamin E (Steinbach, 2018).

Sensorische Hilfsstoffe wie Astaxanthin ($C_{40}H_{52}O_4$) oder Canthaxanthin ($C_{40}H_{52}O_2$) werden Futtermitteln für manche Fische (Lachse, Forellen, Saiblinge) zugesetzt, um die Fleischfarbe zu verbessern, aber auch die Befruchtungs-, Wachstums- und Überlebensrate zu erhöhen und den Futterquotienten zu verringern. Die Dosis dieser Farbstoffe beträgt dafür etwa 40-50 mg/kg Trockenfutter. Für die Produktion rotfleischiger sogenannter "Lachsforellen" wird Canthaxanthin 60-80 mg/kg dem Futter beigemischt und für 6-8 Wochen verfüttert. Nur 2-10 % der Carotinoide werden absorbiert und im Muskelfleisch gespeichert (bei fetterem Futter besser), Astaxanthin allerdings 2-3 Mal besser als Canthaxanthin. Einmal gespeichertes Carotin bleibt auch nach Beendigung der Fütterung noch etwa ein halbes Jahr erhalten und wird nur sehr langsam abgebaut.

Zootechnische Hilfsstoffe wie Probiotika, Präbiotika oder Synbiotika werden Futtermitteln in zunehmendem Maß zugesetzt, um die Futterverwertung zu verbessern, die Widerstandsfähigkeit gegen Stress und Infektionen zu erhöhen und die Mortalität zu verringern. Probiotika enthalten lebensfähige Mikroorganismen wie z. B. Milchsäurebakterien und werden von außen über die Nahrung zugeführt. Sie können einen gesundheitsfördernden Einfluss haben, sofern die Mikroorganismen in der Lage sind, die Passage durch den Magen lebend zu überstehen. Im Darm haben sie einen positiven Einfluss, indem sie die im Darm befindliche Flora teilweise verdrängen und antibakterielle Stoffe produzieren, die eine Fehlbesiedlung des Darms verhindern. Werden sie nicht ständig über die Nahrung zugeführt verschwinden sie langsam wieder. Präbiotika sind nicht verdaubare Futterbestandteile welche Wachstum und Aktivität von dem Darm „wohlwollenden“ Bakterienstämmen wie etwa Laktobazillen oder Bifidobakterien verbessern. Derartige die Darmgesundheit fördernde Stoffe sind z. B. Inulin, Fructane, Oligosaccaride oder andere Kohlenhydrate. Präbiotika liefern mit dem Futter keine lebensfähigen Mikroorganismen, sondern haben einen positiven Einfluss auf bereits im Darm befindliche „gute“ Bakterien, indem sie diese zum Nachteil schädlicher Bakterien fördern. Synbiotika bestehen aus einer Kombination von Probiotika und Präbiotika (Steinbach, 2018).

### 5.2.4.2. Energiegehalt

Alle Nährstoffe besitzen eine bestimmte Menge an Energie, die im Futter verschieden definiert wird. Die Gesamtenergie wird auch als Brutto Energie (BE) bezeichnet. Für die Bewertung ihres Nutzens bei Verfütterung interessanter ist die Verdauliche Energie (VE); sie wird ermittelt, indem von der Brutto Energie die im Kot enthaltene Energie abgezogen wird. Noch genauer ist die Umsetzbare Energie (UE); sie wird ermittelt, indem von der Verdaulichen Energie die in den Stickstoffausscheidungen (z. B. über Kiemen oder Harn und Schleim) enthaltene Energie abgezogen wird. Zieht man noch die im Stoffwechsel der Fische entstehende Wärme, welche die Tiere an ihre Umwelt abgeben, von der Umsetzbaren Energie ab, erhält man die Netto Energie (NE), die etwa 50-60 % der Brutto Energie beträgt.

Der Energiegehalt wurde früher oft in Kalorien (cal) angegeben. Eine Kalorie ist die Menge an Wärme, die benötigt wird, um ein Gramm Wasser bei einem Atmosphärendruck von 1013 hPa um durchschnittlich ein Grad Celsius (°C) zu erwärmen. Heute wird das Joule (J) als international gültige Einheit für die Energie verwendet. Ein Joule ist die Leistung, die erforderlich ist, um 1 g Wasser um ca. 0,239 Grad Kelvin (°K) zu erwärmen. Ein Joule ist auch gleich einer Wattsekunde (Ws) oder einem Newtonmeter (Nm). Dabei entspricht eine Kalorie (cal) ca. 4,19 Joule (J) bzw. ein Joule ca. 0,24 Kalorien.

Die Energieausbeute aus ein und demselben Futtermittel ist aufgrund unterschiedlicher Ausbildung des Verdauungssystems je nach Fischart und -alter durchaus sehr unterschiedlich (siehe nachfolgende Tabelle).

**Verdauliche Energie,**
in Anhängigkeit von der Fischart:
(Nach: Steffens in Steinbach, 2018)

| Energie | BE in kJ | VE in kJ | | |
|---|---|---|---|---|
| Nährstoff | | Karpfen | Forellen | Aale |
| 1 g Eiweiß | 23,9 | 16,8 | 16,3 | 22,2 |
| 1 g Fett | 39,8 | 33,5 | 33,5 | 33,3 |
| 1 g Kohlenhydrate | 17,6 | 14,7 | 6,7 | 6,8 |

Die Energiebilanz für Fische ist deutlich günstiger als für Warmblüter. Die Ausscheidung von Stickstoff über die Kiemen benötigt weniger Energie als die Bildung von Harnstoff (bei Säugern) oder Harnsäure (bei Vögel). Zur Aufrechterhaltung der Körpertemperatur ist bei den meisten Fischen auch keine Energie nötig. Fische können somit wegen der im Vergleich zu Warmblütern besseren Ausnutzung einen sehr viel höheren Anteil der umsetzbaren Energie des Futters in Zuwachs (Fleisch) umsetzen.

Die Energienutzung im Organismus hängt von Umweltfaktoren (wie Wassertemperatur) ab. Die im Futter enthaltene Energie wird im Tier zur Aufrechterhaltung aller Energie erfordernden Vorgänge genutzt. Sie wird im Verlauf der Verdauung in Form von chemischen Verbindungen gespeichert und bei Bedarf wieder mobilisiert. Adenosindiphosphat (ADP) und Adenosintriphosphat (ATP) sind Verbindungen, die der Energiespeicherung und dem Energietransport im Körper dienen. Aus ATP entsteht durch den Verbrauch der Energie ADP. Dieses kann durch erneuten Energieeinsatz wieder zu ATP werden (Steinbach, 2018).

Der Energiebedarf von Fischen hängt von zahlreichen Faktoren ab. Der Energiebedarf verdoppelt sich etwa mit der Schwimmgeschwindigkeit je Fischlänge/Sekunde. Ein Anstieg der Wassertemperatur um ein Grad Celsius erhöht den Energiebedarf etwa um 10 % (bis zur Optimaltemperatur).

Zur Erzielung von gutem Zuwachs (Muskelfleischansatz) ist das Verhältnis von Protein zu Energie wichtig. Über 50 % der Gesamtenergie sollten dabei im Fischfutter aus Nicht-Protein-Energie (vor allem Fett) kommen. Bei Fett wird auch weniger Wärme produziert. So wird beispielsweise bei Forellen 3-5 % der umsetzbaren Energie (UE) aus Kohlenhydraten und Protein in Wärme verwandelt, aus Fett nur 1,4 %. Je nach Fischgröße und -alter ist deshalb eine Erhöhung der Nicht-Protein-Energie zu empfehlen: Kleine Fische erhalten mehr Protein, da sie es zum Wachstum benötigen und weniger Nicht-Protein-Energie (z. B. Fett). Große Fische erhalten mehr Nicht-Protein-Energie (z. B. Fett) und weniger Protein (Steinbach, 2018).

### 5.2.5. Futterbewertung

Im Vorhinein kann man verschiedene Futtermittel vor dem Kauf bewerten. Dabei hat es sich bewährt, eine überschlägige Berechnung des Energiegehaltes der Nährstoffe durchzuführen. Wird einem auf der einen Seite ein Futtermittel angeboten welches 44 % Eiweiß, 12 % Fett, 13 % Kohlenhydrate und 2 % Rohfaser enthält, und auf der anderen Seite eines mit 42 % Eiweiß, 18 % Fett, 16 % Kohlenhydrate sowie 3 % Rohfaser; bei einem Preisangebot von 980,- €/t für das billigere (44/12) und 1.010,- €/t für das teurere (42/18) Futter ist es aus dem Gefühl heraus schwierig zu sagen bei welchem Futter mit dem günstigsten Zuwachs zu rechnen ist, oder welches letztendlich das preiswertere ist. Als Beurteilungs- und Entscheidungshilfe kann eine auf dem Energiegehalt basierende Rechnung unter Zugrundelegung der folgenden Faktoren durchgeführt werden:

| | | |
|---|---|---|
| Eiweiß | = | 0,239 MJ/% |
| Fett | = | 0,398 MJ/% |
| Kohlenhydrat | = | 0,175 MJ/% |
| Rohfaser | = | 0,201 MJ/% |

Kohlenhydrate werden oft als NfE = Stickstoff (N) freie Extraktstoffe angegeben. Rohfaser bleibt bei Berechnung unberücksichtigt, da unverdaulich.

| | Futter 1: | Futter 2: |
|---|---|---|
| Eiweiß | = 44 % x 0,239 = 10,516 MJ | 42 % x 0,239 = 10,038 MJ |
| Fett | = 12 % x 0,398 = 4,776 MJ | 18 % x 0,398 = 7,164 MJ |
| Kohlenhydrat | = 13 % x 0,175 = 2,275 MJ | 16 % x 0,175 = 2,800 MJ |
| Gesamt | 17,567 MJ | 20,902 MJ |

Das billigere Futter ist im Preis etwa 3 % niedriger als das teurere, allerdings ist der Nährstoffgehalt etwa 16 % geringer. Obwohl mit Bruttoenergie und nicht mit verdaulicher Energie oder umsetzbarer Energie gerechnet wurde, fällt das Resultat deutlich zu Gunsten des vermeintlich teureren Futters. Diese Berechnung ist ein erster, nicht unwichtiger Anhalt bei der Futterauswahl und sagt natürlich wenig über die tatsächliche Eignung des Futters für die eigene Anlage oder die Fische aus. Hierzu muss mehr über die Futterkomponenten bekannt sein (Steinbach, 2018).

So sind die Herkunft und der Anteil der einzelnen Nährstoffe wichtig. Tierisches Protein wie z. B. Blutmehl, Federmehl, Fischmehl, Krabbenmehl oder Squidmehl ist bisher nicht zu 100 % durch pflanzliches Protein zu ersetzen, welches aus Hülsenfrüchten (z. B. Soja) oder Getreide (z. B. Gluten) gewonnen wird. Bei vielen Fischarten ist es angebracht, zumindest ein Drittel des Proteins als tierisches Protein in der fertigen Futtermischung zu haben. Besteht der Proteinanteil des Futters zu hohen Prozentsätzen aus pflanzlichen Quellen (z. B. Bohnen oder Getreide), kann es angebracht sein, dem Futter Carnitin (aminosäureähnliches Molekül) in einer Menge von 300-500 mg/kg beizumischen. Weiteres ist wichtig, ob weißes Fischmehl (bei niedrigen Temperaturen gewonnen) oder braunes Fischmehl (bei hohen Temperaturen gewonnen) welches deutlich schlechter verdaulich ist, in das Futter eingemischt wurde (Steinbach, 2018).

Der Vermahlungsgrad der Rohwaren hat ebenfalls einen erheblichen Einfluss auf die Verdaulichkeit. Nur fein vermahlene Futterbestandteile können optimal verdaut werden, da nur diese den Verdauungsenzymen eine ausreichende Angriffsfläche bieten. Wird ein 1 mm großes Korn auf 0,1 mm Korngröße zermahlen, nimmt die Oberfläche und folglich die Angriffsfläche für die Verdauungsenzyme auf den zehnfachen Wert zu (Steinbach, 2018).

Im Allgemeinen kann man von einer Verdaulichkeit des Eiweiß von 85-90 % und bei Fett von 85 % ausgehen. Bei Zimmertemperatur flüssige Fette (Öle) werden besser verdaut, als feste (Talg). Zumindest bei Tieren, die länger leben sollen oder müssen, wie etwa Laich- oder Kaviarfische, ist es wichtig einen Teil des Fettes aus mariner Herkunft (Fischöl) im Futter zu haben. Die Verdaulichkeit von Kohlenhydraten ist abhängig von deren Behandlung beziehungsweise Verarbeitung (roh oder wärmebehandelt), der Herkunft (z. B. Glukose, Dextrin), der Fischart (Fleisch- oder Pflanzenfresser) und dem prozentualen Anteil in der Rezeptur. Die Verdaulichkeit schwankt unter diesen Umständen im Bereich von 20-90 %.

Im Nachhinein kann das Futter auch über den Futterquotient (kg Futter/kg Zuwachs) bewertet werden. Dieser hängt wesentlich von Nährstoffgehalt, Vermahlungsgrad, Futterdarbietung, Besatzdichte, Sauerstoffgehalt etc. ab. Er beträgt bei extrudiertem Trockenfutter, das normalerweise nur etwa 10 % Wasser enthält, oft unter 1 und kann je nach Fischart und -größe bis über 2 ansteigen. Bei anderen Futtermitteln (Feucht- oder Nassfutter), das ja wesentlich mehr Wasser enthält, ist naturgemäß auch der Futterquotient wesentlich höher (oft 3-9). Ein schlechter Futterquotient liegt aber nicht immer an der Qualität des Futters oder des Wassers, sondern manchmal einfach an einer falschen Verabreichung des Futters (Größe, Menge, Zeit, Ort, Verteilung usw.).

## 5.3. Gehegebeleuchtung

Eine Beleuchtung in den Gehegen dient entweder dem Anlocken von Zooplankton in Unterwassergehegen oder aber dem Verzögern der Geschlechtsreife und so zum Erhöhen des Wachstums (siehe auch Punkt 3.5.4.3. Beleuchtungskörper). Für die Anlockung von Zooplankton erfolgt die Beleuchtung zumindest während der Dunkelheit (Nacht). Für die Verzögerung der Geschlechtsreife erfolgt die Beleuchtung zumindest im Winterhalbjahr (Oktober-April).

### 5.3.1. Planktonanlockung

In Italien wurden beispielsweise in einem See schwimmende Unterwasser-gehege (2,5 m$^3$) mit Flussbarschen (*Perca fluviatilis*) besetzt, die in der Nacht (20:30-06:30 Uhr) jeweils mit einer LED-Lampe (60 Watt) beleuchtet wurden, wobei die Dichte an Zooplankton (40 % Phyllopoden, 35 % Rotatorien, 25 % Copepoden) von durchschnittlich 5-6 auf 222-238 Ind./l stieg. Bei einer Besatzdichte von ca. 120 Stück/m$^3$, einer Wassertemperatur von 22,4-23,3 °C, einer Aufzuchtdauer von 3 Monaten, und einer Überlebensrate von 51-61 %, wuchsen die Barschfische von 2,8-4,3 cm und 0,25-0,64 g auf 7,5-8,1 cm und 4,65-6,30 g (siehe Tab.), wobei die besseren Ergebnisse im Jahr 2007 der höheren Akkumulation von Zooplankton durch eine verbesserte Netzreinigung zugeschrieben werden. Der Besatz erfolgte allerdings mit vorgestreckter Brut (Ceccuzzi et al., 2010).

**Tageszeitabhängige Zooplanktondichten,**
innerhalb und außerhalb eines Gehegenetzes:
(Nach: Ceccuzzi et al., 2010)

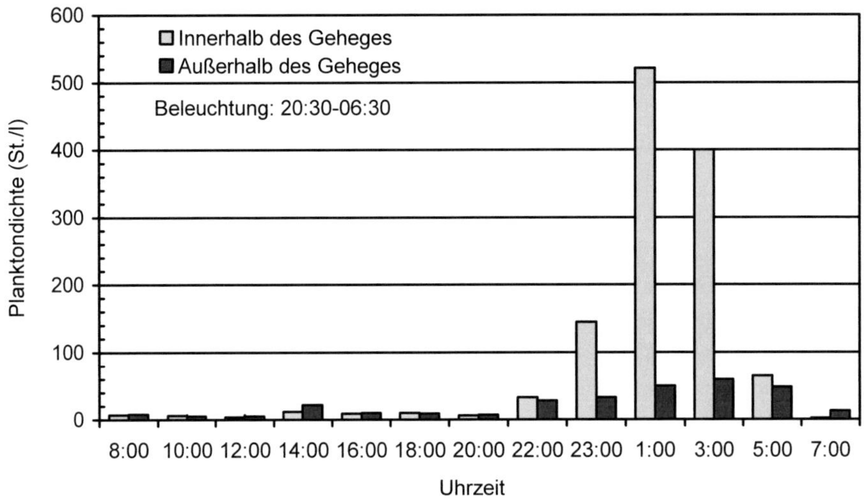


**Produktionsergebnisse von Flussbarschen,**
in Abhängigkeit vom Aufzuchtjahr:
(Nach: Endal et al., 2000)

| Aufzuchtjahr | 2006 | 2007 |
|---|---|---|
| Besatzstückmasse (g) | 0,64 | 0,25 |
| Abfischstückmasse (g) | 4,65 | 6,30 |
| Stückmassezuwachs (%/Tag) | 2,04 | 3,42 |
| Aufzuchtdauer (Tage) | 90 | 90 |
| Überlebensrate (%) | 51 | 61 |
| Endbestandsdichte (kg/m$^3$) | 0,26 | 0,46 |

## 5.3.2. Reifeverzögerung

In Norwegen wurden im Meer mehrere schwimmende Netzgehege (5,50 x 2,75 x 6,00 m) mit Atlantischen Lachsen (*Salmo salar*) besetzt, wobei extrudiertes Trockenfutter (5-7 mm Pellets) während der natürlichen

Helligkeit bis zur Sättigung über Automaten verfüttert und einige Gehege von oben mit Halogenleuchten (1000 Watt) beleuchtet wurden. Bei einer Besatzdichte von 5 Stück/m$^3$, einer Wassertemperatur von 5,3-14,0 °C, und einer Produktionsdauer von 9 Monaten (November-Juli) wuchsen die Lachsfische von etwa 243 g auf 815-1072 g Körpergewicht (siehe Tab.). Die Mortalität war bis März in allen Gehegen gering (<7 %), stieg anschließend aber wegen Krankheitsproblemen (Furunkulose) an. Dabei unterschied sich das Wachstum und der Anteil geschlechtsreifer Männchen, wobei letzteres auf die ungünstige Form der Gehege zurückgeführt wird (Endal et al., 2000). Die meisten anderen Studien kommen zu einem anderen Ergebnis, wie in Kanada, wo im Meer schwimmende Netzgehege (22 m Ø) mit Atlantischen Lachsen (*Salmo salar*) besetzt und von November-Mai mit 2 Unterwasserleuchten (in 5-7 m Tiefe) beleuchtet wurden. Die tägliche Wachstumsrate war dabei in den beleuchteten Gehegen ebenfalls höher (0,32 zu 0,29 %) als in den unbeleuchteten Gehegen, allerdings auch der Anteil geschlechtsreifer Tiere geringer (1 zu 22 %), wobei der Unterschied je Geschlecht noch deutlicher ist (♂ 2 zu 47 % und ♀ 0 zu 9 %) (Glebe, 2012).

**Produktionsergebnisse von Atlantischen Lachsen,**
in Abhängigkeit von der Beleuchtung:
(Nach: Endal et al., 2000)

| Dauerbeleuchtung | Keine | Nov.-Dez. | Nov.-Jul. |
|---|---|---|---|
| Besatzstückmasse (g) | 243 | 243 | 243 |
| Abfischstückmasse (g) | 815 | 930 | 1072 |
| Fütterungsdauer (Tage) | 270 | 270 | 270 |
| Überlebensrate (%) | 57 | 52 | 44 |
| Reifeanteil ♂ (%) | 6,5 | 15,5 | 37,6 |

In Norwegen wurden beispielsweise im Meer schwimmende Netzgehege (5-12 x 5-12 x 5 m) mit Dorschen (*Gadus morhua*) besetzt, wobei extrudiertes Trockenfutter (53 % RP, 10 % RF, 19,5 MJ/kg) einmal täglich per Hand bis zur Sättigung verfüttert, und ein Gehege (September-Juni) in der Nacht von oben mit Halogenleuchten (600 Watt) beleuchtet wurde. Bei einer Besatzdichte von ca. 5 Stück/m$^3$, einer Wassertemperatur von 3,5-16,3 °C, und einer Produktionsdauer von 12 Monaten wuchsen die 18 Monate alten Dorschfische von etwa 770-860 g auf 2.590-3.270 g Körpergewicht. Dabei war der Anteil geschlechtsreifer Fische zur natürlichen Laichzeit (Februar-April) in beleuchteten Gehegen wesentlich geringer (1 zu 100 %) als in unbeleuchteten Gehegen und die Geschlechtsreife konnte um 3-4 Monate verschoben werden. Außerdem war das Wachstum in den beleuchteten Gehegen wesentlich besser; die Fische in den unbeleuchteten Gehegen verloren zur Laichzeit (vermutlich durch Ablaichen in den Gehegen) sogar (11-21 %) an Gewicht, allerdings wurde der Futterquotient und die

Überlebensrate nicht ermittelt (Taranger et al., 2006).

## 5.4. Wasserbelüftung

Der Sauerstoffgehalt ist der erste begrenzende Faktor für die Produktion von Fischen, daher sollte er regelmäßig überwacht und falls nötig durch Belüftung auch erhöht werden. Ein unzureichender Sauerstoffgehalt des Wassers macht sich in jedem Fall durch eine Verschlechterung der Futterverwertung und des Fischwachstums, sowie in Form einer erhöhten Wasserbelastung bemerkbar.

In den Vereinigten Staaten von Amerika (USA) wurden beispielsweise in einem Teich in mehreren kleinen Gehegen (1 m$^3$) Katzenwelse (*Ictalurus punctatus*) mit pelletierten und schwimmenden Trockenfutter aufgezogen. In einem 115-tägigen Aufzuchtexperiment wurden 16 Gehege gruppiert (4x4), sodass bei den inneren 4 Gehegen alle Seitenwände, bei den mittleren Gehegen drei Seitenwände und bei den äußeren 4 Gehegen nur zwei Seitenwände von anderen Gehegen verdeckt waren. Bei einer Besatzdichte von 5,4 kg bzw. 350 Stück/m$^3$ waren die Überlebensrate (70-72 %), der Futterquotient (1,3-1,6) und die Endbestandsdichte (61-72 kg/m$^3$) jeweils innen am schlechtesten und außen am besten. In einem anderen 93-tägigen Aufzuchtexperiment wurden Gehege mit 2 verschiedenen Maschenweiten (6,35 und 12,70 mm) verwendet. Bei einer Besatzdichte von 8,2 kg bzw. 500 Stück/m$^3$ war die Überlebensrate (89-94 %), der Futterquotient (1,6-2,9) und die Endbestandsdichte (30-50 kg/m$^3$) jeweils bei der kleineren Maschenweite wesentlich schlechter als bei der größeren Maschenweite. Bei beiden Experimenten werden die schlechteren Werte jeweils der ungenügenden Wasser- bzw. Sauerstoffversorgung zugeschrieben (Schmittou, 1969).

**Produktionsergebnisse von Katzenwelsen,**
in Abhängigkeit von der Maschenweite:
(Nach: Schmittou, 1969)

| Maschenweite | Klein | Groß |
|---|---|---|
| Besatzstückmasse (g) | 16,3 | 16,3 |
| Abfischstückmasse (g) | 66 | 105 |
| Fütterungsdauer (Tage) | 93 | 93 |
| Überlebensrate (%) | 89 | 94 |
| Endbestandsdichte (kg/m$^3$) | 30 | 50 |
| Futterquotient (kg/kg Zuwachs) | 1,55 | 2,91 |

### 5.4.1. Belüftungsmethoden

Für die Erhöhung des Sauerstoffgehalts im Wasser eignen sich verschiedene Belüfter oder Ausströmer (siehe auch Punkt 3.5.4.2.

Wasserbelüfter). Bei Belüftern hängt die Eintragungsrate von der erzeugten Größe der Wassertropfen bzw. Kontaktzone ab. Bei Ausströmern hängt die Eintragungsrate wesentlich von der Poren- bzw. Blasengröße und damit von deren Oberfläche ab. Die Oberfläche aller in einem Liter Gas enthaltenen Blasen beträgt bei einem Blasendurchmesser von 0,1 mm etwa 60 m², bei 1,0 mm noch 6 m² und bei 10 mm nur 0,6 m². Aber auch der Salzgehalt hat einen Einfluss auf die Eintragungsrate, denn im Salzwasser ist die Oberflächenspannung und somit Blasengröße geringer und die Eintragungsrate höher als im Süßwasser.

Die Eintragungsrate von Sauerstoff (kg/kW/h) wird normalerweise bei Standardbedingungen bei einem Sauerstoffausgangsgehalt von 0 mg/l in Trinkwasser bei 20 °C gemessen. Dieser Ausgangswert ist unter Praxisbedingungen in der Fischzucht jedoch nicht realistisch, denn da geht man üblicherweise von einem Sauerstoffausgangsgehalt von 6 mg/l (70 % Sättigung) aus. Unter diesen Praxisbedingungen beträgt die Eintragungsrate jedoch nur etwa 20 % der Standardwerte, und will man die Sauerstoffsättigung bis auf 90 % erhöhen, nur noch etwa 10 % der Standardwerte (Beveridge, 1987).

Die Eintragungsrate beträgt bei allen (Propeller-, Schaufelrad-, Injektor-) Belüftern 1,2-2,4 kg $O_2$/kW/h unter Standardbedingungen bzw. 0,25-0,50 kg $O_2$/kW/h unter Praxisbedingungen. Bei Luftausströmern betragen diese Werte bei grobblasigen 0,6-1,2 bzw. 0,12-0,25 kg, bei mittelblasigen 1,0-1,6 bzw. 0,20-0,35 kg und bei feinblasigen 1,2-2,0 bzw. 0,25-0,42 kg $O_2$/kW/h. Wird reiner Sauerstoff (ca. 95 % $O_2$) anstatt Luft (ca. 21 % $O_2$) zur Belüftung verwendet, dann erhöhen sich die Eintragungsraten um etwa das 5-fache (Beveridge, 1987).

HP-Förderer oder Mammutpumpen können sowohl zur Wasserbelüftung als auch zur Wasserförderung eingesetzt werden. Die Eintragungsrate beträgt dabei unter Praxisbedingungen etwa 0,2-0,4 kg $O_2$/kW/h. Die optimale Leistung eines (hydropneumatischen) HP-Förderers liegt bei einer Luftbeaufschlagung von 50 m³/h x dm² Steigrohrquerschnitt. Wegen des höheren Widerstandes bzw. der geringeren Wasserdurchlässigkeit im Rohr, fördern größere Blasen dabei mehr Wasser als kleinere Blasen und kleinere Rohre im Verhältnis zum Durchmesser mehr Wasser als größere Rohre. Bei Einhaltung der optimalen Luftbeaufschlagung und des optimalen Verhältnis von Einblastiefe zu Förderhöhe (3,5:1) kann mit 1 m³ Luft 1 m³ Wasser gefördert und belüftet werden. Eine bestimmte Mindestluftmenge ist nötig, um überhaupt Wasser zu fördern und eine Maximalluftmenge darf nicht überschritten werden, weil die Luft sonst einen Kanal bildet, der kein Wasser mehr fördert (Steinbach, 2018).

### 5.4.2. Belüftungsorte

Schaufelrad- und Injektorbelüfter sollte außerhalb des Gehegenetzes (vor der Gehegeanlage) installiert werden. Propellerbelüfter und Ausströmer sollten innerhalb des Gehegenetzes (in der Mitte) installiert werden (Ausströmer am Boden und Propeller an der Oberfläche). Luftausströmer können dabei durch die aufsteigenden Blasen auch Wasser mitreißen und so eine ungerichtete vertikale Strömung erzeugen, wobei in stark eutrophen Gewässern damit sauerstoffarmes Tiefenwasser oder in seichten Gewässern auch Schlamm hochbefördert wird, was nicht wünschenswert ist. Einige Belüfter (Schaufelrad- und Injektorbelüfter) können aber auch eine gerichtete horizontale Strömung erzeugen, Schaufelradbelüfter jedoch nur an der Wasseroberfläche, Injektorbelüfter auch noch in der Tiefe.

Neben der Eintragungsrate kann bei strömungserzeugenden Belüftern auch das zusätzlich horizontal geförderte sauerstoffreiche Umgebungswasser zur Steigerung des Sauerstoffgehalts in Netzgehegen beitragen. Eine Alternative zu Belüftern ist daher, (1-3) große langsam (100-150 UPM) drehende Propeller (70-90 cm Ø) als Strömungserzeuger vor die Gehegeanlage (entweder stationär am Gewässerboden oder besser schwimmend an der Wasseroberfläche) zu installieren, wobei die erzeugte Strömung nicht nur frisches Wasser fördert, sondern auch die Feststoffe (Kotpartikel, Futterreste) auf eine größere Fläche verteilt, damit diese besser abgebaut werden können. Bereits vorhandene Ablagerungen von Abfallstoffen lassen sich so auch binnen 3 Monaten um 60-75 % verringern (Beveridge, 1987).

### 5.4.3. Belüftungszeiten

Die Belüfter können in der risikoreicheren warmen Jahreszeit (Sommer) durchgehend laufen. Der Betrieb der Belüfter kann jedoch auch über eine Zeitschaltuhr geregelt werden. Dabei sollten diese (zumindest in eutrophen Gewässern) vorzugsweise während der Nacht laufen, da dann auch das Phytoplankton Sauerstoff dem Wasser entzieht. Der Sauerstoffbedarf der Fische steigt nach der Fütterung. Die geringsten Sauerstoffgehalte treten daher meist in den Morgenstunden (1-2 h) nach Sonnenaufgang und (1-2 h) nach der Fütterung auf. Seit einiger Zeit werden computergestützte Systeme eingesetzt, die den Sauerstoffgehalt messen und über angeschlossene Geräte (z. B. Ausströmer, Belüfter, Pumpen usw.) regeln und steuern. Dabei können die spezifischen Tagesrhythmen weitgehend vermieden werden.

Wenn die Sauerstoffversorgung aller Fische ausschließlich mit Belüftern erfolgen soll, dann gilt als grober Richtwert: 1 kW/h/t Fische. Dies ist in der Praxis aber normalerweise nicht notwendig, da ein Großteil des Sauerstoffbedarfs durch Frischwasser, das mit Strömungen in die Gehege kommt, gewährleistet wird. Als Faustregel gilt: je Sekundenliter 100 kg Fische. Selbst bei geringen Strömungsgeschwindigkeiten werden durch die großen Netzflächen so große Mengen an Wasser ausgetauscht (z. B. bei 1 cm/s schon 10 $l/s/m^2$ Gehegequerschnitt, was wiederum für 1 t Fische reicht). Daher werden Belüfter in Gehegeanlagen in der Regel nur zur Notversorgung von 10-50 % des Fischbestandes verwendet.

Der Sauerstoffbedarf der Fische (mg/kg/h) hängt wesentlich von der Fütterung bzw. Verdauung ab und beträgt etwa 200-250 g $O_2$/kg Futter. Der Sauerstoffbedarf hängt jedoch neben der Fischart und -größe auch noch von der Wassertemperatur und Aktivität ab. Als grober Richtwert gelten daher: 300-350 mg $O_2$/kg Fisch/h.

### 5.5. Netzreinigung

Objekte (wie Netze), die sich im Wasser befinden, werden mit der Zeit von Organismen bewachsen. Dieser Bewuchs kann nicht nur das Gewicht und die Oberfläche und damit den Strömungswiderstand stark erhöhen, was zu Verformungen des Netzes und zur Reduktion des Volumens führen kann, sondern auch die Maschenweite und damit den Wasseraustausch in den Gehegen stark verringern, was zu Sauerstoffmangel führen kann.

#### 5.5.1. Bewuchsorganismen

Weltweit gibt es zahlreiche (min. 200) aquatische Organismen (Pflanzen und Tiere), die binnen Tagen bis Wochen die unter Wasser befindlichen Gehegematerialien (Netze, Seile, Gewichte, Schwimmer) besiedeln können. Innerhalb eines halben Jahres können je Gehegeanlage 25-75 verschiedene Arten von Organismen im Meer vorkommen. Die Geschwindigkeit und Intensität der Besiedelung hängt vom Substrat und den Umweltbedingungen ab. Metall wird weniger stark besiedelt wie Kunststoff oder Naturmaterialien und glatte Strukturen weniger stark wie raue. Die einzelnen Materialien werden oft auch von unterschiedlichen Organismen besiedelt. Sogar die Farbe spielt eine Rolle, denn weiße und blaue werden weniger stark besiedelt als rote und schwarze Materialien. In wärmeren und nährstoffreicheren Gewässern ist der Bewuchs oft stärker als in kälteren und nährstoffarmen Gewässern. In strömungsreichen Gewässern ist er ebenfalls geringer als in strömungsarmen Gewässern (Tidenströmung unter 15-25 cm/s). Auch der Lebensraum bzw. die Salinität spielt eine Rolle, denn der Bewuchs nimmt sowohl an Diversität als auch an Intensität mit sinkender Salinität generell ab.

Innenbewuchs an Gehegematerialien (Netzen) im Meer. Foto: O. Musić (Fonda.si)

Außenbewuchs an Gehegematerialien (Gewichten) im Meer. Fotos: B. Furlan (Fonda.si)

**Mehrzellige Organismen im Salzwasser,**
die regelmäßig Gehegeanlagen besiedeln:
(Nach: Cook et al., 2006; Hodson et al., 2000; Willoughby, 1999)

| Stamm | Gattung |
|---|---|
| Cyanophyta (Blaualgen) | *Lyngbya* |
| Chlorophyta (Grünalgen) | *Cladophora, Enteromorpha, Ulva* |
| Phaeophyta (Braunalgen) | *Alaria, Ectocarpus, Laminaria* |
| Rhodophyta (Rotalgen) | *Antithamnion, Brongniartella, Ceramium, Champia, Griffithsia, Haraldiophyllum, Jania, Lithothamnion, Lomentaria, Polysiphonia* |
| Porifera (Schwämme) | *Mycale* |
| Cnidaria (Nesseltiere) | *Aiptasia, Boloceroides, Campanopsis, Cerianthus, Clava, Ectopleura, Kirchenpaueria, Obelia, Octocorallia, Plumularia, Thyroscyphus, Tubularia* |
| Nemertea (Schnurwürmer) | *Emplectonema* |
| Annelida (Ringelwürmer) | *Aphrodita, Arabella, Aspidosiphon, Autolytus, Brachiomma, Ceratonereis, Chone, Chrysopetalum, Ctenodrilus, Dorvillea, Eulalia, Exogone, Golfingia, Halicarcinus, Harmothoe, Hydroides, Josephella, Lysidice, Nematonereis, Nereis, Odontosyllis, Paridotea, Pectinaria, Phascolion, Pista, Platynereis, Polyophthalmus, Pomatoceros, Protodorvillea, Pseudomystides, Sabella, Salmacina, Serpula, Spirorbis, Spirobranchus, Syllis* |
| Arthropoda (Gliederfüßer) | *Alpheus, Amphithoe, Aora, Athanas, Balanus, Cancer, Caprella, Corophium, Gammaropsis, Dexamine, Dromia, Elasmopus, Elminius, Ericthonius, Galathea, Idotea, Ischyrocerus, Jassa, Leptochelia, Macropodia, Photis, Phtisica, Pilumnus, Pinnotheres, Processa, Pseudoprotella, Stenothoe, Synalpheus, Tanais, Thoralus* |
| Mollusca (Weichtiere) | *Abra, Aequipecten, Ancula, Anomia, Arca, Bittium, Bulla, Diodora, Flabellina, Haminoea, Hiatella, Martesia, Modiolarca, Modiolus, Musculus, Mytilus, Ostrea, Pecten, Xenostrobus* |
| Ectoprocta (Moostierchen) | *Bugula, Membranipora, Schizobrachiella, Scrupocellaria, Watersipora* |
| Echinodermata (Stachelhäuter) | *Amphiura, Antedon, Asterias, Cidaris, Ophiura, Paracentrotus, Psammechinus* |
| Chordata (Chordatiere) | *Ascidiella, Asterocarpa, Botryllus, Ciona, Corella, Didemnum, Diplosoma, Microcosmus, Molguia, Phallusia, Polycarpa, Pyura, Styela* |

Der Bewuchs fängt meist mit einer Besiedelung mit Bakterien und Algen an und wird später von anderen Organismen ergänzt. Im Süßwasser sind dies neben Algen eigentlich nur Polypen (*Hydra*), sowie die in vielen Seen eingeschleppte Dreikantmuschel (*Dreissena*). Im Meerwasser sind es neben Algen auch einige Vertreter der Stämme der Schwämme (Porifera), Moostierchen (Ectoprocta), Nesseltiere (Cnidaria), Ringelwürmer (Annelida), Stachelhäuter (Echinodermata), Gliederfüßer (Arthropoda), Weichtiere (Mollusca) und einfache Chordatiere (Chordata). Algen besiedeln meist den oberen Teil der Netze während Medusen (*Ectopleura*) eher den unteren Teil der Strukturen bevorzugen. Einige Tiere wie Seeigel (*Paracentrotus*) weiden Bewuchsorganismen ab, andere, wie Miesmuscheln (*Mytilus*), siedeln nur darauf, ohne die Strukturen direkt zu beschädigen, wieder andere, wie Bohrmuscheln (*Martesia, Teredo*) und Maifliegen (*Povilla*), können auch hölzerne Strukturen (Pfähle, Rahmen) anbohren bzw. beschädigen.

**Reduktion der Strömung,**
in Abhängigkeit von Netzanzahl und -bewuchs:
(Nach: Maroni in Willoughby, 1999)

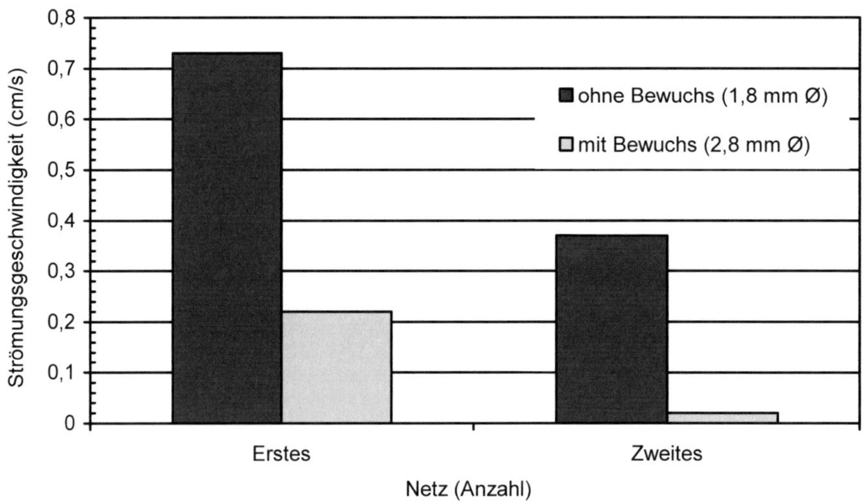


## 5.5.2. Bewuchsreduzierung

Einige Fischarten, wie Buntbarsche (*Oreochromis*) und Lippenbarben (*Labeo*) im Süßwasser oder Kaninchenfische (*Siganus*) und Schnabelbarsche (*Oplegnathus*) im Meerwasser, können Aufwuchsalgen von den Netzen abweiden. Dazu werden diese Fische bei einer Besatzdichte von 1-5 Stück/m$^3$ in die Gehege gesetzt. Die letzten beiden Gattungen können jedoch auch Probleme verursachen, indem sie die Netze beim Abweiden beschädigen (*Siganus*) oder andere Fische an den Flossen anbeißen (*Oplegnathus*).

Zur Reduzierung von Schwebe- und Aufwuchsalgen gibt es auch digitale Ultraschallgeräte (12-24 Volt Gleichstrom oder 220-240 Volt Wechselstrom), welche in unregelmäßigen Abständen spezielle Ultraschallwellen in einem Öffnungswinkel von ca. 180° bis zu 100 m durch das Gewässer senden. Das ausgesendete Ultraschallmuster bringt die mikroskopisch kleinen Flüssigkeitsbläschen (Vakuolen) in den Zellwänden der Algen zum Schwingen, was zum Platzen der Vakuolen (welche im Übrigen auch viele Einzeller besitzen) und schließlich zum Absterben der Organismen führt. Die Behandlungsdauer beträgt, abhängig von der Algenart, mindestens 1-8 Wochen. Die ausgesendeten Ultraschallmuster sind für das menschliche Ohr nicht hörbar. Auf Fische scheint das Gerät keine negativen Auswirkungen zu haben, denn diese halten sich manchmal sogar gerne in der Nähe des Ultraschallerzeugers auf.

Gehege, die drehbar sind, werden einfach regelmäßig (je nach Eutrophierung und Jahreszeit alle 1-4 Wochen) gedreht, wobei an dem sich an der Luft befindlichen Teil der Geheges der Bewuchs abstirbt. Alternativ können auch zwei Netze für jedes Gehege verwendet werden, die dann nicht imprägniert, allerdings regelmäßig (je nach Eutrophierung und Jahreszeit alle 2-4 Wochen) abwechselnd verwendet werden, wobei die Fische nur überschwimmen und das jeweils nicht benutze Netz seitlich fixiert und währenddessen nur in der Luft getrocknet wird. Sind die Gehege nicht voll besetzt, kann man auch die ersten 2-4 Meter des Netzes, die üblicherweise am stärksten bewachsen sind, herausziehen und 1-2 Wochen an der Luft trocknen lassen.

### 5.5.3. Bewuchsentfernung

Bei Netzen aus Metalllegierungen (Kupfer) oder mit Kunststoffummantelung (PVC oder PVA) ist eine Reinigung im Süßwasser selten bis gar nicht nötig. In den allermeisten Fällen müssen die Netze früher oder später mechanisch gereinigt werden. Dazu werden die Netze entweder gewechselt und diese dann an Land gereinigt oder die Netze nicht gewechselt und im Wasser gereinigt, wobei die Fische dabei üblicherweise im Gehege bleiben.

Rohre können von kleinerem Bewuchs gereinigt werden, indem man einen Ring aus einem Seil (20-30 mm Ø), dessen Durchmesser etwas größer als das Rohr ist, lose um das zu reinigende Rohr legt, wobei durch dessen Bewegung durch Wellen mit der Zeit die kleineren Aufwuchsorganismen (Algen, Medusen, etc.) vom Rohr gestreift werden. Dabei ist für jedes Rohr und jede Sektion ein eigener Ring zu installieren (Cardia & Lovatelli, 2015).

Seile können von gröberem Bewuchs befreit werden, indem man (Taucher) einen Schäkel mit entsprechend passender Größe kurz vor dem Seilende anbringt und diesen mit einem anderen Seil, das an einem Boot befestigt ist, entlang des zu säubernden Seils zieht, wobei der Schäkel die größeren Bewuchsorganismen (Muscheln, Seepocken, etc.) vom zu säubernden Seil streift (Cardia & Lovatelli, 2015).

Reinigung von Unterwassergehegen mittels Hochdruckreiniger. Foto: M. Hochleithner

Reinigung eines Gehegenetzes mittels Waschtrommel. Foto: M. Hochleithner

#### 5.5.3.1. Reinigung im Wasser

Gehegenetze, die im Wasser gereinigt werden, werden meist schneller wieder besiedelt, da in der Regel nicht alle Organismen entfernt werden können.

Bei kleineren Gehegen, wie Planktongehegen, werden die Netze (je nach Eutrophierung und Jahreszeit alle 1-7 Tage) bis auf 10-20 cm Restwasser hochgezogen und die Netze von innen nach außen mit einem Hochdruckreiniger (50-100 bar) gereinigt. Dabei sollte auch die Strömungsrichtung des Wassers berücksichtigt werden, damit die abgewaschenen Organismen nicht in benachbarte Gehege driften.

Bei größeren Gehegen werden Netzwäscher mit Hochdruck (150-300 bar) verwendet, wobei die Netze (je nach Imprägnierung und Bewuchs alle 1-6 Monate) ebenfalls von innen nach außen gereinigt, aber nicht hochgezogen werden. Die Bedienung bzw. Führung der 1-7 rotierenden Reinigungsscheiben (30-50 cm Ø) mit einer Reinigungsbreite von 0,5-2,5 m erfolgt dabei entweder direkt von Tauchern unter Wasser oder über Stangen bzw. Seile von Personen über Wasser. Alternativ gibt es auch (horizontal und vertikal) selbstfahrende Reinigungsroboter.

#### 5.5.3.2. Reinigung an Land

Gehegenetze, die gewechselt wurden, was oft nach der Festsetzung der Muschellarven im Frühjahr (Mai-Juli) erfolgt, werden an Land gereinigt.

Vor der Reinigung wird das Gehegenetz für 3-5 Tage entweder zu einem Bündel oder Haufen gelegt und mit einer schwarzen Kunststofffolie abgedeckt, oder in der Luft aufgehängt bzw. am Boden ausgelegt, damit die Organismen absterben und sich so leichter entfernen lassen. Alternativ kann man das Gehegenetz für 2-3 Tage mit 5 %igem Formalin einsprühen oder in eine Lösung aus 3 % Ameisensäure und 9 % Kupfersulfat einlegen, wodurch die Byssusfäden der Muscheln aufgelöst werden.

Für die Reinigung wird das Gehegenetz dann trocken mit einem Borstenbesen abgebürstet oder nass mit einem Hochdruckreiniger abgesprüht bzw. in einer Waschtrommel (mit Wasser aber ohne Reinigungsmittel) für ca. 1-2 Stunden gereinigt. Anschließend wird es in trockenem Zustand zusammengelegt und bis zur nächsten Verwendung verstaut, wobei es sicher von Nagetieren (Mäusen) sein sollte.

## 5.6. Fischkankheiten

Neben Erkrankungen durch Umweltbedingungen, wie schlechte Wasserqualität (z. B. Kiemenschwellung oder Kiemennekrose) und falsche Fischernährung (z. B. Leberverfettung oder Vitaminmangel), werden Erkrankungen vor allem durch verschiedene Erreger hervorgerufen.

### 5.6.1. Krankheitserreger

Erreger von Krankheiten, die bei Fischen auch Verluste verursachen können, sind vor allem Viren, Bakterien und Pilze (Infektionskrankheiten), sowie Ein- und Vielzeller (Invasionskrankheiten).

#### 5.6.1.1. Viren

Viren (Vira) sind in Zellen vorkommende (intrazelluläre), submikroskopische Organismen, die entweder Ribonukleinsäure (RNS) oder Desoxyribonukleinsäure (DNS) aufweisen und über eine Schutzhülle verfügen, die aus Proteinen allein besteht oder sich aus Proteinen und Lipid- oder Kohlenhydratbestandteilen zusammensetzt. Innerhalb lebender Zellen können sie sich sehr zahlreich vermehren und dabei ihren Wirt stark schädigen, wie z. B. Adenoviren, Herpesviren, Iridoviren, Picornaviren, Rhabdoviren, Reoviren und Retroviren.

#### 5.6.1.2. Bakterien

Bakterien (Bacteria) sind mikroskopisch kleine, einzellige Organismen ohne echten, klar umrissenen Zellkern, die sich im Allgemeinen durch Zellteilung vermehren. Einige Bakterien können, vor allem unter intensiven Haltungsbedingungen, zu Erkrankungen führen wie z. B. Proteobacteria (*Aeromonas, Pseudomonas, Enterobacter, Vibrio)* Actinobacteria *(Mycobacterium, Renibacterium, Nocardia)* und Bacteroidetes (*Cytophaga, Flexibacter, Flavobacterium)*.

#### 5.6.1.3. Pilze

Pilze (Fungi) sind chlorophyllfreie Organismen mit heterotropher Ernährung, die sich durch Sporen vermehren und verbreiten. Einige Algenpilze (Oomycetes) wie die Wasserschimmelpilze (Saprolegniacea) dringen oft in verletzte Hautstellen der Fische oder in abgelegte Eier ein und können daher Verluste verursachen (wie *Achlya, Aphanomyces, Branchiomyces, Dictyuchus, Leptolegnia, Pythiopsis, Saprolegnia*).

### 5.6.1.4. Einzeller

Einzeller (Protozoa) sind einzellige Organismen, die kaum oder gar nicht zu Gewebesystemen differenziert sind. Einige Taxa können vor allem bei hohem Stress und schlechten Umweltbedingungen Erkrankungen hervorrufen, wie Geißeltierchen (Flagellata), Wimpertierchen (Ciliophora) und Sporentierchen (Sporozoa). Je nach Befall werden Innenparasiten (Endoparasiten) oder Außenparasiten (Ektoparasiten) unterschieden. Es gibt epibiotische oder inter- und intrazellulare Parasiten (Schäperclaus, 1979).

**Parasitäre Einzeller,**
die Fischerkrankungen hervorrufen:
(Nach: Amlacher, 1981; Reichenbach-Klinke, 1980)

| Klasse | Gattung |
|---|---|
| Flagellata | |
| Phytoflagellata (Geißelalgen) | *Amyloodinium, Oodinium, Oodinoides* |
| Zooflagellata (Geißeltierchen) | *Agamonema, Cryptobia, Hexamita, Ichthyobodo, Spironucleus, Trichomonas, Trypanosoma, Trypanoplasma* |
| Ciliophora | |
| Euciliata (Wimpertierchen) | *Apiosoma, Balantidium, Capriniana, Chilodonella, Ellobiophyra, Epistylis, Helicostoma, Ichthyophthirius, Paratrichodina, Scyphidia, Trichodina, Trichodinella, Tripartiella* |
| Suctoria (Sauginfusorien) | *Capriniana, Trichophrya* |
| Sporozoa | |
| Telospora (Telotierchen) | *Dactylosoma, Eimeria, Goussia, Haemogregarina, Hepatozoon, Leucocytozoon* |
| Haplospora (Haplotierchen) | *Dermocystidium, Sporozoon* |
| Microspora (Mikrotierchen) | *Glugea, Nosema, Pleistophora* |
| Myxospora (Myxotierchen) | *Caudomyxum, Ceratomyxa, Chloromyxum, Enterocytozoon, Henneguya, Hoferellus, Leptotheca, Myxidium, Myxobilatus, Myxobolus, Myxosoma, Neomyxobolus, Parvicapsula, Pleistophora, Sphaerospora, Tetracapsuloides, Zschokkella* |

#### 5.6.1.4.1. Flagellaten

Flagellaten (Flagellata) sind primitiv gebaut und besitzen eine oder mehrere Geißeln (Flagellen), die der Fortbewegung dienen. Die Fortpflanzung erfolgt ungeschlechtlich durch Längsteilung. Sie treten häufig als Innenparasiten (Blut, Nieren bzw. Darm, Galle) oder Außenparasiten (Haut, Kiemen) auf. Diese werden auch als Schwächeparasiten bezeichnet, da Fische meist nur bei Stress, hohem Infektionsdruck oder schlechten Haltungsbedingungen (z. B. hohe Besatzdichte oder ungünstige Wasserqualität) erkranken. Die Flagellaten werden in Zooflagellaten und Phytoflagellaten eingeteilt, wobei letztere schon zu den Algen gerechnet werden.

#### 5.6.1.4.2. Ciliophoren

Ciliophoren (Ciliophora) sind höher entwickelt und besitzen einen Zellmund (Cytostom). Die Fortbewegung erfolgt über zahlreiche Wimpern (Cilien). Die Fortpflanzung erfolgt ungeschlechtlich durch Teilung oder sexuell durch Konjugation. Sie treten häufig als Außenparasiten (Haut, Kiemen) auf. Zu den Ciliophoren zählen Euciliata und Suctoria.

#### 5.6.1.4.3. Sporozoen

Sporozoen (Sporozoa) sind fast unbeweglich und leben ausschließlich parasitär. Die Fortpflanzung erfolgt sexuell über Dauerstadien (Sporen). In diesem Stadium sind sie praktisch unangreifbar, daher ist eine Behandlung schwierig. Sie treten gelegentlich als Innenparasiten (Darm oder Muskulatur) oder Außenparasiten (Kiemen oder Haut) auf. Zu den Sporozoen zählen Telospora und Haplospora sowie Microspora und Myxospora.

### 5.6.1.5. Vielzeller

Vielzeller (Metazoa) sind mehrzellige Tiere, die ihre Energie durch die Verdauung von Nährstoffen gewinnen und deren Zellen zu Geweben organisiert sind. Einige Taxa können Erkrankungen hervorrufen, indem sie in oder auf anderen Organismen parasitieren, wie Schlauch-, Platt- und Ringelwürmer, sowie Weichtiere und Gliederfüßer. Je nach Befall werden Innenparasiten (Endoparasiten) oder Außenparasiten (Ektoparasiten) unterschieden. Es gibt permanente oder periodische sowie obligatorische oder fakultative Parasiten (Schäperclaus, 1979).

#### 5.6.1.5.1. Schlauchwürmer

Zu den Schlauchwürmern (Nemathelminthes) zählen unter anderem neben den Rädertierchen, die Nährtiere für Jungfische darstellen, auch die Faden- und Kratzwürmer.

Fadenwürmer (Nematoda) sind zylindrische, spitz zulaufende Würmer mit einfachem Körperbau. Sie besitzen eine widerstandsfähige, muskulöse Außenhaut (Cuticula), die im Verlauf des Lebens viermal gehäutet wird. In ihrem Inneren befindet sich ein Darmrohr, dazwischen liegen flüssigkeitsgefüllte Hohlräume (Pseudocoel). Ihr Körper wird durch den Druck der Körperflüssigkeit gestützt (Hydroskelett). Sie sind getrenntgeschlechtlich, wobei die Weibchen meist bedeutend größer als die Männchen sind. Sie befallen die Körperorgane und ernähren sich in der Regel durch Einsaugen von Flüssigkeiten oder die Aufnahme kleiner, weicher Nährstoffteilchen.

Kratzwürmer (Acanthocephala) sind getrenntgeschlechtlich, sie besitzen weder Darm noch Blutkreislaufsystem und nehmen sämtliche Nährstoffe über die Körperwände auf. Sie haben am Kopf ein mit Haken besetztes, rückziehbares Halteorgan, mit dem sie sich im Darm von Wirbeltieren festsetzen. Sie benötigen ein bis zwei Zwischenwirte. Die Eier werden mit dem Kot des Wirtes ausgeschieden und von Wirbellosen aufgenommen, in deren Gewebe sich die Larven einbohren.

### 5.6.1.5.2. Plattwürmer

Zu den Plattwürmern (Plathelminthes) zählen nur die Haken-, Saug-, Band- und Strudelwürmer.

Hakenwürmer (Monogena) heften sich mit Hilfe muskulärer Haftscheiben, die oft Haken besitzen, an ihren Wirt und befallen die Haut, Flossen und Kiemen. Sie haben einen direkten Lebenszyklus (keinen Wirtswechsel) und die Entwicklung erfolgt direkt im Endwirt. Alle Plattwürmer sind einfach gebaut, sie haben weder After noch Blutkreislauf, aber bereits echte Organe und sind Zwitter.

Saugwürmer (Trematoda) haben an ihrer Unterseite, zumeist in der Nähe des vorderen Körperendes, eine Mundöffnung und befallen die Körperorgane. Sie benötigen ein oder zwei Zwischenwirte, wobei der erste Zwischenwirt stets ein Weichtier (Muschel oder Schnecke) ist. Der Endwirt, in dem die Parasiten geschlechtsreif werden, ist ein Wirbeltier (Fische, Amphibien, Reptilien, Vögel oder Säuger). Meist sind es die Larven der Parasiten, die Erkrankungen bei den Fischen verursachen. Die meisten Arten sind Zwitter und sehr wirtsspezifisch.

Bandwürmer (Cestoda) sind ebenfalls Zwitter und kommen als adulte Parasiten im Verdauungstrakt der Endwirte (Wirbeltiere) vor. Sie haben keinen Darm und sind durch das Vorhandensein eines Kopfes (Scolex) gekennzeichnet, der zur Verankerung an der Darmwand des Wirtes mit einer Krone aus Häkchen, Sauggruben oder Saugnäpfen ausgestattet ist. Die Nahrungsaufnahme erfolgt über die gesamte gegliederte Körperoberfläche. Als Larven benötigen sie einen oder mehrere Zwischenwirte, meist andere Wirbeltiere oder Gliederfüßer (Insekten, Krebse) und enzystieren oft in den inneren Organen (Leber, Gehirn) oder Muskulatur der Zwischenwirte.

Strudelwürmer (Turbellaria) sind frei lebend und eigentlich keine echten Parasiten. Im Meerwasser treten jedoch, wenn auch selten, Fische mit Zysten der Strudelwürmer auf. Im Süßwasser können sie gelegentlich auch abgelegte Fischeier aussaugen.

## **Parasitäre Würmer,**
die Fischerkrankungen hervorrufen:
(Nach: Amlacher, 1981; Reichenbach-Klinke, 1980)

| **Klasse** | **Gattung** |
|---|---|
| | Plathelminthes (Plattwürmer) |
| Turbellaria (Strudelwürmer) | *Micropharynx, Piscinquilinus* |
| Monogena (Hakenwürmer) | *Dactylodiscus, Dactylogyrus, Diclybothrium, Diplectanum, Diplozoon, Discocotyle, Eudiplozoon, Gyrodactyloides, Gyrodactylus, Mezocraes, Nitzschia, Tetraonchus* |
| Trematoda (Saugwürmer) | *Acrolichanus, Allocreadium, Amurotrema, Ancyrocephalus, Apatemon, Apophallus, Ascocothyle, Aspidogaster, Asymphylodora, Azygia, Bolbophorus, Brachyphallus, Bucephalus, Bunocotyle, Bunodera, Cardicola, Clinostomum, Crepidostomum, Crowcrocoecum, Cyathocotyle, Derogenes, Diplostomulum, Diplostomum, Echinochasmus, Hysteromorpha, Isoparorchis, Lampritrema, Metagonimus, Metorchis, Nanophytes, Neascus, Neodiplostomum, Opisthorchis, Orientotrema, Palaeorchis, Paracoenogonimus, Parascocotyle, Parasymphylodora, Phyllodistomum, Plagiophorus, Pleurogenes, Podocotyle, Posthodiplostomum, Prosorhynchoides, Prosorhynchus, Pseudamphistomum, Pseudochetostoma, Pygidiopsis, Rhipidocotyle, Rossicotrema, Sanguinicola, Schistocephalus, Sphaerostoma, Tetracotyle, Tubulovesicula, Tylodelphys* |
| Cestoda (Bandwürmer) | *Abothrium, Bathibothrium, Bothrimonus, Bothriocephalus, Brachyurus, Caryophyllaeus, Cyathocephalus, Diagramma, Dibothrium, Diphyllobothrium, Diplocotyle, Eubothrium, Gilquinia, Glaridacris, Hepatoxylon, Khawia, Ligula, Markewitschia, Monobothrium, Neogryporhynchus, Nybelina, Paradilepis, Pelichnibothrium, Philometroides, Phyllobothrium, Proteocephalus, Schistocephalus, Triaenophorus, Valipora* |
| | Nemathelminthes (Schlauchwürmer) |
| Nematoda (Fadenwürmer) | *Agamonema, Anguillicola, Anisakis, Ascarophis, Bulbodacnitis, Camallanus, Capillaria, Contracaecum, Cucullanus, Cystidicola, Cystidicoloides, Dacnitoides, Desmidocerella, Desportesius, Dogielina, Eustrongylides, Filochona, Gnathostoma, Goezia, Hepaticola, Heterotyphlum, Hysterothylacium, Ichthyobronema, Metabronema, Paranisakis, Philometra, Philometroides, Philonema, Phocanema, Piscicapillaria, Porrocaecum, Pseudocapillaria, Rhabdochona, Rhaphidascaris, Salvelinema, Schulmanela, Skrjabillanus, Skrjabinocapellaria, Spinitectus, Spiroxys, Sterliadochona, Syncuaria, Thynnascaris, Truttaedacnitis* |
| Acanthocepala (Kratzwürmer) | *Acanthocephaloides, Acanthocephalus, Bolbosoma, Corynosoma, Echinorhynchus, Leptorhynchoides, Metechinorhynchus, Neoechinorhynchus, Neogryporhynchus, Paracanthocephalus, Paracanthocephalus, Pomphorhynchus, Pseudoechinorhynchus, Tanaorhamphus, Tracheliaster* |
| | Annelida (Ringelwürmer) |
| Clitellata (Gürtelwürmer) | *Acanthobdella, Caspiobdella, Cystobranchus, Hemiclepsis, Ichthyobdella, Limnotrachobdella, Paracanthobdella, Phagicola, Piscicola, Placobdella, Trachelobdella* |

### 5.6.1.5.3. Ringelwürmer

Zu den Ringelwürmern (Annelida) zählen neben Viel- und Wenigborstern die wichtige Fischnährtiere darstellen, aber auch Zwischenwirte von Parasiten sein können, vor allem die Gürtelwürmer.

Von den Gürtelwürmern (Clitellata) befallen einige Blutegel (Hirudinea) die Haut oder Kiemen der Fische und ernähren sich vom Blut der Wirte. Egel sind abgeflachte, geringelte Würmer, die sowohl am Vorder- als auch am Hinterende mit je einer Saugscheibe ausgestattet sind. Sie sind Zwitter, wobei die Fortpflanzung meist mit einer Kopulation verbunden ist, bei der Sperma wechselseitig übertragen wird. Die Vermehrung der Parasiten erfolgt dabei nicht am Wirt, sondern am Boden, wo die zahlreichen Kokons meist an Steinen abgelegt werden.

### 5.6.1.5.4. Weichtiere

Zu den Weichtieren (Mollusca) zählen unter anderen neben Schnecken, die Zwischenwirte von Parasiten sein können, vor allem die Muscheln.

Von den Muscheln (Bivalvia) sind manche Blattkiemer (Eulamellibranchiata) als Larven parasitär und enzystieren auf der Haut oder den Kiemen von Fischen. Dabei sind die Larven (Glochidien) oft sehr wirtsspezifisch (wie *Anodonta, Margaritifera, Unio*).

### 5.6.1.5.5. Gliederfüßer

Zu den Gliederfüßern (Arthropoda) zählen unter anderem neben Insekten, die wichtige Fischnährtiere darstellen, vor allem Spinnen und Krebse.

Einige Krebstiere (Crustacea), wie Ruderfußkrebse (Copepoda), Fischasseln (Isopoda) und Fischläuse (Branchiura), befallen die Haut oder Kiemen der Fische und ernähren sich vom Blut der Wirte. Bei den Ruderfußkrebsen sind oft nur die Weibchen parasitär, bei den Fischasseln hingegen vor allem die Männchen. Bei den Fischläusen sind alle Stadien parasitär und können freischwimmend von Wirt zu Wirt wandern.

Wenige Spinnentiere (Arachnida), wie Milben (Acarina), befallen als Larven gelegentlich die Kiemen der Fische. Die parasitären Larven entwickeln sich zu inaktiven sechsbeinigen Nymphen (Nymphophan), die vom Wirt brechen und sich nach einer aktiven freischwimmenden Phase an Vegetation heften, zu Puppen (Teleiophan) entwickeln, woraus sich das frei lebende geschlechtsreife achtbeinige Tier entwickelt.

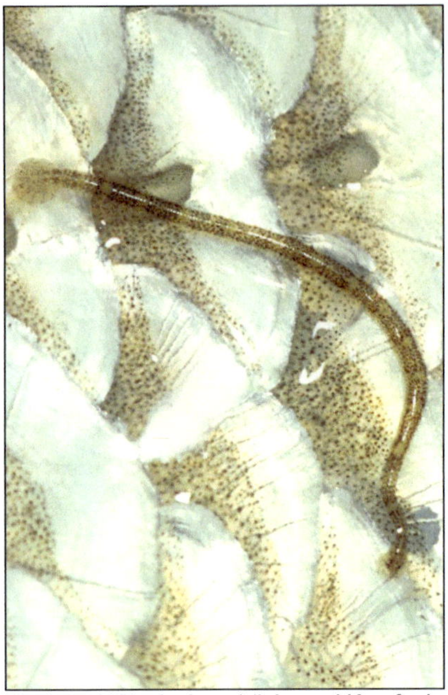

Fischegel (*Piscicola* sp.) links und Karpfenlaus (*Argulus* sp.) rechts, auf der Haut von Fischen.

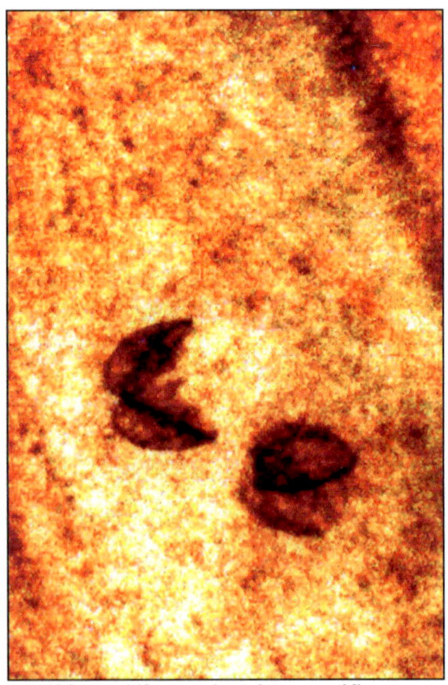

Kiemenkrebs *(Basanistes* sp.) links und Muschellarven (*Margaritifera* sp.) rechts, von Kiemen.

**Parasitäre Gliederfüßer,**
die Fischerkrankungen hervorrufen:
(Nach: Amlacher, 1981; Reichenbach-Klinke, 1980)

| Ordnung | Gattung |
|---|---|
| | Crustacea (Krebstiere) |
| Copepoda (Ruderfußkrebse) | *Acanthochondria, Achtheres, Basanistes, Caligus, Dichelestium, Ergasilus, Lamproglena, Lepeophtheirus, Lernaea, Lernaeocera, Neoergasilus, Paraergasilus, Pseudotracheliastes, Salmincola, Sarcotaces, Sinergasilus, Sphyrion, Thersitina, Tracheliastes* |
| Isopoda (Asseln) | *Aega, Anilocra, Ceratothoa, Cymothoa, Livoneca, Nerocila* |
| Branchiura (Fischläuse) | *Argulus, Dolops* |
| | Arachnida (Spinnentiere) |
| Acarina (Milben) | *Arrenurus, Eylais, Hydrachna, Hydrophantes, Neoparamoeba* |

### 5.6.1.5.6. Chordatiere

Zu den Chordatieren (Chordata) zählen unter anderen neben Knorpel- und Knochenfischen, auch die Rundmäuler.

Einige Rundmäuler (Cyclostomata), wie Neunaugen (Petromyzontida), befallen als adulte Tiere gelegentlich Fische, an denen sie sich mit ihrem mit Hornzähnen besetzten Saugmaul an der Haut festsaugen sowie Fleisch raspeln und Blut saugen. Neunaugen vermehren sich im Süßwasser, wo die Larven (Querder) mehrere Jahre verbleiben. Nur die wandernden Arten wandern ins Meer, wo sie dann bis zu 18 Monate parasitär leben, bevor sie zu Laichen wieder ins Süßwasser wandern (wie *Ichthyomyzon, Petromyzon*).

### 5.6.2. Krankheitsvermeidung

Um die Einschleppung und Ausbreitung von Krankheitserregern zu verhindern oder zumindest zu minimieren, sollten die Besatzfische, wenn möglich, aus dem gleichen Gewässer oder zumindest aus dem gleichen Gewässersystem stammen. Der Ein- oder Zukauf von Setzlingen sollte auch von möglichst wenigen verschiedenen Anlagen oder Betrieben erfolgen, die regelmäßig untersucht und zumindest in Bezug auf anzeigepflichtige virale Krankheiten als „krankheitsfrei" befunden worden sind. Die Satzfische sollten auch auf klinische Anzeichen von Krankheiten hin untersucht worden sein und ein Gesundheitszeugnis bzw. eine -bescheinigung erhalten haben.

Eine Quarantäne (Becken oder Anlage an Land) mindert erheblich das Risiko der Einschleppung von Krankheiten oder anderer nicht erwünschter Lebewesen. Die in Quarantäne befindlichen Tiere kommen nicht sofort mit dem bereits in der Anlage befindlichen Fischbestand in Berührung. Durch den Transportstress ausgelöste Krankheitsausbrüche sind leichter zu behandeln und haben somit keine Auswirkung auf die übrigen Anlagenfische. Streitereien, ob die neu gelieferten, die bereits vorhandenen angesteckt haben oder umgekehrt, entfallen. Wird bereits in der Anlage befindlicher Besatz mit neuen Fischen unmittelbar vermischt, ist es äußerst schwierig bis unmöglich, die neue Lieferung zu reklamieren (Steinbach, 2018).

Stress, durch schlechte Wasserqualität (wie Temperatur, Sauerstoff oder pH-Wert) oder starke Beunruhigung (wie bei Abfischung, Sortierung oder Transport), ist stets soweit wie möglich zu vermeiden oder zu reduzieren, da gestresste Fische leichter anfällig für Krankheiten sind. Einige bakterielle Erkrankungen brechen daher auch oft nach erhöhtem Stress (z. B. Transport) aus. In einem gewissen Umfang lässt sich die Stresstoleranz durch selektive Zuchtauswahl steigern, dieser Prozess ist aber langwierig.

Hygiene ist eine grundsätzliche Anforderung für erfolgreiche Fischzucht. Alle Geräte sind regelmäßig mit geeigneten Mitteln zu reinigen und anschließend zu desinfizieren. Die Einwirkzeit von Desinfektionsmitteln ist meist temperaturabhängig, z. B. bei 10 %igem Formalin sollte diese mindestens 30 min bei 20 °C, 60 min bei 12 °C, oder 150 min bei 4 °C betragen.

Verendete Tiere sind möglichst sofort zu entfernen und stets an Land zu lagern (Behälter oder Container) und anschließend ordnungsgemäß zu entsorgen (Tierkörpersammelstelle oder -verwertungsanlage). Bei kleineren Gehegen werden die toten Fische mit einem Kescher (ca. 0,5 m Ø), der einen langen Handstiel (bis zu 5 m) hat, herausgefangen. Bei größeren Gehegen wird ein spezielles Mortalitätsnetz (ca. 1 m Ø), das in der Mitte des Geheges mit einem Gewicht am Boden des Geheges platziert ist, mit einem Seil heraufgezogen. Alternativ wird ein Trichter oder eine Platte aus Kunststoff (0,6-1,2 m Ø) am Boden eingesetzt und die toten Fische mit Druckluft (HP-Förderer) über einen Schlauch (15-25 cm Ø) hochbefördert.

Umweltfaktoren haben direkt oder indirekt einen großen Anteil am Entstehen von Krankheiten. Vor allem bei schlechten Haltungs- oder Produktionsbedingungen (hohe Besatzdichte oder falsche Futterzusammensetzung) kann es zum Auftreten von Krankheiten kommen. Diese sollten, wenn möglich, unmittelbar bekämpft werden, langfristig sind jedoch die ursächlichen Haltungs- oder Produktionsbedingungen zu verbessern.

Einige Parasiten (*Bucephalus, Diplostomum, Tylodelphys* spp.) bzw. deren Stadien (Eier bis Zerkarien) können mit Ultraschall (20-1000 kHz) in einer Stärke von 0,5-1,0 kWh/m$^3$ bzw. 2,0-5,0 kW/dm$^2$ für jeweils 3 Sekunden zu 60-100 % vernichtet werden (Füllner et al., 2006; Schäperclaus, 1979).

Die Erbsubstanz (DNA) von Viren, Bakterien, Pilzen und Einzellern lässt sich durch Ultra Violett (UV) Licht schädigen. Die Wirkung oder der Grad der Schädigung ist abhängig von der Empfindlichkeit des betreffenden Organismus, der Strahlendosis und der Einwirkzeit. Mikroorganismen sind nicht gleichermaßen anfällig gegen die Strahlung, die Unterschiede sind zum Teil erheblich, je nachdem, ob die Organismen Strahlen reflektierende oder absorbierende Hüllen oder Schalen aufweisen, oder ob sie durch Fremdpartikel wie Schmutz- und Schwebstoffe geschützt sind. Zum effektiven Einsatz muss das Wasser weitgehend frei von Schwebstoffen und Färbung sein, damit das UV-Licht wirken kann. Zur Anwendung kommt Licht mit einer Wellenlänge von ca. 254 nm, welches den optimalen Wirkungsbereich darstellt. Das Wasser wird dort behandelt, wo keine Fische sind, da diese durch UV-Licht ebenfalls geschädigt werden können. UV-Anlagen werden deshalb vorzugsweise in den Wasserzulauf platziert, um einwandernde Keime und Parasiten weitestgehend zu reduzieren (Steinbach, 2018). Diese Methode eignet sich daher nicht für Gehegeanlagen, sondern wird meist in Durchfluss- und Kreislaufanlagen eingesetzt und kann daher gut für die Eierbrütung oder eine Quarantäne an Land verwendet werden.

### 5.6.3. Krankheitsdiagnose

Arbeitet man mit einem Fischgesundheitsdienst zusammen, sind die dortigen Fachleute bei der Diagnose einer möglichen Krankheit behilflich. Häufig ist die Entfernung zum nächstgelegenen Fischgesundheitsdienst sehr weit. In solchen Fällen kann ein örtlicher niedergelassener Tierarzt hilfreich sein, der rechtzeitig mit dem Betrieb vertraut gemacht wurde. Er kennt die sich mit der durchaus im Laufe der Jahre sich ändernden rechtlichen Lage aus und kann so vor etwaigen unbeabsichtigten Gesetzesübertretungen warnen. Grundsätzlich ist es aber unbedingt erforderlich, die eigenen Fische selbst zu beobachten und auf Symptome zu achten (Steinbach, 2018).

Krankheiten lassen sich oft schon an folgenden Veränderungen feststellen:

1. Änderungen im Verhalten wie: Nachlassen der Fresslust, Absondern einzelner Fische vom Schwarm, Herumhängen im Gehege, Sammlung an der Wasseroberfläche, ungerichtetes Schwimmen, Springen, Drehen oder Scheuern, sowie schleichend zunehmende Verluste.
2. Änderungen im Aussehen wie: abweichende Färbung, Flecken, Schwellungen, Beulen oder Geschwüre auf der Haut, abstehende Schuppen, beschädigte Flossen, abgespreizte Kiemendeckel, aufgetriebener Leib, Verkrüppelungen, Glotzaugen, sowie stark zunehmende Verluste.

Bei derartigen Beobachtungen muss in jedem Fall nach der Ursache gesucht werden. Parasiten kann man häufig selbst bestimmen und in Absprache mit dem zuständigen Tierarzt auch behandeln. Die Diagnose von Bakterien- und/oder Viruserkrankungen gehören in jedem Fall in die Hände von Fachleuten. Eigenes „Herumprobieren“ bei nicht klaren Symptomen oder Befunden ohne vorausgegangene Resistenztests ist verantwortungslos und in den meisten Fällen auch ohne Erfolg. Außerdem können sich gegen die entsprechenden Antibiotika resistente Bakterienstämme bilden, die zu einem späteren Zeitpunkt sehr viel Ärger machen können, da sie schwierig oder gar nicht bekämpfbar werden können (Steinbach, 2018).

Etwa alle 2-4 Wochen sollte man die in der Anlage befindlichen Fische genauer untersuchen als bei dem täglichen Routinecheck, der meist nur Fressverhalten, Schwimmverhalten, Aussehen und Verluste umfasst. Fallen einem Anomalien auf, erfolgt die Untersuchung natürlich sofort. Untersucht werden vor allem „verdächtige“ Tiere. Die Untersuchung gliedert sich in einen äußeren und einen inneren Befund (Amlacher, 1981; Steinbach, 2018).

#### 5.6.3.1. Äußere Untersuchung

Zur äußeren Untersuchung wird der noch lebende Fisch in Seitenlage gebracht. Ein gesunder Fisch schaut dabei nach oben, dem Augendrehreflex folgend (dies ist aber nicht bei allen Fischarten der Fall). Fehlt dieser Reflex, ist ein erstes Indiz auf Krankheit gegeben und weitere Untersuchungen folgen. Hierzu wird der Fisch getötet und anschließend am besten mit einem Stereomikroskop oder Binokular (alternativ auch mit einer Lupe) mit einer 5-10 fachen Vergrößerung auf Krankheitsursachen hin untersucht. Dabei ist neben der generellen körperlichen Verfassung, vor allem auf den Zustand von Haut, Flossen, Augen und Kiemen zu achten.

Symptome an der Haut: Verletzungen, Verpilzungen, Beläge, Bläschen, Geschwüre, Blutungen, Pünktchen oder Parasiten, fehlende oder abgespreizte Schuppen, starke Schleimabsonderungen. Symptome an den Flossen: Ausfransungen, Verpilzungen, Blutungen, Bläschen, Pünktchen oder Parasiten. Symptome an den Augen: Glotzaugen, Bläschen, Blutungen, Trübungen, Verpilzungen, Augendrehreflex. Symptome an den Kiemen: Verfärbungen, Verschleimungen, Schwellungen, Verpilzungen, Pünktchen oder Parasiten (Steinbach, 2018).

Hautabstriche werden durchgeführt: am Kiemendeckel, wobei der Spatel vom Auge Richtung Kiemendeckel geführt wird; an der Schwanzflosse, wobei der Spatel von der Schwanzwurzel Richtung Flossenende geführt wird; am Rumpf, wobei Spatel oder Skalpell (alternativ ein Deckglas) von der

Seitenlinie nach hinten geführt wird; und an der Brustflosse, wobei das Skalpell vom Flossenansatz Richtung Rumpf geführt wird (Steinbach, 2018).

Hautabstriche und Kiemenlamellen werden unter dem Mikroskop betrachtet. So lassen sich Parasiten oder Veränderungen feststellen. Dazu werden einige Kiemenlamellen mit einer scharfen Schere abgetrennt. Man darf nur die Kiemenlamellen verwenden, da sich die Verknorpelungen der Kiemenbögen nicht unter den Deckgläsern der Objektträger quetschen lassen, und die Kiemen sonst undurchsichtig bleiben (Steinbach, 2018).

#### 5.6.3.2. Innere Untersuchung

Zur inneren Untersuchung der Organe müssen diese mit Hilfe von Schnitten zur Betrachtung und Untersuchung zugänglich gemacht werden. Zuerst wird der Bauchschnitt durchgeführt (vom After entlang des Bauches zum Kiemenraum), anschließend der Seitenschnitt (vom After über die Seitenlinie zum Kopf) und zuletzt der Kiemendeckelschnitt (vom oberen Rand der Kiemenöffnung über die Wange zum unteren Rand des Kiemendeckels). Bei den ersten beiden Schnitten werden die inneren Organe freigelegt. Mit dem dritten Schnitt wird die Beurteilung und Untersuchung der Kiemen ermöglicht.

Nach der Öffnung des Fisches wird die Leibeshöhle betrachtet, um zu klären, ob sie auffällige Veränderungen gegenüber einem „normalen" gesunden Fisch aufweist. Etwaige vorhandene Flüssigkeit in der Bauchhöhle ist bereits bei Öffnung des Fisches sichtbar und deutet auf Entzündungen. Bei der Leber ist zu klären, ob sie von einheitlicher Färbung ist, z. B. rot, braun, gelb, ob sie marmoriert ist, oder ob das Gewebe Knoten enthält. Bei der Gallenblase wird untersucht, ob sie geschwollen oder die Umgebung grünlich gefärbt ist. Die Form und Größe der Milz wird beurteilt. Die Gonaden werden auf Entzündungen, Blutungen oder abgestorbene Eier geprüft. Bei der Schwimmblase ist zu klären, ob sie mit Flüssigkeit gefüllt ist, Parasiten enthält, Verdickungen aufweist oder Blutungen. Schäden an der Niere zeigen sich in wässeriger Konsistenz, wellenförmige Schwellungen, stark gezackten Rändern und weißlichen Einschlüssen. Magen und Darm werden mit einer spitzen, scharfen Schere geöffnet und auf Entzündungen und Vereiterungen, Parasiten (Lupe, Mikroskop) und Nahrungsreste untersucht. Die Muskulatur wird mit einem scharfen Messer angeschnitten, um flächige, punkt- oder kommaförmige Blutungen festzustellen (Steinbach, 2018).

Die Gesamtheit der aufgezeichneten Erkrankungserscheinungen ermöglicht eine erste Diagnose und darauf fußende oft schon eine gezielte Krankheitsbehandlung. Dies ist vor allem der Fall, wenn ein sichtbarer Parasitenbefall vorliegt oder die Haltungsbedingungen den Verdacht einer Schädigung nahelegen. Ist eine Diagnose mit den vor Ort vorhandenen Einrichtungen oder Ausrüstungen wegen unklarer Symptome und fehlendem Erregernachweis nicht möglich, ist es dringend anzuraten, einige Fische aus dem betroffenen Bestand lebend an ein Veterinärinstitut oder einen Fischgesundheitsdienst zwecks Erstellung einer Diagnose einzuschicken.

#### 5.6.3.3. Spezielle Untersuchung

In der Regel lassen sich bakteriologische und virologische Untersuchungen nur in dafür ausgerüsteten Instituten durchführen, da ein erheblicher apparativer Aufwand betrieben werden muss. Für Einzelbetriebe sind die Kosten und der Aufwand für Material und Personal zu hoch. Sollten daher nicht genau zu bestimmende Krankheiten auftreten, müssen lebende Fische möglichst schnell zum zuständigen Fischgesundheitsdienst oder Veterinärinstitut gebracht oder gesendet werden. Für fast alle Untersuchungen ist es nötig, dass die Fische lebend zur Untersuchung gelangen. Nur so ist eine sichere und exakte Diagnose möglich, weil viele Parasiten tote Fische sehr schnell verlassen und auch die meisten anderen Erreger nur im lebenden Gewebe des Opfers überleben und nachzuweisen sind. Unter bestimmten Umständen – allerdings nur in Absprache mit dem Untersuchungsinstitut – kann auch die Versendung von frisch getöteten Fischen erfolgen.

Eine Einsendung von Lebendfischen erfolgt normalerweise in Plastikbeuteln. Diese Säcke werden meist zu 1/3 mit dem Wasser, aus welchem die Fische stammen (Haltungswasser), und zu 2/3 mit Sauerstoff ($O_2$) gefüllt (siehe auch Unterkapitel 5.8. Fischtransport). Liegt der Verdacht nahe, dass die Schäden an den Fischen vom Haltungswasser herrühren, können die Fische auch in anderem Wasser transportiert werden. In diesem Fall ist dann eine Wasserprobe des verdächtigen Wassers in einem separaten Behälter beizufügen; mindestens 2 Liter mit einer kurzen Begründung des Verdachts. In jedem Fall muss vorher geklärt werden, ob das betreffende Institut überhaupt Wasser untersucht. Falls nicht, wird die Wasserprobe an ein entsprechendes Wasserlabor geschickt (Steinbach, 2018).

Fachtierärzte für Fische sind rar und häufig „nur" auf die Behandlung von Einzeltieren, wie etwa hochpreisigen Zierfischen eingestellt. Vor Ort niedergelassene Tierärzte sind in der Regel nicht auf Fische spezialisiert. Da sie sich aber mit großen Viehbeständen auskennen, sind sie oft bereit, sich mit der Problematik Fischkrankheiten, zu beschäftigen. Ganz wichtig ist es, den Kontakt rechtzeitig, vor Auftreten von Problemen, zu suchen. Lädt man die in Frage kommenden Tierärzte auch zu einem Besuch der Anlage ein, um sie mit der Problematik vertraut zu machen, sind diese im Bedarfsfall sicherlich hilfsbereit. Letztendlich ist jeder örtliche Tierarzt berechtigt

Medikamente zu beschaffen, in seiner Apotheke zu lagern, zu verordnen sowie bei immer häufiger auftretendem Therapienotstand auch umzuwidmen.

### 5.6.4. Krankheitsbehandlung

Viruserkrankungen (Virosen) können meist nicht direkt behandelt werden, gegen einige wird allerdings seit einiger Zeit ein Lebendimpfstoff verwendet bzw. auch an einer genetischen Immunisierung gearbeitet. Dabei sind jedoch generell alle tierseuchenrechtlichen Bestimmungen zu beachten.

Bakterienerkrankungen (Bakteriosen) können meist mit Chemotherapeutika behandelt werden, allerdings wird auf die Angabe dieser Medikamente (wie Antibiotika und Sulfonamide) zur Behandlung bewusst verzichtet, da sie verschreibungspflichtig sind und bei unsachgemäßer Anwendung nur zu unerwünschter Resistenzbildung führen würden. Hier wird an den zuständigen Tierarzt oder Fischgesundheitsdienst verwiesen. Chemotherapeutika sind aber nur im Notfall und dann ausschließlich in therapeutischer Dosis über die vorgeschriebene Zeit zu verabreichen. Gegen einige wird allerdings seit kurzem auch an einer Therapie mit Bakteriophagen (Myoviren) gearbeitet, wobei kaum Resistenzen auftreten.

Pilzerkrankungen (Mykosen) können meist gut mit Jodophor (Eier), oder wenn früh durchgeführt mit Formalin oder Huminstoffen behandelt werden.

Parasitenerkrankungen (Parasitosen) können meist recht gut mit Antiparasitika behandelt werden, dabei stehen verschiedene Methoden und Mittel zur Verfügung.

#### 5.6.4.1. Biologische Behandlung

Einige Putzerfische können Außenparasiten (Krebse) von den Fischen fressen. Millionen dieser Putzerfische werden derzeit im Meerwasser für die Lachsproduktion zur Reduktion von Lachsläusen (*Lepeophtheirus*, *Caligus* spp.) eingesetzt. Je nach Fischart werden sie mit einer Größe von 20-30 bzw. 40-50 g (Seehasen kleiner als Lippfische), in einer Relation von 5-10 % (Seehasen mehr als Lippfische) zu den Lachsen in die Gehege gesetzt. Damit sich die Putzerfische wohl fühlen sollte die Salinität über 15 ‰ betragen und Verstecke (künstlicher Tang für Seehasen oder Rohre für Lippfische) in den Gehegen geschaffen werden. Außerdem muss die Maschenweite der Gehegenetze an die Putzerfische angepasst sein (10-20 mm). Die Putzerfische fressen allerdings keine Larvenstadien (Chalimus) sondern nur, wesentlich schädlichere, subadute und adulte Parasiten. Während Lippfische (*Ctenolabrus*, *Centrolabrus, Crenilabrus, Labrus* spp.)

nur in den Sommermonaten bzw. im wärmeren Wasser (>10 °C) aktiv sind und fressen, sind Seehasen (*Cyclopterus* spp.) in den Wintermonaten bzw. bei kälterem Wasser (<10 °C) aktiv und fressen Parasiten von den Fischen. Im Süßwasser eignen sich dafür eventuell Stichlinge (*Gasterosteus* spp.) im kälteren und Shinner (*Notropis* spp.) im wärmeren Wasser. Reichen die Putzerfische nicht aus bzw. steigt die Anzahl der Parasiten (auf 1-5 adulte bzw. subadulte Läuse/Fisch, je nach Temperatur wöchentlich bis monatlich kontrolliert), werden chemische Mittel zur Bekämpfung eingesetzt.

In Norwegen wurden beispielsweise im Meer mehrere Gehege (5x5x4 m, MW 10 mm) im August mit Atlantischen Lachsen (*Salmo salar*) besetzt (220 St. á 84 g), sowie einige Gehege zusätzlich mit 25 bzw. 50 Stück an drei verschiedenen Arten von Lippfischen (Länge 13,1-19,2 cm). Während die Lachse, welche beim Besatz frei von Lachsläusen waren, in den Gehegen ohne Lippfische schon nach 2 Wochen einen starken Befall mit Lachsläusen (*Lepeophtheirus salmonis)* aufwiesen und bis Dezember mehrmals chemisch behandelt werden mussten, hing der Befall in den Gehegen mit Lippfischen wesentlich von der Art der Lippfische ab. Dabei war der Befall an Lachsläusen und die Mortalität der Lachse in den Gehegen mit den Kleinmaullippfischen *(Centrolabrus exoletus)* am geringsten, gefolgt von denen mit den Klippenlippfischen *(Ctenolabrus rupestris)* und der mit den Kuckuckslippfischen (*Labrus mixtus)* am höchsten (Bjordal, 1992). Aber auch andere Arten, wie der Gefleckte Lippfisch (*Labrus bergylta*), werden, bei einem Besatz von 5 % zu den Lachsen (á 429 g), erfolgreich zur Reduktion von Lachsläusen, um etwa 90 %, eingesetzt, allerding steigen dabei die Haut- und Flossenschäden bei den Lachsen (auf etwa das doppelte), zumindest dann, wenn den Lippfische keine Bewuchsorganismen zur Verfügung stehen oder nicht (mit Krabben- oder Muschelfleisch) zugefüttert wird (Skiftesvik et al., 2013).

In Norwegen wurden im Meer auch mehrere große Gehege (37.700 $m^3$) mit Atlantischen Lachsen (*Salmo salar*) besetzt (5,13 St./$m^3$), sowie zusätzlich mit 0 bzw. 4, 6, 8 % an Seehasen (*Cyclopterus lumpus*). Die Fütterung der Fische erfolgte mit kommerziellem Trockenfutter. Für die Seehasen wurden zwei runde 3-4 m große/tiefe Stationen mit künstlichem Seetang (Kelp) eingerichtet, wo sie Substrat fanden und auch gefüttert wurden (2 %/Tag). Während der 7-monatigen Aufzuchtdauer (Oktober-Mai) wuchsen, bei einer Wassertemperatur von 8,3-3,6 °C, die Lachse von 198 (±20) auf 712 (±120) g und die Seehasen von 25 (±2) auf 115 (±27) g. Das Wachstum war in allen Gehegen ähnlich, allerdings wurden der Futterquotient und die Mortalität der Lachse nicht angegeben. Die Mortalität der Seehasen stieg ab Januar und betrug bei allen Besatzdichten durchschnittlich 0,11 (0,00-0,24) %/Tag. Die Anzahl subadulter und adulter Lachsläuse (*Lepeophtheirus salmonis)* und

Meerläuse *(Caligus elongatus)* auf den Lachsen konnte durch die Seehasen verringert werden, dabei stieg die Reduktion meist mit der Besatzdichte an Seehasen, hing aber auch von der Zeit ab, wobei im Februar und März die stärkste Reduktion (60-100 %) stattfand (Imsland et al., 2018).

#### 5.6.4.2. Therapeutische Behandlung

Therapeutika können, je nach Chemikalie oder Medikament, entweder direkt (als Injektion) oder indirekt über das Futter (als Medizinalfutter) oder das Wasser (als Behandlungsbad) verabreicht werden.

Injektionen werden parenteral meist gegen Bakterien und Viren verabreicht. Sie werden mit eine Injektionsnadel (Spritze) direkt in die Rückenmuskulatur oder in die Bauchhöhle injiziert. Diese dürfen in der Regel auch nur von einem Tierarzt oder zumindest in dessen Aufsicht oder Beisein verabreicht werden. Für Injektionen sollten die Fische ein Körpergewicht von min. 25 g aufweisen. Zur Impfung von größeren Mengen an Setzlingen (z. B. Lachs-Smolts) werden gelegentlich auch automatische oder halbautomatisch arbeitende Geräte verwendet.

Medizinalfutter wird oral meist gegen Innenparasiten und Bakterien verwendet. Es kann nur verabreicht werden, solange die Fische noch fressen. Nicht fressende Fische können nur in Form einer Injektion oder eines Bades behandelt werden. Die beste und sicherste Methode besteht darin, Futter mit dem bereits eingemischten Medikament von einem Futtermittellieferanten zu beziehen. Nachteilig ist, dass häufig eine Mindestmenge des Futters (meist 3 t) hergestellt werden muss, und es Zeit kostet bis zur Ankunft des Futters in der Anlage. Es ist aber möglich im eigenen Betrieb, eine Medikamenteneinmischung in das Futter vorzunehmen. Dazu wird eine Mischmaschine oder Mischtrommel verwendet und, je nachdem ob das Medikament eher wasser- oder fettlöslich ist, entweder 1-2 l Zuckerwasser oder 0,25-0,50 l Pflanzenöl pro 25 kg Futter. Die Medikamente werden mit der Lösung vermischt und anschließend, am besten mit Hilfe einer Sprühflasche, möglichst gleichmäßig und langsam auf das im Mischer drehende Futter gesprüht. Die Flüssigkeit muss sofort in die Pellets einziehen. Nach 3-4 Minuten Mischen ist die Mischung fertig und das Futter kann entnommen und gegebenenfalls noch getrocknet werden, um in einem beschrifteten Behälter auf die Verwendung zu warten, wobei es stets frisch zubereitet und nicht lange (max. 1-2 Tage) gelagert werden sollte. Bei der Verfütterung von Medizinalfutter sollte die Fütterungsrate um etwa 25-50 % verringert werden, damit auch sichergestellt ist dass, das Futter komplett aufgenommen wird.

Behandlungsbäder werden perkutan meist gegen Außenparasiten und Bakterien verwendet. Hierbei wird das Medikament im Wasser gelöst (Stammlösung) und anschließend möglichst gleichmäßig verteilt (Gießkanne). Dies sollte stets zu kühleren Zeiten (Regentage, Morgenstunden) erfolgen, da die Fische dann weniger stressanfällig sind. Die Behandlungsdosis wird oft in ppm = part per million (Teil pro Million) angegeben. Dies entspricht einem Verhältnis von 1 mg/l oder 1 g/m³ bzw. 1 ml/m³. Wird die Dosis oder Zeit in einem weiten Bereich angegeben (z. B. 200-300 ppm für 1-2 h), so gilt die geringere Dosis für die längere Zeit oder umgekehrt, bzw. gelten die geringeren Werte für junge oder empfindliche Fische und die höheren Werte für ältere oder robustere Fische. Bei der Verwendung von Chemikalien oder Therapeutika über das Wasser sollte man zur Vorsicht erst einen Test mit einer kleinen Anzahl von Fischen (10 Stück) durchführen. Während des Behandlungsbades werden die Fische beobachtet, um im Fall von Stressreaktionen frisches Wasser beizufügen oder gegebenenfalls die Behandlung abzubrechen. In Netzgehegen werden dazu oft Kunststoffplanen eingehängt, in denen das Bad erfolgt. Da einige Chemikalien oder Therapeutika eine starke Schleimabsonderung hervorrufen, in der sich meist die Parasiten befinden, ist es besser, das Bad (Verhältnis Fisch:Wasser von 1:10) in einem großen Transportbehälter oder ähnlichem Gefäß (mit Sauerstoffversorgung) durchzuführen und das Behandlungswasser anschließend zu filtern (40-80 µm) oder zu entsorgen. Muss das Bad wiederholt werden, sollten dazwischen mindestens 2-3 Tage liegen.

### 5.6.4.2.1. Therapeutika

Für die Behandlung von lebensmittelliefernden Tieren, dürfen in der Europäischen Union nur Arzneimittel verwendet werden, die für die jeweilige Tierart und das entsprechende Anwendungsgebiet zugelassen sind. Da sich die zulässigen Arzneimittel häufig oder schnell ändern können, immer zuerst bei Behörden oder Tierärzten nachfragen. Die Auswahl und Konzentration des Behandlungsmittels sowie die Behandlungsdauer der Fische sollte ebenfalls stets in Absprache mit einem Tierarzt erfolgen (Steinbach, 2018).

Therapienotstand herrscht, wenn für eine Krankheitsbehandlung kein für Fische zugelassenes, wirksames Präparat zur Verfügung steht. In diesem Fall ist es möglich, dass der behandelnde Tierarzt ein anderes, für andere lebensmittelliefernde Tierarten (z. B. Vögel oder Säuger) zugelassenes Medikament eingesetzt. Voraussetzung dafür ist eine Umwidmung, in welcher der Tierarzt im Einzelfall begründen und dokumentieren muss, warum dies nötig ist und welche Folgen zu erwarten sind (Steinbach, 2018).

In Einklang mit den im europäischen Bereich gültigen Vorschriften ist die Behandlung betroffener Fischbestände zu dokumentieren und zwar: Arzneimittel, Darreichungsform, Menge bzw. Konzentration und Zeitraum. Nach einer Behandlung mit Medikamenten ist in der Regel eine gesetzliche Wartezeit einzuhalten, bevor die Fische zum Verzehr verkauft werden dürfen. Ist keine Wartezeit für das eingesetzte Medikament vorgegeben, gilt eine Wartezeit von 500 Tagesgraden. Die Anzahl der vor Abgabe einzuhaltenden „Wartetage" errechnet sich durch Division von 500 durch die durchschnittlich herrschende Temperatur (z. B. bei 20 C° sind dies 500:20 = 25 Tage).

#### 5.6.4.2.1.1. Kochsalz

Der Wirkstoff ist Natriumchlorid (NaCl). Es wirkt gegen zahlreiche Außenparasiten (wie *Chilodonella, Ichthyobodo, Trichodina, Trichodinella, Argulus, Ergasilus*), aber auch gegen Kiemenschwellung. Werden die Fische im Süßwasser gehalten wird als Kurzzeitbad 1-2 % NaCl für 1 h verwendet. Gegen Fischegel (wie *Piscicola*) wird als Tauchbad 2-3 % NaCl für 10-15 Minuten eingesetzt. Bei Transporten werden manchmal 0,1-0,5 % NaCl zugesetzt, wodurch sich der Stress etwas vermindern und die Vitalität der Fische erhöhen lässt. Werden die Fische im Meerwasser gehalten, kann umgekehrt eine Behandlung mit Süßwasser (0 % NaCl) für 3-4 h helfen, damit die Außenparasiten absterben oder zumindest den Wirt verlassen.

#### 5.6.4.2.1.2. Branntkalk

Der Wirkstoff ist Calziumoxid (CaO). Er wirkt gegen einige Außenparasiten (wie *Piscicola*). Als Tauchbad werden 2 g CaO je Liter für 5-15 Sekunden verwendet. Als Langzeitbad werden 28 g CaO je Kubikmeter und SBV verwendet. Zur Desinfektion von Teichanlagen nach der Abfischung werden 1-10 t CaO je Hektar Teichboden möglichst fein verteilt ausgebracht, wobei mit einem Fischbesatz mindestens 2-3 Wochen zu warten ist (pH-Wert).

#### 5.6.4.2.1.3. Chloramin

Der Wirkstoff ist freies Chlor (Cl), das bei Kontakt mit Wasser aus der Verbindung frei wird. Chloramin-T ($C_7H_7ClNNaO_2S$) wirkt desinfizierend und entschleimend, vor allem bei bakterieller Kiemenschwellung, wird aber auch zur Oberflächendesinfektion verwendet. Es wird zur Behandlung von Fischen als Kurzzeitbad in einer Dosis von 10-20 g/m$^3$ für 0,5-1,0 Stunden eingesetzt. Bei hohen $CO_2$-Gehalten im Wasser ist Vorsicht geboten. Zur Desinfektion von Geräten (gegen Viren, Bakterien und Pilzen) beträgt die Dosis 10-20 g/l mit einer Einwirkzeit von 0,5-1,0 Stunden.

### 5.6.4.2.1.4. Formalin

Der Wirkstoff ist Formaldehyd ($CH_2O$) auch Methanal genannt. Es wirkt gegen viele Außenparasiten (wie *Chilodonella, Ichthyobodo, Trichodina, Dactylogyrus, Gyrodactylus, Saprolegnia*), aber auch gegen Kiemenschwellung. 36 %iges Formalin wird als Kurzzeitbad in einer Dosis von 200-300 ppm für 1-2 Stunden bzw. als Langzeitbad in einer Dosis von 20-30 ppm für 12-48 Stunden verwendet.

Vorsicht bei Bildung eines weißen Niederschlags in der Ausgangslösung. Es handelt sich um Paraformaldehyd, welches für Fische hochtoxisch ist. Paraformaldehyd kann zwar herausgefiltert oder durch Zugabe einiger Tropfen Natronlauge (NaOH) beseitigt werden, aber die Gefahr einer unsachgemäßen Dosierung von NaOH besteht immer. Eine Aufbewahrung in dunklen Behältern und die Lagerung bei Temperaturen von mehr als 10 °C reduziert die Bildung von Paraformaldehyd (Steinbach, 2018).

### 5.6.4.2.1.5. Peressigsäure

Peroxyessigsäure ($C_2H_4O_3$), auch Peressigsäure genannt, besteht aus mehreren Komponenten welche zueinander in einem chemischen Gleichgewicht stehen. Sie zerfällt im Wasser in ihre Ausgangsprodukte Wasserstoffperoxid ($H_2O_2$) und Essigsäure ($CH_3COOH$) und hat eine höhere Desinfektionswirkung als Ozon ($O_3$). Handelsüblich sind E 400, E 250, E 150, wobei E 250 die beste Wirkung erzielen soll. Im Handel unter anderen als „Wofasteril“, mit einem Wirkstoffgehalt von 30 % erhältlich, wird es gegen einige Außenparasiten (*Apiosoma, Ichthyophthirius, Gyrodactylus, Piscicola*), aber auch Kiemenschwellung und Verpilzungen eingesetzt. Als Kurzzeitbad werden 2-3 ml/l bzw. als Langzeitbad 20-30 ml/m$^3$ Wasser verwendet. Bei allen Dosierungen immer die Wasserhärte und den pH-Wert im Auge behalten, da die Wirkung je nach Fischart und -alter sehr unterschiedlich ist (Steinbach, 2018).

### 5.6.4.2.1.6. Jodophor

Der Wirkstoff ist ein Jodid-Jod-Komplex. Der Aktivjodgehalt beträgt min. 1 %. Das Mittel ist unter verschiedenen Handelsnamen bekannt, z. B. Ovadine oder Buffodine (früher auch Actomar K30). Es wirkt desinfizierend und entkeimend, vor allem bei Fischeiern, wird aber auch zur Gerätedesinfektion verwendet. Jodophore wird zur Behandlung von Eiern als Tauchbad in einer Dosis von 5-10 ml/l für 10-15 Minuten eingesetzt. Danach sind die Eier sofort mehrmals (3-5 Mal) gründlich in Frischwasser zu spülen. Zur Desinfektion von Geräten (gegen Viren, Bakterien und Pilzen) beträgt die Dosis 10-15 ml/l mit einer Einwirkzeit von 10-15 Minuten. Die Wirksamkeit der Lösung kann an der Braunfärbung abgelesen werden, je heller sie wird desto unwirksamer.

#### 5.6.4.2.1.7. Trichlorfon

Der Wirkstoff ist ein Phosphorsäureester ($C_4H_8Cl_3O_4P$). Das Präparat ist als Insektizid unter verschiedenen Handelsnamen bekannt, z. B. Masoten, Neguvon, Metrifonat. Es wirkt gegen einige Außenparasiten, vor allem Krebse und Würmer (wie *Argulus, Caligus, Ergasilus, Lernaea, Dactylogyrus, Gyrodactylus, Gervis, Piscicola, Philometroides, Synergasilus, Diplostomum*). Als Tauchbad beträgt die Dosis 2-5 % für 5 Minuten, als Dauerbad werden 0,2-0,5 ppm eingesetzt, wobei die Wirksamkeit im Wasser bis zu einer Woche anhält. Die Anwendungstemperatur sollte 20 °C nicht überschreiten, da das Mittel bei höheren Temperaturen zunehmend unwirksam wird.

#### 5.6.4.2.1.8. Huminstoffe

Huminstoffe sind braun gefärbte, höher bis hochmolekulare Verbindungen und finden sich vor allem in Braunkohle und Torf. Sie setzen sich aus drei Stoffgruppen zusammen: Fulvosäuren, Huminsäuren und Humin. Diese aktivieren Abwehrvorgänge, beschleunigen Heilvorgänge, und weisen entgiftende Eigenschaften gegenüber vielen Pestiziden, Pilztoxinen und Metallionen auf. Der Einsatz kann als Behandlungsbad oder als Futterzusatz erfolgen. Im Futter kann der prophylaktische Einsatz das Wachstum und die Futterverwertung verbessern. Der therapeutische Einsatz wirkt gegen Dysbakterien (wie *Escherichia, Proteus, Pseudomonas)*, sowie einige Endoparasiten. Im Handel unter anderen als „HS 1500" erhältlich, wird es in Abhängigkeit von der Wasserhärte dosiert. Als Langzeitbad (6-24 h) wird bis 5°dH 15 mg/l, bei 5-10°dH 20 mg/l und bei 15-20 °dH 30 mg/l HS 1500 eingesetzt. Als Futterzusatz werden 1-5 g/kg Futter verwendet (Steinbach, 2018).

#### 5.6.4.2.1.9. Weitere Mittel

Natürlich gibt es noch zahlreiche weitere Therapeutika, die früher für die Behandlung von Krankheiten bei Fischen eingesetzt wurden. Viele davon, wie Kupfersulfat ($CuSO_4$) und Kaliumpermanganat ($KMnO_4$) sowie Acriflavin (Akridinfarbstoff), Methylenblau (Phenothiazinfarbstoff) und Malachitgrün (Triphenylmethanfarbstoff), sind mittlerweile in zahlreichen Ländern für die Behandlung von lebensmittelliefernden Tieren (wie Nutzfische) nicht mehr zugelassen. Ausgenommen davon sind jedoch Tiere, die nicht der menschlichen Ernährung dienen (wie Zierfische).

Knoblauch-Konzentrate im Futter sollen wirksam gegen Außenparasiten sein, wenn sie in einer Konzentration von 0,05 % im Futter eingesetzt werden. Nachteilig ist allerdings der mit dem Einsatz einhergehende deftige Geschmack derart behandelter Tiere. Vor Verwendung als Lebensmittel sollte daher eine knoblauchfreie Zeit von mehreren Wochen eingehalten werden, es sei denn dies wird ausdrücklich gewünscht (Steinbach, 2018).

## 5.7. Gehegeabfischung

Die Abfischung von Gehegen kann generell auf zwei verschiedene Weisen erfolgen. Entweder das Gehegenetz wird aus dem Wasser gehoben oder eine Ringwade wird durch das Gehege gezogen. Man kann ein Gehege sowohl komplett (alle Fische) oder auch nur teilweise (einige Fische) abfischen. Vor der Abfischung der Fische wird die Futtergabe für mindestens 1-3 Tage abgesetzt, damit sich der Verdauungstrakt leert und die Tiere weniger stressanfällig sind.

### 5.7.1. Netzhebung

Bei kleineren und rechteckigen Gehegen ist die Abfischung einfacher. Dazu wird das Gehegenetz zumindest an allen Ecken mit der Hand aus dem Wasser gehoben und am Rahmen (mit Haken) fixiert. Alternativ kann man das Gehegenetz auch nur über ein Seil in der Mitte mit einem Kran heben. Die Fische werden dann meist mit Handkeschern oder Hebenetzen aus dem Gehege gehoben.

### 5.7.2. Netzziehung

Bei größeren und runden Gehegen ist die Abfischung aufwendiger. Dazu wird eine Ringwade (Zugnetz mit einem durch Ringe laufendem Seil an der Unterseite) am Gehegerand mit der Hand oder einem Kran ausgelegt und anschließend durch Ziehen des Seils zusammen gezogen. Meist werden auch Taucher eingesetzt, die beim Handling des Netzes helfen. Die Fische werden dann meist mit Höhenförderern oder Vakuumpumpen aus dem Gehege befördert.

## 5.8. Fischsortierung

Ein wichtiges Kriterium für optimales Wachstum ist die Größenzusammensetzung der gehaltenen Fische. Speziell bei der Fütterung mit Trockenfutter können Fischen innerhalb von Wochen signifikante Größenunterschiede zeigen. Aber auch in den folgenden Monaten lässt sich ein Auseinanderwachsen der Tiere (durch unterschiedliches Erbgut) immer wieder beobachten. Auch durch Anpassung und Verdrängung kann es zum Auseinanderwachsen der Fische kommen. Die Folge, gerade bei punktueller Fütterung, ist, dass hauptsächlich die dominanten Tiere an das Futter gelangen und sich somit die Größenunterschiede verstärken, was bis hin zu erhöhter Mortalität der schwachen Tiere führen kann. Zur Vermeidung solcher, teilweise haltungsbedingten Probleme ist eine regelmäßige Sortierung der Fische in verschiedene Größenklassen notwendig.

Grundsätzlich gilt, je intensiver die Produktion, desto öfter sollte sortiert werden. Sie wird also je nach Wachstum durchgeführt. Die Sortierung in einzelne (2-4) Größenklassen hat eindeutig eine positive Auswirkung auf Wachstums- und Überlebensrate. Vor der Sortierung der Fische wird die Futtergabe für mindestens 1-2 Tage abgesetzt, damit die Tiere einen reduzierten Sauerstoffbedarf haben und weniger stressanfällig sind. Nach der Sortierung sollten die Fische innerhalb einer Größenklasse nicht mehr als 10-20 % vom Durchschnittsstückgewicht abweichen. Neben der Größe wird manchmal auch nach Geschlecht oder Aussehen sortiert, wobei dies nur händisch möglich ist.

### 5.8.1. Manuelle Sortierung

Für kleinere Mengen haben sich manuelle Sortierrahmen, -kästen oder -wiegen bewährt. Diese vorzugsweise schwimmfähigen Geräte aus Holz, Metall oder Kunststoff haben runde Gitterstäbe an der Unterseite, welche sich entweder austauschen oder besser stufenlos einstellen lassen (Stababstand 4-30 mm). Hierbei erfolgt eine Sortierung in zwei Größen: die kleinen Fische gelangen durch die Roste, und die größeren Fische, die nicht durch die Roste passen, werden in ein daneben stehendes zweites Becken oder Abteil entleert. Diese Sortiergeräte dürfen nicht zu stark gefüllt werden, da sonst die Fische übereinander liegen oder die kleinen nicht an den großen vorbei durch die Roste gelangen können.

Sortiertische, wie in der Teichwirtschaft bei Polykultur üblich, werden meist nur für Fische (Störe) verwendet, die wegen ihrer Körperform (abstehende Brustflossen) oder Körpergröße (>5 kg) schlecht bis gar nicht durch Sortierrahmen oder -maschinen sortiert werden können. Sie bestehen aus einer glatten Platte aus Holz, Metall oder Kunststoff, so dass sich die Fische auf der Tischfläche nicht verletzen können. Die Platte besitzt einen Rand von 10-20 cm Höhe, um ein unerwünschtes Herabfallen der Fische zu vermeiden. In diesem Rand sind mehrere Ausschnitte angebracht, unter die mit Wasser gefüllte Behälter gestellt werden, in welche die zu sortierten Fische je nach Größe geschoben werden.

Heben eines kleineren rechteckigen Gehegenetzes (Österreich). Foto: M. Hochleithner

Heben eines mittleren quadratischen Gehegenetzes (Thailand). Foto: M. Hochleithner

Heben eines größeren runden Gehegenetzes (Vietnam). Foto: M. Hochleithner

Abfischung von Lachsen mittels Ringwade (Norwegen). Foto: C. Guldberg-Petersen

Abfischung von Schnappern mittels Hebenetz (Costa Rica). Foto: C. Guldberg-Petersen

### 5.8.2. Maschinelle Sortierung

Für größere Mengen werden meist automatische Sortiermaschinen mit einer Kapazität von 1-9 t/h eingesetzt. Diese oft auf Anhängern mit Füßen und Rädern montierten Maschinen haben ein bis mehrere leicht geneigte V-förmige Seitenwände mit rotierenden Rollen oder Förderbändern, deren Abstand sich einstellen lässt und zum Ende hin immer breiter wird. Zur Feststellung der richtigen Einstellung ist eine Probesortierung mit einer ausreichenden Stückzahl Tiere durchzuführen. Nur so findet man die der Fischart und Fischgröße angepassten Sortiereinstellungen der jeweiligen Maschine.

Zählsysteme, an Sortiermaschinen angeschlossen, werden manchmal verwendet, um die Anzahl der Fische je Sortiergröße gleich mit zu erfassen. Anschließend rutschen die Fische meist durch Rohrleitungen gleich wieder in Netzgehege oder Hältereinrichtungen, wo sie dann weitergezogen oder abtransportiert werden.

## 5.9. Fischhälterung

Die Hälterung von Fischen dient der Ausnüchterung und Geschmacksverbesserung oder Überwinterung. Sie erfolgt ohne nennenswerten Zuwachs, oft verlieren die Fische dabei sogar an Gewicht.

### 5.9.1. Ausnüchterung

Hältern stellt eine Zwischenphase dar, beispielsweise zwischen Produktion und Transport, Produktion und Schlachten oder Produktion und Verkauf. Es ermöglicht aber auch eine Vorratshaltung, um ständig verkaufsfähige Fische zur Hand zu haben. Eine Hälterung, welche vor allem in Teich- und Kreislaufanlagen, weniger in Durchfluss- und Gehegeanlagen notwendig ist, kann in kleineren Netzgehegen in einem Gewässer oder besser in Hälterbecken oder -aquarien an Land erfolgen.

Hältern wird generell mit klarem, sauberem, kühlem und geschmacklich neutralem Wasser durchgeführt. Vor allem in den ersten Tagen der Ausnüchterung muss ständig genügend Frischwasser zur Verfügung stehen. Auf den nicht vermeidbaren Stress aufgrund des Abfischens, des Keschers und der Wiegung reagieren die Fische mit vermehrter Abgabe von Schleim, Kot, Urin und anderen Stoffwechselprodukten ($NH_3$, $CO_2$) die möglichst schnell aus der Hälterung zu entfernen sind. Der Frischwasserzulauf bzw. Wasseraustausch sollte etwa 10 $m^3$ pro Tonne Fisch und Stunde betragen. Während der Hälterung werden Fische grundsätzlich nicht gefüttert, weshalb sie an Gewicht verlieren. Aus diesem Grund wird die Hälterzeit so kurz wie möglich gewählt. Obwohl die Tiere vor dem Abfischen mindestens einen Tag nichts gefressen haben sollten, ist der Darm nicht leer. Um diesen völlig zu entleeren, sind in Abhängigkeit von Wassertemperatur, Fischgröße und Futterqualität weitere 2-3 Tage nötig (Steinbach, 2018).

Um einen starken Gewichtsverlust zu vermeiden, sollten Speisefische nicht länger als 1-2 Wochen gehältert werden. Bei längerer Hälterung kann der Gewichtsverlust 5-10 % betragen. In der Hälterung kann bei einer Kurzzeithälterung (<1 Monat) die Besatzdichte für empfindlichere Fische (Lachse, Barsche) bis zu 100 kg/m$^3$ und für robustere Fische (Karpfen, Aale) bis zu 200 kg/m$^3$ betragen. Bei einer Langzeithälterung (>1 Monat) sollte die Besatzdichte etwa halbiert werden, wobei geringere Dichten auch eine stressarme und sicherere Hälterung erlauben.

### 5.9.2. Geschmacksverbesserung

Ein wichtiger Aspekt der Hälterung ist das Ausschwemmen unerwünschter Geschmacksbeeinträchtigungen. Fische aus Gewässern mit hoher organischer Belastung wie z. B. Kreislauf- und Teichanlagen, aber auch Flussläufen mit schlammigem Boden, weisen häufig einen erdigen, modrigen, schlammigen Geruch und Geschmack auf. Speisefische mit diesen Geschmackbeeinträchtigungen sind nicht oder nur bedingt vermarktungsfähig. Kunden, die derartig schmeckende Fische bekommen haben, werden diese wohl kein zweites Mal kaufen (Steinbach, 2018).

Die chemischen Verbindungen, die diese Beeinträchtigungen hervorrufen, sind vor allem Geosmin ($C_{12}H_{22}O$) und Methylisoborneol ($C_{12}H_{20}O$), seltener die Verbindungen Isoprophyl-Methoxypyrazin ($C_8H_{12}ON_2$), Isobutyl-Methoxypyrazin ($C_9H_{14}ON_2$) und Trichloranisol ($C_7H_5OCl_3$). Diese Substanzen werden von Mikroorganismen gebildet. Verursacher können Pilze (wie z. B. Strahlenpilze), Bakterien (wie z. B. Cyanobakterien) oder Algen (wie z. B. Goldalgen) sein.

Fischgewebe (Fleisch, Ovarien) nimmt diese Substanzen aus dem umgebenden Wasser auf. Die Aufnahme erfolgt sehr rasch (wenige Stunden). Die Inhaltsstoffe werden vor allem in fettreichem Gewebe (unter der Haut und im Bauchraum) und den Eiern (Kaviar) gespeichert und auch konzentriert. Die Abgabe aus dem Fisch zurück ins Wasser erfolgt langsam und wird zudem durch niedrige Temperaturen und hohe Fettgehalte erschwert. Vermutlich erfolgt die Abgabe der eingelagerten Inhaltsstoffe vor allem durch Diffusion. Daher beschleunigen hohe Wasseraustauschraten die Abgabe der unerwünschten Geschmackstoffe an das Umgebungswasser. Ist

„nur“ das Fleisch betroffen, erfolgt die Abgabe recht schnell (3-10 Tage), da das zwischen den Muskelschichten eingelagerte Fett einem schnelleren Stoffwechsel unterliegt als etwa Fett aus dem Bauchraum und den Gonaden. Ist Kaviar z. B. vom Stör betroffen, sind auch 4-6 Wochen Hälterzeit nicht immer ausreichend (Steinbach, 2018).

Die Kontrolle im Fleisch wird mit einer Probe durchgeführt, die ohne Salz, ohne Gewürze und ohne Fett gegart wird (z. B. Mikrowelle). Nur so ist der Geschmack unverfälscht wahrzunehmen. Sinnvollerweise sollte die Geschmacksprobe von einer Person vorgenommen werden, die in der Lage ist, auch geringste Beeinträchtigungen zu schmecken. Viele Menschen – vor allem Frauen und Kinder – können diese Verbindungen bereits im Nanogrammbereich (10-30 ng) schmecken. Etwa 30-40 % der Bevölkerung schmeckt Geosmin und Isoborneol erst, wenn der Geschmack schon sehr stark ist (Steinbach, 2018).

### 5.9.3. Überwinterung

Wintern stellt eine Produktionspause dar, beispielsweise zwischen dem Ende einer Saison (Herbst) bis zum Beginn der nächsten Saison (Frühjahr). Sie erfolgt üblicherweise nur bei Satzfischen, aber auch bei Laich- und Kaviarfischen. Eine Winterung ist nur bei Warmwasserfischen (z. B. Karpfen und Welsen) während der kalten Jahreszeit (Frost) erforderlich. Tropische Fische (z. B. Tilapien und Salmler) vertragen natürlich keine Wassertemperaturen unter 10-12 °C und können somit in Europa auch nicht im Freien überwintert werden. Die Winterung, welche vor allem in Teichanlagen, weniger in anderen Anlagen notwendig ist, kann in kleineren Netzgehegen in einem Gewässer oder besser in Winterteichen an Land erfolgen.

In der Überwinterung kann die Besatzdichte in Gehegen etwa 10-20 kg/m$^3$ oder in Teichen etwa 1-2 kg/m$^2$ betragen, wobei je Tonne Fische ein Frischwasserzufluss bzw. Wasseraustausch von mindestens 1-2 l/s gewährleistet sein muss. Für die Winterung gilt eine Wassertemperatur von 3-5 °C als optimal. Zu Beginn und Ende der Winterung können die Fische, je nach Wassertemperatur bis/ab 5 °C, noch mit Trockenfutter gefüttert werden. Eine Abdunkelung der Haltungseinheiten (unter 100 Lux) kann die Verluste während der Winterung, vor allem bei einsömmerigen Fischen, reduzieren. Wesentlicher ist aber eine gute Kondition der Fische (vor allem einsömmeriger), wobei im Herbst der Körperfettgehalt minimal 7,5 % und der Wassergehalt maximal 75 % betragen sollte.

### 5.10. Fischtransport

Ein Transport von Fischen ist sowohl zum Besatz als auch zum Verkauf notwendig. Dabei gibt es generell mehrere Möglichkeiten die Fische lebend oder tot zu transportieren.

#### 5.10.1. Lebendtransport

Werden die Fische lebend benötigt, so müssen diese während des Transportes mit ausreichend Sauerstoff versorgt werden. Dazu haben sich verschiedenen Methoden etabliert wie Transportbeutel, -behälter oder -gehege.

Für den Transport werden die Fische je nach Transportdauer, Temperatur und Fischgröße mindestens 1-7 Tage vorher nicht mehr gefüttert. Nach 2-3 Tagen ohne Futter sinken die Ausscheidung (Ammonium und Kot) um rund 50 % und der Sauerstoffverbrauch um etwa 25 %.

##### 5.10.1.1. Transportbeutel

Transportbeutel werden üblicherweise für kleinere Fische und Mengen verwendet. Diese Beutel werden dann per Fahr- oder Flugzeug versendet.

Als Transportbeutel werden etwa 0,07-0,13 mm starke Säcke aus Kunststoff (Polyethylen oder Polypropylen) mit 20-60 l Volumen verwendet, die zu etwa 20-50 % mit Wasser ($H_2O$) befüllt werden, dann kommen etwa 1-5 % an Fischen hinein, der Rest wird anschließend mit Sauerstoff ($O_2$) aufgefüllt. Die Säcke werden sofort mit einem Gummiband oder Kabelbinder luftdicht doppelt verschlossen. Die geringeren Werte gelten dabei für jüngere Fische oder wärmere Temperaturen und längere Transporte bzw. die höheren Werte für ältere Fische oder kühlere Temperaturen und kürzere Transporte.

Eine Verpackung des Transportbeutels, am besten in einem isolierten Karton oder einer Polystyrol-Box, ist zu empfehlen. Bei Dunkelheit sind die transportierten Fische ruhiger und haben einen geringeren Stoffwechsel. Auch die Gefahr einer Beschädigung des Transportbeutels und Auslaufen des Wassers wird so wirksam verhindert. Die Zugabe eines handelsüblichen Kühlelementes oder von Eiswürfeln helfen, die Temperatur kühl zu halten.

##### 5.10.1.2. Transportbehälter

Transportbehälter werden üblicherweise für größere Fische und Mengen verwendet. Diese Behälter (Tanks) werden sowohl auf Landfahrzeugen

Verladen von Wolfsbarschen vom LKW aufs Boot. Foto: B. Furlan (Fonda.si)

Transport von Wolfsbarschen in Transportbehältern am Boot. Foto: B. Furlan (Fonda.si)

Besatz von Wolfsbarschen vom Boot ins Gehege. Foto: B. Furlan (Fonda.si)

(Schiene und Straße) als auch auf Wasserfahrzeugen (Schiffe und Boote) eingesetzt.

Für den Transport von Besatz- und Speisefischen zu und von Fischzuchtanlagen werden, sowohl für kurze als auch für lange Transportzeiten, Kraftfahrzeuge mit 0,3-3,0 $m^3$ Tanks eingesetzt, wobei bei Transportdichten (Fisch zu Wasser) von 1:2-20 (je nach Temperatur, Transportdauer, Fischart und -größe) die Sauerstoffversorgung (1-2 l/min je 100 kg Fisch) durch Ausströmer erfolgt.

Die Transportbehälter werden vorzugsweise aus Kunststoff (Polyester oder Polyethylen) hergestellt und besitzen oft einen Spritzschutzdeckel oder zumindest Spritzschutzrand, sowie auch ein Ablassventil (für Wasser) und eine Ablassschleuße (für Fische). Für längere Transporte (>8 h) oder bei wärmerer Witterung sollten die Transportbehälter doppelwandig (isoliert) und zumindest außen weiß gefärbt sein, da diese Farbe die Sonnenstrahlen am stärksten reflektiert und sich das Wasser darin weniger schnell erwärmt als in dunklen Tanks. Bei zu warmer Witterung kann das Transportwasser auch mit Eis gekühlt werden. Dividiert man die Wassermenge des Transportbehälters durch 80, erhält man die Menge (kg) an Eis, die zur Abkühlung des Wassers um 1 °C notwendig ist. Bei sehr langen Transporten (>12 h) kann auch ein Wasserwechsel notwendig werden.

**Richtwerte für Transportdichten,**

in Abhängigkeit von Fischart und -größe sowie Temperatur und Dauer:

(Nach: Hochleithner, 2012-2019)

| Fischgröße | Fisch zu Wasser | Temperatur (°C) | Dauer (h) |
|---|---|---|---|
| Lachs-, Hecht-, Dorsch- und Barschartige | | | |
| 1-10 g | 1:20-40 | 10-15 | 6-8 |
| 10-100 g | 1:10-20 | 8-12 | 8-10 |
| 100-1000 g | 1:5-10 | 5-10 | 10-12 |
| Karpfen, Wels-, Aal- und Störartige | | | |
| 1-10 g | 1:10-20 | 15-20 | 6-8 |
| 10-100 g | 1:5-10 | 10-15 | 8-10 |
| 100-1000 g | 1:2-5 | 5-10 | 10-12 |

**Anmerkungen:**
Bei Temperaturen <5 °C +50 %, bei >15 °C -50 %;
Bei Transportdauer <6 h +50 %, bei >12 h -50 %;
Bei Fischgrößen <1 g -50 %, bei >1 kg +50 %;

Während des gesamten Transportes ist auf ausreichende Sauerstoffversorgung zu achten. Dies kann über Kompressoren und Luft oder über reinen Sauerstoff aus Druckflaschen oder Flüssigtanks erfolgen. Die gebräuchlichste Methode besteht darin, über gelochte Rohre, genadelte Schläuche oder poröse Ausströmer (z. B. Keramik), das Gas (Luft oder

Sauerstoff) in möglichst kleinen Blasen ins Wasser abzugeben. Alternativ ist ein Umpumpen des Transportwassers und das Versprühen auf die Wasseroberfläche möglich. Werden wenige Fische transportiert, genügt es, zur Sauerstoffversorgung nur das Wasser umzupumpen. Durch das Versprühen von Wasser auf die Oberfläche des Transportwassers wird Sauerstoff eingetragen und Kohlendioxid ausgegast; außerdem wird eine übermäßige Schaumbildung verhindert.

Für den Transport von Besatzfischen zu Gehegeanlagen werden für lange Transportdistanzen (bis zu 1000 km) auch Transportschiffe mit 50-500 $m^3$ Tanks eingesetzt, wobei bei Transportdichten (Fisch zu Wasser) von etwa 1:10 die Frischwasserversorgung (1-2 l/min/kg Fisch) durch Düsen oder Pumpen mit Fluss- oder Meerwasser erfolgt. Oft haben diese Schiffe auch ein Kreislaufsystem, eine Wasserkühlung und eine Sauerstoffversorgung, um das Wasser bei ungünstigen Bedingungen (Algenblüten, Verschmutzungen, Temperaturen) im Kreislauf zu pumpen.

#### 5.10.1.3. Transportgehege

Für den Transport von Speisefischen von Gehegeanlagen werden für kurze Transportdistanzen (bis zu 10 km) auch Transportgehege mit 200-2.000 $m^3$ Volumen verwendet, in denen die Fische von den Produktionsgehegen mit einem Boot ans Ufer geschleppt werden. Kleinere rechteckige Produktionsgehege werden manchmal auch direkt ans Ufer (in Südostasien mitunter sogar zum Markt) geschleppt. Wildgefangene Thunfische werden in Transportgehegen bis zu 30 Tage lang zu den Mastgehegen geschleppt.

### 5.10.2. Tottransport

Werden die Fische getötet bevorzugt, dann können Speisefische auch gleich in geschlachteter Form transportiert werden, wobei sie gekühlt sein müssen. Kleinere Mengen und Fische (<1-3 kg) werden oft mit Kopfschlag betäubt (Tropische Fische auch in Eiswasser). Größere Mengen und Fische (>1-3 kg) werden meist mit Elektrizität (Strom) betäubt und mit Kiemenschnitt getötet. Danach kommen die Fische in Transportcontainer oder -kisten.

#### 5.9.2.1. Transportcontainer

Für den Transport von Fischen zur Verarbeitung an Land werden meist Container aus Kunststoff (500-2.000 l Volumen) mit Verschlussdeckel und Ablassöffnung verwendet, die in der Regel isoliert sind und oben Ösen für Kranseile und unten Taschen für Staplerkufen haben. Diese Container werden normalerweise mit Eiswasser angefüllt (200 l Wasser und je nach

Wassertemperatur bei 15-25 °C 200-350 kg Scherbeneis mit -5 °C je Tonne Fisch) und mit Fischen aufgefüllt, die so dann schnell (binnen 1-2 h) auf etwa 4 °C herunterkühlen und nach dem Transport an Land ausgenommen und weiterverarbeitet werden.

#### 5.10.2.2. Transportkisten

Für den Transport von Fischen zu Kunden an Land werden meist Kisten verwendet, die früher oft aus Holz, heutzutage in der Regel aus Polystyrol hergestellt werden (10-50 l Volumen), oft auch einen Deckel und unten Schlitze für das Ablaufen von Tauwasser haben. In diese Kisten werden die gewaschenen Fische abwechselnd (Kopf einmal nach rechts und einmal nach links) hineingeschlichtet (unausgenommene Fische mit Bauch nach oben und ausgenommene Fische mit Bauch nach unten) und jede Fischschicht mit Scherbeneis bedeckt oder zumindest oben mit Eis abgedeckt. So werden die Fische auch verkauft.

Gelbschwanzmakrelen (*Seriola lalandi*) auf Eis in Transportkiste. Foto: M. Hochleithner

### 5.11. Sonstiges

Neben der Betreuung und Kontrolle der Fische selbst, die am besten morgens/abends bei Ebbe/Flut sowie vor/nach Fütterung erfolgt, gehören zum Managment einer Gehegeanlage natürlich auch regelmäßige Routinearbeiten wie Messung, Überprüfung und Überwachung etc.

#### 5.11.1. Messung

Wesentlich ist die tägliche Messung und vorzugsweise Aufzeichnung der Wasserqualität wie Sauerstoff, Temperatur, pH-Wert, Leitfähigkeit usw. Diese Messungen sollten am besten innerhalb und außerhalb, sowie an der

Oberfläche und am Boden aller Gehege, zumindest an einem Gehege, jedenfalls aber in der Mitte eines Geheges durchgeführt werden.

### 5.11.2. Überprüfung

Wichtig ist auch die regelmäßige Überprüfung und gegebenenfalls Reparatur aller Gehegeteile, wie Anker, Ketten, Seilen, Bojen, Rahmen, Netzen usw. Diese Überprüfungen sollten am besten wöchentlich, zumindest monatlich, jedenfalls aber jährlich und nach jedem Sturm durchgeführt werden.

### 5.11.3. Überwachung

Empfohlen ist auch die kontinuierliche Überwachung und eventuell Verteidigung der gesamten Anlage gegen zwei- und mehrbeinige sowie schwimmende und fliegende Räuber, Diebe, Vandalen, Einbrecher usw. Diese Arbeiten können aber zumindest teilweise auch automatisiert werden (Überwachungskameras, Alarmsysteme etc.), es ist aber immer gut, stets einen Blick auf die Anlage zu haben.

### 5.11.4. Formblätter

Im Folgenden einige Muster für Formblätter zur Erfassung der Wasserqualität und der Fütterung etc. Alle Formblätter sind selbstverständlich nur Vorschläge, um eine Idee zu vermitteln, wie ein Formblatt ungefähr aussehen könnte. Ob derartige oder ähnliche Formblätter in Papierform oder auf einem PC erstellt und archiviert werden, ist jedem selbst überlassen. Ein jeder sollte die Form wählen, die ihm am besten gefällt und welche die örtlichen Gegebenheiten am besten wiedergibt (Steinbach, 2018).

*Literatur:*
Ahmad et al., 2018; Akbulut et al., 2002; Amlacher, 1981; Aryani et al., 2017; Beveridge, 1987; Bjordal, 1992; Cardia & Lovatelli, 2015; Ceccuzzi et al., 2010; Chakraborty & Banerjee, 2012; Cook et al., 2006; Coulibaly et al., 2007; Glebe, 2012; Endal et al., 2000; El-Hammady et al., 2014; Essa, 2000; Füllner et al., 2006; Hatachote et al., 2015; Hochleithner, 2012-2019; Hodson et al., 2000; Imsland et al., 2018; Kieckhäfer, 1983; Maher, 1987; Mamcarz, 1989; McGinty & Rakocy, 1989; Muya & Manyala, 2015; Orban et al., 2008; Philipose et al., 2013; Reichenbach-Klinke, 1980; Schäperclaus, 1979; Schmittou, 1969; Shaker & Mahmoud, 2007; Skiftesvik et al., 2013; Steinbach, 2018; Steiner & Hochleithner, 2016; Taranger et al., 2006; Vaccaro et al., 2004; Willoughby, 1999.

Formblatt zur Erfassung der Wasserqualität:

| | **Datum** | **Temp.** | **pH** | **Leitf.** | **$O_2$** | **$NH_4$** | **$NO_3$** | **$CO_2$** |
|---|---|---|---|---|---|---|---|---|
| **Nr.** | | °C | Wert | µS/cm | mg/l | mg/l | mg/l | mg/l |
| 1. | | | | | | | | |
| 2. | | | | | | | | |
| 3. | | | | | | | | |
| 4. | | | | | | | | |
| 5.. | | | | | | | | |
| 6. | | | | | | | | |
| 7. | | | | | | | | |
| 8. | | | | | | | | |
| 9. | | | | | | | | |
| 10. | | | | | | | | |
| 11. | | | | | | | | |
| 12. | | | | | | | | |
| 13. | | | | | | | | |
| 14. | | | | | | | | |
| 15. | | | | | | | | |
| 16. | | | | | | | | |
| 17. | | | | | | | | |
| 18. | | | | | | | | |
| 19. | | | | | | | | |
| 20. | | | | | | | | |
| 21. | | | | | | | | |
| 22. | | | | | | | | |
| 23. | | | | | | | | |
| 24. | | | | | | | | |
| 25. | | | | | | | | |
| 26. | | | | | | | | |
| 27. | | | | | | | | |
| 28. | | | | | | | | |
| 29. | | | | | | | | |
| 30. | | | | | | | | |
| 31. | | | | | | | | |

Formblatt zur Erfassung der Fischfütterung:

| | **Datum** | **Futterart** | **Futtermenge** | **Fütterungen** | **Sonst.** |
|---|---|---|---|---|---|
| **Nr.** | | Gehalt/Größe | Gewicht | Anzahl | |
| 1. | | | | | |
| 2. | | | | | |
| 3. | | | | | |
| 4. | | | | | |
| 5.. | | | | | |
| 6. | | | | | |
| 7. | | | | | |
| 8. | | | | | |
| 9. | | | | | |
| 10. | | | | | |
| 11. | | | | | |
| 12. | | | | | |
| 13. | | | | | |
| 14. | | | | | |
| 15. | | | | | |
| 16. | | | | | |
| 17. | | | | | |
| 18. | | | | | |
| 19. | | | | | |
| 20. | | | | | |
| 21. | | | | | |
| 22. | | | | | |
| 23. | | | | | |
| 24. | | | | | |
| 25. | | | | | |
| 26. | | | | | |
| 27. | | | | | |
| 28. | | | | | |
| 29. | | | | | |
| 30. | | | | | |
| 31. | | | | | |

# 6. LITERATURVERZEICHNIS

Ahmad N., Siddiqui P.J.A., Mir Khan K., Ali A., Khokhar F., Amir S.A., 2018: Feeding frequency influences the growth performance of yellowfin seabream (*Acanthopagrus arabicus*) in cage culture. Iranian Journal of Fisheries Sciences, 2018 (8): 1-10 pp.

Akbulut B., Sahin T., Aksungur N., Aksungur M., 2002: Effect of Initial Size on Growth Rate of Rainbow Trout, *Oncorhynchus mykiss*, Reared in Cages on the Turkish Black Sea Coast. Turkish Journal of Fisheries and Aquatic Sciences, 2: 133-136.

Amlacher E., 1981: Taschenbuch der Fischkrankheiten für Ichthyo-pathologen, Veterinärmediziner und Biologen. Gustav Fischer Verlag, Jena. 4. Auflage, 474 Seiten.

Aryani N., Azrita, Mardiah A., Syandri H., 2017: Influence of Feeding Rate on the Growth, Feed Efficiency and Carcass Composition of the Giant Gourami (*Osphronemus goramy*). Pakistan J. Zool., 49 (5): 1775-1781.

Balkhande J.V., Kulkarni A., 2017: A first experiment on cage culture of *Catla catla* in back water of Shankar Sagar reservoir, Vishnupuri Project Dist. Nanded, Marathwada (Maharashtra). Journal of Innovations in Pharmaceutical and Biological Sciences, 4 (4): 78-86.

Beveridge M., 1987: Cage aquaculture. Fishing News Books, Farnham. 352 pp.

Bjordal A., 1992: Cleaning symbiosis as an alternative to chemical control of sea lice infestation of Atlantic salmon. In: Thorpe J.E., Huntingford F.A. (Eds.): The importance of feeding behavior for the efficient culture of salmonid fishes. World Aquaculture Workshops, 4: 53-60.

Bohl M., 1999: Zucht und Produktion von Süßwasserfischen. Verlags Union Agrar, Frankfurt. 336 Seiten.

Boulet D., Struthers A., Gilbert E., 2010: Feasibility Study of Closed-Containment Options for the British Columbia Aquaculture Industry. DFO, Fisheries and Oceans, Canada. 51 pp.

Cardia F., Lovatelli A., 2015: Aquaculture operations in floating HDPE cages: A field handbook. FAO Fisheries and Aquaculture Technical Paper, 593. 152 pp.

Ceccuzzi P., Terova G., Brambilla F., Antonini M., Saroglia M., 2010: Observations of Eurasian perch (*Perca fluviatilis* L.) post-larvae growth performances reared in an illuminated floating cage in Varese lake (N-W Italy) over a two year period. Italian Journal of Animal Science, 9 (14): 65-72.

Chakraborty S.B., Banerjee S., 2012: Comparative growth performance of mixed-sex and monosex Nile tilapia at various stocking densities during cage culture. Recent Research in Science and Technology 2012, 4 (11): 46-50.

Cook E.J., Black K.D., Sayer M.D.J., Cromey C.J., Angel D.L., Spanier E., Tsemel A., Katz T., Eden N., Karakassis I., Tsapakis M., Apostalki E.T., Malej A., 2006: The influence of caged mariculture on the early development of sublittoral fouling communities: a pan-European study. ICES Journal of Marine Science, 63: 637-649.

Coulibaly A., Ouattara I.N., Koné T., N'Douba V., Snoeks J., Gooré Bi G., Kouamélan E.P., 2007: First results of floating cage culture of the African catfish *Heterobranchus longifilis* Valenciennes, 1840: Effect of stocking density on survival and growth rates. Aquaculture, 263: 61-67.

Dikel S., Kiriş G., Alev M.V., 2005: The potential of phytoplankton-based culture of Tilapia (*Oreochromis niloticus*) in floating cages in Seyhan Dam Lake. The 7th Balkan Conference on Operational Research „BACOR 05“, Constanta, Romania. 7 pp.

El-Hammady A.K.I., Ibrahim S.A., Wafa M.A.I., El-Ghamadi F.A., 2014: Feeding European Sea Bass (*Dicentrarchus labrax*) With Trash Fish. Life Science Journal, 11 (9): 568-583.

Endal H.P., Taranger G.L., Stefansson S.O., Hansen T., 2000: Effects of continuous additional light on growth and sexual maturity in Atlantic salmon, *Salmo salar*, reared in sea cages. Aquaculture, 191: 337-349.

Essa M.A., 2000: The Effects of Feeding Methods and Regimes on Performance of Hybrid Tilapia, *Oreochromis niloticus* x *O. aureus*, Reared in Cages. Egypt. J. Aquat. Biol. & Fish., 4 (1): 67-84.

Fermin A.C., Bolivar M.E.C., Gaitan A., 1994: Studies on the nursery rearing of seabass, *Lates calcarifer* (Bloch) fry in illuminated floating net cages. Proceedings of the First International Symposium on Aquaculture Technology and Investment Opportunities, 1993. pp. 187-199.

Füllner G., Pietrock M., Wolber J.E., Schreckenbach K., Thürmer C., 2006:

Untersuchungen zur Notwendigkeit und zu Möglichkeiten einer wirksamen Entkeimung des Zuflusswassers der Satzfischanlage Sproitz. Abschlussbericht, Institut für Binnenfischerei, Potsdam Sacrow. 62 Seiten.

Furgała-Selezniow G., Skrzypczak A., Kucharczyk D., Kujawa R., Mamcarz A., Żarski D., Targońska K., 2014: Food selection of burbot (*Lota lota* L.) larvae reared in illuminated net cages in mesotrophic Lake Maróz (north-eastern Poland). Aquaculture International, 22: 41-52.

Glebe B., 2012: The Effect of Photoperiod on Growth and Maturation of Atlantic Salmon (*Salmo salar*) in the Bay of Fundy. Aquaculture Collaborative Research and Development Program Fact Sheet, 14. 4 pp.

Grüneberg B., Leßmann D., Rümmler F., 2014: Netzgehegeaufzucht von Satzkarpfen auf einem Braunkohletagebausee – produktionstechnologische Ergebnisse und Auswirkungen auf das Gewässer. Vortrag Landesfischereitag Brandenburg. 23 Seiten.

Halwart M., Soto D., Arthur J.R. (Eds.): 2007: Cage aquaculture – Regional reviews and global overview. FAO Fisheries Technical Paper, 498. 241 pp.

Hatachote S., Sriphairoj K., Na-Nakorn U., 2015: Growth and Flesh Quality of the Hybrid between *Pangasianodon hypophthalmus* and *Pangasius bocourti*. Kasetsart J. (Nat. Sci.), 49: 717-725.

Hochleithner M., 1994: Schwimmsteganlagen der dritten Generation – Maritimes Technic System für Wassersport, Aquakultur und Umweltschutz. Österreichs Fischerei, 47: 180.

Hochleithner M., 2011: Projekt-Konzept zur Produktion von Seeforellen. AquaTech, Kitzbühel. 70 Seiten (unveröffentlicht).

Hochleithner, M., 2012: Störe (Acipenseriformes) – Biologie und Aquakultur. AquaTech Publications, Kitzbühel. 3. Auflage, 248 Seiten.

Hochleithner M., 2014: Lachsfische (Salmoniformes) – Biologie und Aquakultur. AquaTech Publications, Kitzbühel. 3. Auflage, 384 Seiten.

Hochleithner M., 2014: Karpfenfische (Cyprinidae) – Biologie und Aquakultur. AquaTech Publications, Kitzbühel. 1. Auflage, 348 Seiten.

Hochleithner, M., 2015: Barsche (Percidae) – Biologie und Aquakultur. AquaTech Publications, Kitzbühel. 2. Auflage, 188 Seiten.

Hochleithner M., 2015: Hechte (Esociformes) – Biologie und Aquakultur. AquaTech Publications, Kitzbühel. 2. Auflage, 168 Seiten.

Hochleithner, M., 2019: Aale (Anguillidae) – Biologie und Aquakultur. AquaTech Publications, Kitzbühel. 2. Auflage, 168 Seiten.

Hochleithner, M., 2019: Welse (Siluridae) – Biologie und Aquakultur. AquaTech Publications, Kitzbühel. 2. Auflage, 176 Seiten.

Hodson S.L., Burke C.M., Bissett A.P., 2000: Biofouling of fish-cage netting: the efficacy of a silicone coating and the effect of netting colour. Aquaculture, 184: 277-290.

Imsland A.K., Hanssen A., Nytrø A.V., Reynolds P., Jonassen T.M., Hangstad T.A., Elvegård T.A., Urskog T.C., Mikalsen B., 2018: It works! Using lumpfish (*Cyclopterus lumpus* L.) to control sea lice (*Lepeophtheirus salmonis* Kroeyer) infestations on farmed Atlantic salmon (*Salmo salar* L.) in large sea cages. Fishfarmingexpert, 6: 36-39.

Jäger T., Nellen W., Sell H., 1984: Beleuchtete Netzgehegeanlagen zur Aufzucht von Fischbrut bis zur Setzlingsgrösse. Berichte an das Institut für Meereskunde an der Christian-Albrechts-Universität Kiel, 126. 72 Seiten.

Kieckhäfer H., 1983: Fischzucht in Gehegen. Paul Parey Verlag, Hamburg. 81 Seiten.

Kujawa R., Mamcarz A., Skrzypczak A., Kucharczyk D., 1998: Feeding habits of asp *Aspius aspius* larvae (Cyprinidae) in Lake Maroz, Poland. Italian Journal of Zoology, 65 (S1): 235-236.

Leonczek A., 2013: Traditional and Integrated Aquaculture: Today's environmental challenges and solutions of tomorrow. Bellona Rep. 113 pp.

Lim C., Webster C.D., 2006: Tilapia – Biology, Culture, and Nutrition. Food Products Press, New York. 678 pp.

Lin C.K., Jaijen K., Muthuwan V., 1989: Integration of Intensive and Semi-Intensive Aquaculture: Concept and Example. Thai Fisheries Gazette, 43: 425-430.

Maher J.P., 1987: Rainbow Trout Cage Culture Utilizing Different Strains, Stocking Densities, and Feeding Methods in Eastern South Dakota Dugout Ponds. Master Thesis, South Dakota State University. 100 pp.

Mamcarz A., 1989: An attempt to assess effects of illuminated cage location on coregonid culture results. Act. Ichthyol. Piscat., 19 (2): 41-54.

McGinty A.S., Rakocy J.E., 1989: Cage Culture of Tilapia. SRAC Publication No. 281. 4 pp.

Muya J.W., Manyala J.O., 2015: Comparison of the Growth Performance and Economic Viability of Four Marine Fish Species Under Cage Culture on the South Coast of Indian Ocean. Agricultural and Biological Sciences Journal, 1 (5): 177-182.

Nelson J.S., Grande T.C., Wilson M.V.H., 2016: Fishes of the World. John Wiley & Sons, Hoboken. 5th Edition, 707 pp.

Oppedal F., Vågseth T., Dempster T., Juell J.E., Johansson D., 2011: Fluctuating sea-cage environments modify the effects of stocking densities on production and welfare parameters of Atlantic salmon (*Salmo salar* L.). Aquaculture, 315 (3/4): 361-368.

Orban E., Di Lena G., Ferrante I., Cataudella S., 2008: Tuna (*Thunnus thynnus*) farming quality. World Aquaculture, 6: 52-58.

Philipose K.K., Loka J., Sharma S.R.K., Divu D., Rao K.S., Sadhu N., Dube P., Gopakumar G., Rao G.S., 2013: Farming of cobia, *Rachycentron canadum* (Linnaeus 1766) in open sea floating cages in India. Indian J. Fish., 60 (4): 35-40.

Philipose K.K., Sharma S.R.K., Loka J., Divu D., Sadhu N., Dube P., 2013: Culture of Asian seabass (*Lates calcarifer*, Bloch) in open sea floating net cages off Karwar, South India. Indian J. Fish., 60 (1): 67-70.

Prasad S., Bista J.D., Jalari G.B., Acharya D.R., 2012: Low-cost small-scale cage culture with grass carp (*Ctenopharyngodon idella*) for generating higher income for the poor. pp. 99-104. In: Shrestha M.K., Pant J. (Eds.): Small-scale Aquaculture for Rural Liveliboods. The WorldFish Center, Penang. 191 pp.

Pronorm A.S., 2003/2009: Norsk Standard NS 9415. Flytende oppdrettsanlegg - Krav til utforming, dimensjonering, utførelse, installasjon og drift. NSF, Oslo. 75 pp.

Reichenbach-Klinke H.H. (Ed.) et al., 1980: Krankheiten und Schädigungen der Fische. Gustav Fischer Verlag, Stuttgart. 472 Seiten.

Ridler N., Barrington K., Robinsion B., Wowchuk M., Chopin T., Robinson S., Page F., Reid G., Szemerda M., Sewuster J., Boyne-Travis S., 2007: Integrated Multitrophic Aquaculture – Canadian Project Combines Salmon, Mussels, Kelps. Global Aquaculture Advocate, 3/4: 52-55.

Rümmler F., 2010-2011: Emissionsproblematik von Durchflussanlagen der Fischzucht. Fischer & Teichwirt, Teil 1: 61(12): 453-455. Teil 2: 62(1): 10-13.

Rümmler F., Ackermann G., Koch S., George V., Carmienke I., 2003: Entwicklung der fischereilichen Seenbewirtschaftung und Nährstoffeinträge durch die Netzgehegeproduktion auf dem Speicherbecken Borna. pp. 36-53. In: Fischereiliche Nutzung von Bergbaurestseen, Schriftenreihe der Sächsischen Landesanstalt für Fischerei, 8. Jahrgang, 4. Heft, 54 Seiten.

Rümmler F., Leßmann D., Jährling R., Kaufhold S., Grüneberg B., 2011-2016: Nutzung von Netzgehegeanlagen auf Braunkohletagebauseen am Beispiel des RL 122 in Tröbitz. In: Rümmler F. (Red.): Jahresbericht 2011-2015. Schriften des Instituts für Binnenfischerei e. V., Potsdam-Sacrow, Band 31-42, 65-85 Seiten.

Schäperclaus W. (Ed.) et al., 1979: Fischkrankheiten. Akademie Verlag, Berlin. 4. Auflage, Teil 1 + 2, 1089 Seiten.

Schäperclaus W., Lukowicz v. M. (Eds.) et al., 2018: Lehrbuch der Teichwirtschaft. Verlag Eugen Ulmer, Stuttgart. 5. Auflage, 676 Seiten.

Schmid, Schulze-Wiehenbrauck, Knopp, Wondrak, Tautenhahn, Hofer, Lukowicz, Pluta, Knösche, Jansen, Kämmereit, Krause, Pfeiffer, Boysen, Fesel, 2003: Hinweise zur Verringerung der Belastung der Gewässer durch die Fischhaltung. LAWA. 78 Seiten.

Schmittou H.R., 1969: The Culture of Channel Catfisch, *Ictalurus punctatus* (Rafinesque), in Cages Suspended in Ponds. Proceedings of 23rd Annual Conference of the Southeastern Association of Game and Fish Commissioners. pp. 226-244.

Shah T.K., Nazir I., Arya P., Pandey T., 2017: Integrated multi trophic aquaculture (IMTA): An innovation technology for fish farming in India. International Journal of Fauna and Biological Studies, 4 (1): 12-14.

Shaker I.M., Mahmoud A.A., 2007: The Biological Load of Silver Carp Cages in the River Nile and their Effects on Water Quality and Growth Performance. Egypt. J. Aquat. Biol & Fish, 11 (2): 119-143.

Shenoda B.Z. Naguib M., 2000: Net cage culture of silver carp, *Hypophthalmlchthys molitrix* Valenciennes, without artificial feeds. pp. 91. In: Craig J.F. (Ed.): Sustainable fish production in Lake Nasser: ecological basis and management policy. ICLARM Conf. Proc., 61, 184 pp.

Sibeni, F., Calderini, F., 2014: FishStatJ, a tool for fishery statistics analysis. (Software) Release: 2.1.0. FAO, Roma.

Skiftesvik A.B., Bjelland R.M., Durif C.M.F., Johansen I.S., Bro H.I., 2013: Delousing of Atlantic salmon (*Salmo salar*) by cultured vs. wild ballan wrasse (*Labrus bergylta*). Aquaculture 402-403: 113-118.

Steffens W. (Ed.) et al., 1981: Moderne Fischwirtschaft. Verlag Neumann - Neudamm, Melsungen. 375 Seiten.

Steinbach P., 2018: Die Fischproduktion in Kreislaufanlagen - Erfahrungen und Empfehlungen. AquaTech Publications, Kitzbühel. 408 Seiten.

Steiner V., Hochleithner M., 2016: Die Jungfischaufzucht mit Zooplankton - Entwicklungen und Erkenntnisse. AquaTech Publications, Kitzbühel. 140 S.

Streble H., Krauter D., 1988: Das Leben im Wassertropfen – Mikroflora und Mikrofauna des Süßwassers. Franckh-Kosmos Verlag, Stuttgart. 400 Seiten.

Taranger G.L., Aardal L., Hansen T., Kjesbu O.S., 2006: Continuous light delays sexual maturation and increases growth of Atlantic cod (*Gadus morhua* L.) in sea cages. ICES Journal of Marine Science, 63: 365-375.

Vaccaro A.M., Buffa G., Mirto S., Sarà G., Mazzola A., 2004: Comparison of growth performance and biometric relationships in two reciprocal sturgeon hybrids reared in net cages (Sicily, Mediterranean). Aquaculture Research, 35: 552-558.

Varadi L., Borbely G., Levai F., Hoitsy G., 2015: Sustainable intensification in freshwater fish farming in Hungary. VII International Conference „WATER & FISH“ – Conference Proceedings, University of Belgrade. pp. 33-38.

Viji C.S., Chadha N.K., Kripa V., Prema D., Prakash C., Sharma R., Jenni B., Mohamed K.S., 2014: Can oysters control eutrophication in an integrated fish-oyster aquaculture system? J. Mar. Biol. Ass. India, 56 (2): 67-72.

Willoughby S., 1999: Manual of Salmonid Farming. Fishing News Books, Oxford. 329 pp.

# 7. SCHLAGWORTREGISTER

**B**

**G**

**T**

## Die Jungfischaufzucht mit Zooplankton - Entwicklungen und Erkenntnisse

**Volker Steiner & Martin Hochleithner. 140 Seiten. ISBN: 978-3-902855-22-0**

Die Jungfischaufzucht mit Zooplankton stellt einen innovativen Beitrag für die Weiterentwicklung der Aquakultur dar. Dieses Buch beschäftigt sich vor allem mit der Gewinnung und Verwendung von Krebsplankton aus natürlichen Gewässern für die kommerzielle Aufzucht von empfindlichen Süßwasser- und Meeresfischarten. Präsentiert werden die Ergebnisse und Erfahrungen aus mehr als 30 Jahren an Forschung und Entwicklung in diesem speziellen Bereich der Aquakultur. Die Entwicklungen reichen von Planktonfutterautomaten über Unterwassernetzgehege und Lichtfallen bis zu Planktonsieb- und -probenetzen. Die Erkenntnisse werden an einigen Fischarten, welche von Aalrutten und Äschen über Seeforellen und Seesaiblinge bis Wolfsbarsche und Zackenbarsche reichen, beispielhaft vorgestellt. Diese Publikation richtet sich vor allem an Fischbiologen, Fischzüchter und Gewässerbewirtschafter, und an alle, die sich für die Aufzucht von Fischlarven interessieren.

## Die Fischproduktion in Kreislaufanlagen - Erfahrungen und Empfehlungen

**Peter Steinbach. 408 Seiten. ISBN: 978-3-902855-29-9**

Die Fischproduktion in Kreislaufanlagen stellt einen interessanten Beitrag für die Weiterentwicklung der Aquakultur dar. Dieses Buch beschäftigt sich vor allem mit der Theorie und Praxis von Kreislaufanlagen, für die kommerzielle Haltung und Produktion von verschiedenen Süßwasser- und Meeresfischen. Präsentiert werden auch die Erfahrungen und Empfehlungen des Autors, der sich seit mehr als 40 Jahren mit diesem modernen Bereich der Aquakultur beschäftigt. Die ausführlich behandelten Kapitel reichen unter anderem von Wasserchemismus, Fischanatomie und Fischkrankheiten über Fischfütterung, Nährstoffverdauung und Fischhaltungsbecken bis Anlagenauslastung, Wasseraufbereitung und Gebäudetechnik. Diese Publikation richtet sich vor allem an Einsteiger und Betreiber von Kreislaufanlagen, aber auch an traditionelle Teichwirte und innovative Aquarianer, und an alle die sich generell für die Produktion von Speisefischen interessieren.

Überall im Buchhandel und bei: ***AquaTech*** *Publications*, www.aqua-tech.eu

## Fachwissen: aktuell – kompakt – umfassend

384 Seiten, ISBN: 3-902855-17-6

168 Seiten, ISBN 3-902855-19-0

188 Seiten, ISBN: 3-902855-20-6

248 Seiten, ISBN: 3-902855-06-0

176 Seiten, ISBN: 3-902855-27-5

168 Seiten, ISBN: 3-902855-28-2

Diese umfassenden Fachbücher (Hardcover, mit Großteils farbigen Abbildungen und zahlreichen Tabellen) von FM Martin Hochleithner, sind für alle die sich in irgendeiner Form mit den betreffenden Fischarten beschäftigen, eine Pflichtlektüre und sowohl für den Biologen und Fischzüchter zu empfehlen, als auch für Berufsfischer und Sportangler sowie Aquarianer und sonst an der Natur interessierte Personen sehr interessant. Nach der Einleitung gibt der allgemeine Teil einen Überblick über den speziellen Körperbau, die Lebensweise, die Systematik und die Hybriden. Ein funktionierender Bestimmungsschlüssel erleichtert das exakte Bestimmen der einzelnen Familien, Gattungen und Arten. Im Arten Teil werden die verschiedenen Arten in Einzeldarstellung mit genauer Beschreibung, Verbreitung, Lebensweise und Bedeutung vorgestellt. Der Aquakultur Teil behandelt ausführlich die verschiedenen Methoden der Laichfischhaltung, Handhabung, Vermehrung, Erbrütung, Aufzucht und Fütterung sowie die unterschiedlichen Bewirtschaftungsformen und Fischereimethoden und wird mit der Verarbeitung beendet. Im Anhang finden sich interessante Rezepte, eine Liste der wichtigsten Krankheiten und Parasiten sowie ein Adressverzeichnis der Beratungsstellen und Fischgesundheitsdienste. Die fremdsprachigen Bezeichnungen und Synonyme der einzelnen Arten und ein Literaturverzeichnis vervollständigen diese Werke.

Überall im Buchhandel und bei: ***AquaTech** Publications*, www.aqua-tech.eu